国家示范性高等职业院校建设规划教材
高职高专教育校企合作特色示范性教材

建筑工程安全员实务

主 编 张 迪

黄河水利出版社
·郑 州·

内 容 提 要

本书是国家示范性高等职业院校建设规划教材，是高职高专教育校企合作特色示范教材。本书通过对建筑行业安全员职业标准、陕西建工集团安全员岗位标准解析，结合高等职业教育的教学特点和企业特点进行编写。本书主要内容由项目安全的策划、安全生产检查、作业安全管理、安全事故处理、安全管理资料整编等5个工作任务组成。通过学习，学生能够明确安全员的工作职责、掌握安全员的专业知识、熟练应用安全员的专业技能，在建筑与市政工程施工现场，胜任施工安全策划、检查、监督等工作。

本书主要作为高等职业教育土建类建筑工程技术、工程造价等专业的教学用书，也可作为岗位培训教材或供土建工程技术人员学习参考。

图书在版编目(CIP)数据

建筑工程安全员实务/张迪主编. —郑州：黄河水利出版社，2015.8

国家示范性高等职业院校建设规划教材

ISBN 978-7-5509-1189-5

Ⅰ.①建… Ⅱ.①张… Ⅲ.①建筑工程-安全管理-高等职业教育-教材 Ⅳ.①TU714

中国版本图书馆CIP数据核字(2015)第193053号

组稿编辑：王路平 电话：0371-66022212 E-mail：hhslwlp@163.com
路夷坦 66022111 hhsllyt@126.com

出 版 社：黄河水利出版社

地址：河南省郑州市顺河路黄委会综合楼14层 邮政编码：450003

发行单位：黄河水利出版社

发行部电话：0371-66026940、66020550、66028024、66022620(传真)

E-mail：hhslcbs@126.com

承印单位：郑州龙洋印务有限公司

开本：787 mm×1 092 mm 1/16

印张：15.5

字数：360千字 印数：1—2 000

版次：2015年8月第1版 印次：2015年8月第1次印刷

定价：39.00元

国家示范性高等职业院校建设规划教材

高职高专教育校企合作特色示范性教材

编审委员会

《建筑工程安全员实务》

编写团队

主　审　王淑雅　陕西建工集团总公司

主　编　张　迪　杨凌职业技术学院

副主编　王雪妮　杨凌职业技术学院

　　　　彭　燕　杨凌职业技术学院

　　　　毛继东　陕西建工第五建设集团有限公司

　　　　刘小强　陕西建工集团总公司

前 言

本书是依托杨凌职业技术学院与陕西建工集团(简称陕建)成立的校企合作理事会,根据校企合作共同开发的陕建建筑学院高等职业教育“建筑工程技术专业”人才培养方案要求编写的。杨凌职业技术学院建筑学院通过借鉴德国职业教育的成功经验,针对长期以来高职建筑工程技术专业人才培养模式比较脱离企业需求、校企合作深度不够、学生职业综合能力与岗位群能力要求切合度不紧等问题,根据工作过程导向的课程开发理念,结合我国国情,在与陕西建工集团紧密合作的基础上,通过分析工作岗位、学校与企业结合、课程设置与职业能力要求结合、教学内容与行业标准结合等,编写了该教材。

本书通过对建筑行业安全员职业标准、陕西建工集团安全员岗位标准解析融合,以完成工作任务为主线所编写,在编写中,突出针对性、实用性,突出对解决建筑施工安全管理实践问题的能力培养,力求做到特色鲜明、层次分明、条理清晰、结构合理。教材组织体现了建筑工程项目安全管理过程及现场安全管理的实务技术。

本书由杨凌职业技术学院与陕西建工集团共同承担编写工作,编写人员及编写分工如下:工作任务1由陕西建工第五建设集团有限公司毛继东、陕西建工集团总公司刘小强编写,工作任务2、附录由杨凌职业技术学院张迪编写,工作任务3、5由杨凌职业技术学院彭燕编写,工作任务4由杨凌职业技术学院王雪妮编写。本书由张迪担任主编并负责全书统稿及文稿整理、录入工作,由王雪妮、彭燕、毛继东、刘小强担任副主编,由陕西建工集团总公司王淑雅担任主审。

本书在编写过程中引用了大量的规范、专业文献和资料,恕未在书中一一注明。在此,对相关文献的作者表示诚挚的谢意!

由于时间仓促,编者水平有限,书中难免存在的缺点和疏漏之处,恳请广大读者批评指正。

编 者

2015 年 6 月

目 录

工作任务1　项目安全的策划

【学习目标】

能力目标	1. 能够了解安全岗位的基本素养； 2. 能明确安全员的工作职责； 3. 能理解安全岗位应具有的专业技能及专业知识； 4. 能够依据建筑安全管理体系建立的程序，建立安全管理体系； 5. 能够依据安全生产管理措施计划编制的程序，编制安全生产管理措施计划； 6. 能够进行安全措施计划主要内容的确定
知识要点	1. 安全员的工作职责； 2. 安全员应具备的专业技能； 3. 安全员应具备的专业知识； 4. 建筑安全管理体系建立的程序； 5. 安全生产管理措施计划编制的程序； 6. 安全措施计划主要内容的确定

【任务介绍】　通过工作任务1的学习，能够了解安全岗位的基本素养、专业技能及专业知识；能够依据建筑安全管理体系建立的程序，建立安全管理体系；能够依据安全生产管理措施计划编制的程序，编制安全生产管理措施计划；能够进行安全措施计划主要内容的确定。

【任务分析】　以陕西建工集团总公司安全生产管理标准为载体，学习安全岗位的专业技能及专业知识，学习安全员的工作职责。

【任务实施】　在本学习任务中，以陕西建工集团总公司安全生产管理标准及管理方法为切入点，将知识和技能隐含于制定的标准中，通过实际施工中形成的各种表格让学生进行实践操作，融入工作情景，经受实际工作的锻炼，从而掌握项目安全的策划的基本知识。

建筑业是我国国民经济的支柱产业，拥有近4 000万人的从业人员队伍，作为安全风险较高的行业，安全形势非常严峻，建筑施工安全事故不仅造成大量的人员伤亡，而且还带来巨大的经济损失。

影响制约建筑安全生产的原因很多，某些问题是深层次的。但最主要的是安全生产意识淡薄和安全生产投入严重不足。一些地方和企业负责人受经济利益的驱动，只顾追逐经济政绩和经济效益，片面追求经济发展速度，忽视安全生产、降低安全标准、减少投入、忽略安全和环保等民生问题。因此，为了确保改善劳动条件，实现安全生产，保护劳动者在生产过程中的安全和健康，国家和行业制定了各种法律、法规、部门规章和规范性文件等，形成了安全生产法律法规体系。

■ 子任务 1.1 陕建安全员岗位的认知

安全问题在建筑工程现场尤为重要，住房和城乡建设部颁布了《建筑与市政工程施工现场专业人员职业标准》，陕西建工集团也对现场从业人员职业素养作出了明确规定。安全员作为在建筑与市政工程施工现场，从事施工安全策划、检查、监督等工作的专业人员，应具备以下基本素养和基本要求：

(1)建筑与市政工程施工现场专业人员应具有中等职业(高中)教育及以上学历，并具有一定实际工作经验，身心健康。

(2)建筑与市政工程施工现场专业人员应具备必要的表达、计算、计算机应用能力。

(3)建筑与市政工程施工现场专业人员应具备下列职业素养：

①具有社会责任感和良好的职业操守，诚实守信，严谨务实，爱岗敬业，团结协作；

②遵守相关法律法规、标准和管理规定；

③树立安全至上、质量第一的理念，坚持安全生产、文明施工；

④具有节约资源、保护环境的意识；

⑤具有终生学习的理念，不断学习新知识、新技能的能力。

1.1.1 安全员的工作职责

1.1.1.1 项目安全策划

(1)参与制订施工项目安全生产管理计划。

(2)参与建立安全生产责任制度。

(3)参与制订施工现场安全事故应急救援预案。

1.1.1.2 资源环境安全检查

(1)参与开工前安全条件检查。

(2)参与施工机械、临时用电、消防设施等的安全检查。

(3)负责防护用品和劳保用品的符合性审查。

(4)负责作业人员的安全教育培训和特种作业人员资格审查。

1.1.1.3 作业安全管理

(1)参与编制危险性较大的分部、分项工程专项施工方案。

(2)参与施工安全技术交底。

(3)负责施工作业安全及消防安全的检查和危险源的识别，对违章作业和安全隐患进行处置。

(4)参与施工现场环境监督管理。

1.1.1.4　**安全事故处理**

(1)参与组织安全事故应急救援演练,参与组织安全事故救援。

(2)参与安全事故的调查、分析。

1.1.1.5　**安全资料管理**

(1)负责安全生产的记录、安全资料的编制。

(2)负责汇总、整理、移交安全资料。

1.1.2　安全员应具备的专业技能

1.1.2.1　**项目安全策划**

(1)能够参与编制项目安全生产管理计划。

(2)能够参与编制安全事故应急救援预案。

1.1.2.2　**资源环境安全检查**

(1)能够参与对施工机械、临时用电、消防设施进行安全检查,对防护用品与劳保用品进行符合性判断。

(2)能够组织实施项目作业人员的安全教育培训。

1.1.2.3　**作业安全管理**

(1)能够参与编制安全专项施工方案。

(2)能够参与编制安全技术交底文件,并实施安全技术交底。

(3)能够识别施工现场危险源,并对安全隐患和违章作业进行处置。

(4)能够参与项目文明工地、绿色施工管理。

1.1.2.4　**安全事故处理**

能够参与安全事故的救援处理、调查分析。

1.1.2.5　**安全资料管理**

能够编制、收集、整理施工安全资料。

1.1.3　安全员应具备的专业知识

1.1.3.1　**通用知识**

(1)熟悉国家工程建设相关法律法规。

(2)熟悉工程材料的基本知识。

(3)熟悉施工图识读的基本知识。

(4)了解工程施工工艺和方法。

(5)熟悉工程项目管理的基本知识。

1.1.3.2　**基础知识**

(1)了解建筑力学的基本知识。

(2)熟悉建筑与市政构造、结构、建筑设备的基本知识。

(3)掌握环境与职业健康安全管理的基本知识。

1.1.3.3　**岗位知识**

(1)熟悉与本岗位相关的标准和管理规定。

(2)掌握施工现场安全管理知识。

(3)熟悉施工项目安全生产管理计划的内容和编制方法。

(4)熟悉安全专项施工方案的内容和编制方法。

(5)掌握施工现场安全事故的防范知识。

(6)掌握安全事故救援处理知识。

子任务1.2　陕建安全管理体系的建立

陕建建筑安全管理体系建立的程序如图1-1所示。

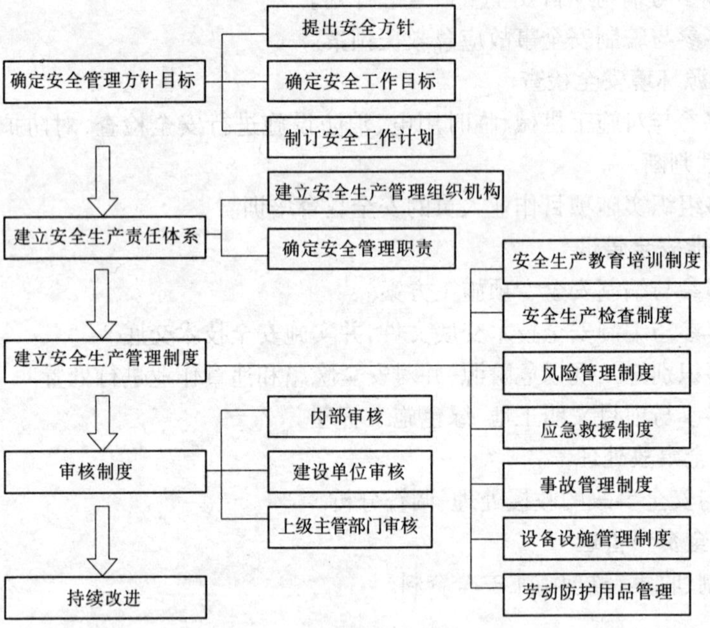

图1-1　建筑安全管理体系建立的程序

陕建企业的安全方针是:安全第一、预防为主、综合治理。

安全工作目标是:杜绝死亡、重大机械设备事故、火灾、中毒、重大交通事故等发生;杜绝中度伤害以上的职业病发生,预防其他职业病发生。

子任务1.3　陕西建工集团总公司安全生产管理标准解读(第一部分)

陕西建工集团总公司安全生产管理标准(简称标准)是根据国家住房和城乡建设部、陕西省住房和城乡建设厅《关于开展安全质量标准化工作的通知》要求,为进一步加强施工现场安全管理,实现施工现场安全标准化,结合陕西建工集团的实际情况编写的。组织集团企业安全监管部门负责人座谈、讨论,在广泛征求意见的基础上做了修改,经省市安全专家评审、集团总公司安全生产委员会审定通过。其目的是通过不断完善安全管理各项措施，切实做好施工过程安全控制，全面提升企业安全管理整体水平，实现施工现场安全达标和创优目标。

该标准的主要内容由总则、术语、施工企业安全管理、工程项目安全管理、岗位安全操作标准、现场安全标准及附录等七部分构成。

1 总则

总则由制定标准的目的、标准适用范围、适用意见3部分5个条款组成。

1.1 为切实加强施工现场安全管理，全面提升企业安全管理整体水平，实现施工现场安全标准化，制定本标准。

1.2 本标准适用于本集团承包，施工的新建、改建、扩建的土木工程，建筑工程，线路管道工程，设备安装工程，装饰装修工程，市政道路工程及拆除工程。

1.3 本标准所指的施工现场包括施工区、办公区和生活区。

1.4 施工企业除执行本标准的规定外，尚应符合国家现行有关强制性标准的规定。

1.5 各施工企业在应用本标准时，宜根据本企业的特点区分设立一般性条文和强制性条文。

2 术语

术语主要对施工企业、项目经理部、安全管理机构、项目主要管理人员等名词进行界定，共7个条款。

2.1 施工企业

从事土木工程，建筑工程，线路管道和设备安装工程，装修工程的新建、扩建、改建活动的各类资质等级的施工总承包、专业承包和劳务分包企业。

2.2 项目经理部

由项目经理在企业法定代表人授权和职能部门的支持下按照企业的相关规定组建的、进行项目管理的一次性的组织机构。

2.3 安全管理机构

安全管理机构是指企业设置的负责安全生产管理工作的独立职能部门。

2.4 项目经理(建造师)

项目经理(建造师)是指企业法定代表人在建设工程项目上的授权委托代理人，并取得建设行政主管部门颁发的安全生产考核合格证书(B证)，全面负责项目管理工作。

2.5 专职安全生产管理人员(安全员)

专职安全生产管理人员(安全员)是指经建设主管部门或者其他有关部门安全生产考核合格取得安全生产考核合格证书(C证)，并在企业从事安全生产管理工作的专职人员。

2.6 项目分包

承包人将其承包合同中所约定工作的一部分发包给具有相应资质的企业承担。

2.7 基坑支护

为保证地下结构施工及基坑周边环境的安全，对基坑侧壁及周边环境采用的支挡、加固与保护措施。

3 施工企业安全管理

施工企业安全管理主要由基本要求、安全生产责任制度、安全责任考核、安全管理机构及人员配备、安全生产资金保障、总分包安全管理、安全教育培训、安全技术管理、安全信息化管理、设备安全管理、安全检查、事故应急救援和报告处理12个项目55条款组成。

3.1　基本要求

3.1.1　施工企业必须执行《安全生产法》《建设工程安全生产管理条例》和现行国家标准《职业健康安全管理体系》(GB/T 28001)，坚持“安全第一，预防为主，综合治理”的方针，建立并持续改进职业健康安全管理体系。

3.1.2　施工企业主要负责人应对本单位的安全生产工作全面负责。施工单位必须建立健全安全生产责任制度和安全生产教育培训制度，制定安全生产规章制度和操作规程，保证本单位安全生产条件所需资金的投入，对所承担的工程进行定期检查和专项安全检查，并做好安全检查记录。

3.1.3　施工企业对列入建设工程概算的安全作业环境及安全施工措施所需费用，必须用于施工安全防护用具及设施的采购和更新、安全施工措施的落实、安全生产条件的改善，不得挪作他用。

3.1.4　施工企业必须单独设立安全生产管理机构，配备专职安全生产管理人员。

3.1.5　施工企业必须制定本单位生产安全事故应急救援预案，建立应急救援组织或配备应急救援人员，配备必要的应急救援器材、设备，并定期组织演练。

3.1.6　施工企业应重视和加强安全文化建设和信息化管理工作。

3.2　安全生产责任制度

3.2.1　安全生产责任制度是企业最基本的安全生产管理制度，必须依法制定、认真落实、严格考核。

3.2.2　施工企业建立安全生产责任制度应当包括各级领导人员的安全职责、企业有关职能部门的安全职责以及施工现场管理人员及作业人员的安全职责。

施工企业建立安全生产责任制宜参照本标准附录A-1编写。

3.2.3　集团应建立安全生产管理制度，加强对集团施工企业、本部工程承包部及驻外公司的安全生产管理，依法接受省、市行业主管部门和安监部门的监督管理；负责指导、督促集团企业认真执行国家、省市有关安全生产方针政策、法律法规、规定和行业标准；督促企业主要负责人和本部工程承包部主要负责人认真落实安全生产第一责任人的责任和企业安全生产责任制度，积极推行先进的安全生产管理方法，实现安全生产管理规范化、标准化。

3.2.4　集团应与施工企业、本部工程承包部等建立安全生产预警提示工作机制及约谈制度。对雨季易发的建筑施工工地基坑坍塌，塔吊、脚手架基础沉降，雷击、触电，雨后危房维修，高坠等事故，提出预防措施，加强应急值守和信息报送工作。对施工现场隐患整改不认真、安全问题较多的项目部，集团应及时对施工企业、本部工程承包部等进行约谈，督促其自觉做好安全生产工作。

3.2.5　集团应建立和完善安全生产保证体系，并确保体系有效运行。

集团和工程项目经理部安全生产管理网络宜参照附录A-2、附录A-3建立。

3.3　安全责任考核

3.3.1　集团应做好对施工企业、本部工程承包部负责人履行安全生产职责的目标责任考核。

3.3.2　施工企业与分公司、项目部每年签订《安全生产管理目标责任书》(附录B)，将企业安全管理目标分解到项目部，项目部分解到分包单位、管理人员和作业班组，并对管理目标与安全生产责任制落实一并予以考核。

3.3.3　集团应加强对施工企业安全检查指导，督促其落实各项安全防范和隐患治理措施。施工企业或项目部应当定期对安全生产责任制落实和安全管理目标实现情况监督检查，并将检查情况形成书面记录。

集团对施工企业、本部工程承包部安全生产目标责任落实情况按年度考核。施工企业对项目部考核为季度考核，项目部内部考核为月度考核。

3.3.4　企业应建立奖惩机制，严格安全生产目标责任考核。

3.4　安全管理机构及人员配备

3.4.1　企业必须依法设置安全生产管理机构，在企业主要负责人的领导下开展本企业的安全生产管理工作。具有以下职责：

1　宣传和贯彻国家有关安全生产法律法规和标准。

2　编制并适时更新安全生产管理制度并监督实施。

3　组织或参与企业生产安全事故应急救援预案的编制及演练。

4　组织开展安全教育培训与交流。

5　协调配备项目专职安全生产管理人员。

6　制订企业安全生产检查计划并组织实施。

7　监督在建项目安全生产费用的使用。

8　参与危险性较大工程安全专项施工方案专家论证会。

9　通报在建项目违规违章查处情况。

10　组织开展安全生产评优评先表彰工作。

11　建立企业在建项目安全生产管理档案。

12　考核评价分包企业安全生产业绩及项目安全生产管理情况。

13　参加生产安全事故的调查和处理工作。

14　企业明确的其他安全生产管理职责。

3.4.2　施工企业安全生产管理机构专职安全生产管理人员应当具有中级以上技术职称或注册安全工程师执业资格，从事施工现场安全管理工作5年以上。人员配备应满足下列要求，并应根据企业经营规模、设备管理和生产需要予以增加：

1　施工总承包资质序列企业：特级资质不少于6人；一级资质不少于4人；二级和二级以下资质企业不少于3人。

2　施工专业承包资质序列企业：一级资质不少于3人；二级和二级以下资质企业不少于2人。

3　施工劳务分包资质序列企业：不少于2人。

4　施工企业的分公司、区域公司等较大的分支机构应依据实际生产情况配备不少于2人的专职安全生产管理人员。

3.4.3 施工企业安全生产管理机构专职安全生产管理人员在施工现场检查过程中具有以下职责：

1 查阅在建项目安全生产有关资料、核实有关情况。

2 检查危险性较大工程安全专项施工方案落实情况。

3 监督项目专职安全生产管理人员履责情况。

4 监督作业人员安全防护用品的配备及使用情况。

5 对发现的安全生产违章违规行为或事故隐患，有权当场予以纠正或作出处理决定。

6 对不符合安全生产条件的设施、设备、器材，有权当场作出查封的处理决定。

7 对施工现场存在的重大事故隐患，有权越级报告或直接向建设行政主管部门报告。

8 企业明确的其他安全生产管理职责。

3.4.4 施工企业应当在项目经理部组建安全生产领导小组。实行施工总承包的，安全生产领导小组由总承包企业、专业承包企业和劳务分包企业项目经理、技术负责人和专职安全生产管理人员组成。

安全生产领导小组的主要职责：

1 贯彻落实国家有关安全生产法律法规和标准。

2 组织制定项目安全生产管理制度并监督实施。

3 编制项目生产安全事故应急救援预案并组织演练。

4 保证项目安全生产费用的有效使用。

5 组织编制危险性较大工程安全专项施工方案。

6 开展项目安全教育培训。

7 组织实施项目安全检查和隐患排查。

8 建立项目安全生产管理档案。

9 及时、如实报告安全生产事故。

3.4.5 工程项目经理部专职安全生产管理人员应当按照下列规定配备：

1 总承包单位配备项目专职安全生产管理人员应当满足下列要求：

1）建筑工程、装修工程按照建筑面积配备：

a 5 000 m^2以下的工程不少于1人；

b 5 000～20 000 m^2的工程不少于2人；

c 2万～5万 m^2 的工程不少于3人；

d 5万 m^2 及以上的工程不少于4人，且按专业配备专职安全生产管理人员。

2）土木工程、线路管道、设备安装工程按照工程合同价配备：

a 5 000万元以下的工程不少于2人；

b 5 000万～1亿元的工程不少于3人；

c 1亿元及以上的工程不少于4人，且按专业配备专职安全生产管理人员。

2 分包单位配备项目专职安全生产管理人员应当满足下列要求：

1）专业承包单位应当配置至少1人，并根据所承担的分部分项工程的工程量和施工危险程度增加。

2)劳务分包单位施工人员在50人以下的,应当配备1名专职安全生产管理人员;50~200人的,应当配备2名专职安全生产管理人员;200人及以上的,应当配备3名及以上专职安全生产管理人员,并根据所承担的分部分项工程施工危险程度增加,不得少于工程施工人员总人数的5‰。

3　采用新技术、新工艺、新材料或致害因素多、施工作业难度大的工程项目,项目专职安全生产管理人员的数量应当根据施工实际情况,在以上规定的配备标准上增加。

4　施工作业班组应设置兼职安全巡查员,对本班组的作业场所进行安全监督检查。

3.5　安全生产资金保障

3.5.1　施工企业必须对列入工程概算的安全防护、文明施工措施费及时、足额提取,用于施工安全防护用具及设施的采购和更新、安全施工措施的落实、安全生产条件的改善,不得挪作他用。

施工企业提取安全生产费用的标准应不低于本标准附录C的规定。

3.5.2　施工企业财务部门必须单独设立"安全防护、文明施工措施费"科目,使安全专项资金做到专款专用。

3.5.3　每个项目开工前,项目经理部必须编制安全防护、文明施工措施费计划,上报施工企业财务、安全管理部门及分管领导审批。项目经理部安全防护、文明施工措施费不足时,应及时追加投入。

3.5.4　项目经理部每季度填写安全防护、文明施工措施费使用情况统计表(表3.5.4),上报施工企业财务部门。施工企业对安全防护、文明施工措施费投入与使用情况每季度进行一次监督检查,对检查中发现的问题,要求相关责任单位及时予以纠正。

3.6　总分包安全管理

3.6.1　总承包单位对施工现场的安全生产负总责,分包单位应当服从总包单位的安全生产管理。分包单位不服从管理导致生产安全事故的,分包单位承担主要责任。

在总承包合同中应明确,对于由建设单位直接将装饰装修、设备安装等分部分项工程肢解分包给多个施工单位施工,且直接与建设单位签订施工合同、发生经济往来的分包单位,发生生产安全事故,由分包单位负责。

3.6.2　施工企业应当对分包单位进行评审,建立合格工程分包、劳务分包方名录,并定期进行复评。

项目经理部选择分包单位时应从企业公布的合格分包方名录中选择。

3.6.3　项目经理部必须严格执行先签合同、后组织进场施工的原则。在与分包单位签订分包合同的同时,必须签订安全生产管理协议书(附录D),明确各自在安全生产方面的权利和义务。未签订安全协议的,项目经理不得安排施工任务。

总包项目应当审查分包单位的营业执照、资质证书、安全生产许可证及现场负责人、管理人员、特种作业人员的资格证书原件,并收集原件或有效的复印件。项目部不得使用无资质的专业分包、劳务分包队伍,必须分类建立施工人员花名册。人员进场,分包单位应当及时向总包项目填报劳务人员花名册(表3.6.4)。

3.6.4　施工过程中,项目部必须履行总包对分包的安全技术交底、检查、监督和管理责任,并做好日常管理考核资料,为分包方业绩评定提供证明资料。对分包方不服从管理、整改措施不落实的,给予处罚。不良记录达到2次的解除合同。

3.7 安全教育培训

3.7.1 施工企业必须建立安全教育培训制度,加强对职工的安全教育培训管理,落实安全教育培训经费。

3.7.2 施工企业安全生产管理人员必须每年年初进行不少于40学时的安全培训及业务考核,不合格者不得安排上岗。其他管理人员每年也应进行安全培训。

3.7.3 新进施工企业职工(包括新调入人员、实习生、代培人员等)必须进行企业、项目、班组三级安全教育,并经考核合格后方可上岗。

三级安全教育应逐级填写三级安全教育记录表(表3.7.3),建立安全教育档案。三级安全教育完毕,经企业安全部门审核后,方可准许发放劳动保护用品和本工种所享受的劳保待遇。未经三级安全教育或考试不合格者,不得分配工作。

3.7.4 已接受过三级安全教育的职工变换施工现场,必须接受项目部的安全教育后,方可进场施工。项目部的安全教育由项目经理组织,项目安全部门负责实施,并填写安全教育记录表(表3.7.4)。

3.7.5 劳务分包单位人员进场前,项目部必须要求劳务分包单位出具进场人员三级安全教育记录或证明,自觉接受项目进场安全教育,并经安全考核合格后方可安排上岗。项目入场安全教育由项目经理组织,项目安全管理人员具体负责实施并填写记录(表3.7.5),教育时间不少于8学时。

未经劳务分包单位三级安全教育、项目进场安全教育及考核不合格的人员,不得从事现场作业。

3.7.6 对进入现场参观人员的安全教育,由项目负责人负责;其教育内容主要是项目的安全规定及安全注意事项等,经教育后,项目应安排专人陪同参观。

3.7.7 项目部电工、电焊工、架子工、场内车辆驾驶员、起重信号司索工、起重机械司机、起重机械安装拆卸工、高处作业吊篮安装拆卸工等特种作业人员,必须经专业培训取得建筑施工特种作业人员操作资格证书,方可上岗从事相应作业。

特种作业人员每年接受安全教育不得少于8学时,并由项目组织考核,不合格者不得安排从事特种作业。

3.7.8 项目经理部应结合季节特点和施工实际,开展季节性和经常性的安全教育培训,提高作业人员的安全意识和操作技能。

各作业班组必须每天上岗前组织不少于10 min的安全教育、交底,明确当班应注意的安全事项和应采取的安全防护措施。

3.8 安全技术管理

3.8.1 施工企业应结合本企业实际和行业特点,按照本企业职业健康安全管理体系文件的规定,组织有关人员对办公区和所有施工领域中的危险源进行辨识评价,发布企业重大危险源提示性清单,并定期组织评审和更新。

3.8.2 项目经理部编制的施工组织设计中应有安全技术措施,并由技术人员、安全员对施工过程中的危险性较大工程和危害源进行辨识,填写危险性较大的分部分项工程识别清单(表3.8.2-1)。对危险性较大的分部分项工程或重大危险源,项目部应编制专项施工方案或管理方案,并附具安全计算书,经施工单位技术负责人、总监理工程师批准后实施,由专职安全员进行现场监督。

对深基坑、悬挑脚手架、附着升降脚手架、高架支模等超过一定规模的危险性较大工程(表3.8.2-2)的专项施工方案,应由施工单位上级技术部门组织专家论证、审查。

3.8.3 工程施工前,总包单位向分包单位进行总分包安全总交底,填写总分包安全总交底记录(附录E)。分包单位项目技术人员向施工班组长,班组长向作业人员分别进行交底。交底必须针对分部分项工程,采用书面形式,双方应在安全交底记录(表3.8.3)上签字确认。

安全交底的主要内容包括:

1 工程项目和分部分项工程的概况;

2 工程项目和分部分项工程的危险部位;

3 针对危险部位采取的具体预防措施;

4 作业中应注意的安全事项;

5 作业人员应遵守的安全操作规程和规范;

6 作业人员发现事故隐患应采取的措施。

3.9 安全信息化管理

3.9.1 施工企业应充分利用企业信息化管理平台,积极创造条件,开展安全信息化管理工作。

3.9.2 施工企业应当注重信息化工作的投入,建立安全生产远程动态监控系统及相关安全管理子系统,实现安全生产动态管理。

3.9.3 施工企业应充分发挥安全信息化管理系统的作用,及时收集、转载安全生产法律法规及文件,沟通安全相关信息,指导、督促项目经理部做好落实工作。

3.10 设备安全管理

3.10.1 施工企业应当建立设备管理制度,配备专职管理人员,建立设备安全技术档案。设备应具有生产(制造)许可证、制造监督检验证明、产品合格证,并在进入施工现场前进行查验,防止淘汰、报废设备进入施工现场。

3.10.2 施工企业应当按国家和地方相关文件要求,及时公布国家和地方明令淘汰、禁用的机械设备清单。该停止使用的设备必须停止使用。

3.10.3 购置或租赁的建筑起重机械应当具有特种设备制造许可证、产品合格证、制造监督检验证明,并在首次安装前办理备案证明。

3.10.4 建筑起重机械的安装、拆卸和顶升、附着等作业,必须由具备相应资质、安全许可证的企业和具备相应资格的人员完成。

安拆单位不得随意在设备上增加荷载。设备安拆时,出租方应有安拆合同、方案、应急预案,并及时向工程所在地建设主管部门办理告知手续,安拆过程要专业技术人员、专职安全管理人员、技术负责人到场。

对外埠进陕从事起重设备安拆的专业施工企业,必须具备起重设备安装专业承包一级资质。

工程项目经理部租赁建筑起重机械，必须选择具有租赁行业确认书的企业，不得租赁个人设备。在与出租单位签订租赁合同的同时，必须签订安全管理协议(附录F)，明确双方的安全生产责任。

3.10.5　建筑起重机械安装完毕后，出租方应出具自检证明和安全使用说明书，同时应当委托具有相应资质的检验检测机构进行验收，合格后方可投入使用，并按规定办理使用登记手续。设备使用过程中，必须定期进行检查、维修和保养，并建立设备使用档案。

附录A-1　安全生产责任制

A.1　企业法定代表人安全生产责任

企业法定代表人为本企业安全生产的第一责任人，其职责是：

1　建立、健全本企业安全生产责任制。

2　组织制定本企业安全生产规章制度和操作规程。

3　保证本企业安全生产条件所需资金的投入。

4　督促、检查本企业的安全生产工作，及时消除生产安全事故隐患。

5　组织制定并实施本企业的生产安全事故应急救援预案。

6　及时、如实报告生产安全事故。

A.2　公司总经理安全生产责任

1　贯彻执行国家有关劳动保护和安全生产的政策、法令、规章制度及上级对本企业的指示、决定。

2　确保建立、实施和保持有效的企业职业健康安全管理体系。

3　制定和保持公司安全生产目标。

4　确保安全生产的必要费用。

5　建立各级安全生产责任制，建立和实施安全生产奖惩制度。

6　督促检查安全生产，及时消除安全事故隐患。

7　及时、如实向上级主管部门报告生产安全事故。

8　向职工代表大会或董事会报告企业安全生产情况，听取对安全生产的意见。

A.3　公司主管生产的副总经理安全生产责任

1　对本公司的安全生产负直接领导责任。

2　认真贯彻执行党和国家的安全生产方针、政策、法令和上级的指示，组织编制、修改、补充本公司的安全生产规章制度并组织实施和严格考核。

3　主持建立施工现场安全生产保证体系。

4　督促制订和实施施工过程的安全生产措施。

5　在布置、检查生产的同时，布置、检查安全生产工作。

6　主持公司安全生产委员会会议，对重大安全问题组织讨论。

7　定期组织公司综合安全大检查和各种专业安全检查，领导开展安全生产竞赛活动，总结推广安全生产经验。

8　参与重大伤亡事故的调查处理。

A.4　公司总工程师安全生产责任

1 对本公司安全生产技术工作负总的责任。

2 在组织审批施工组织设计和采用新技术、新工艺、新设备时,组织制定相应的安全技术措施和审定实施必要的教育培训计划。

3 组织编制、修改、审查企业的特殊工艺的安全操作技术规程。

4 参与本公司重大伤亡事故的调查分析,提出技术鉴定意见和技术改进措施。

5 审定职工安全技术教育教材。

6 组织讨论重大的安全技术措施方案,并督促基层实施。对严重违规有权作出紧急处置决定。

A.5 公司工会安全生产责任

1 支持和督促行政贯彻执行党和国家的劳动保护方针、政策;协助行政搞好安全生产;教育职工遵守安全生产各项规章制度,树立"安全第一"的思想。

2 主持劳动保护委员会工作,定期召开会议,听取行政部门对安全生产工作的汇报;审查安全规划、重大的安全生产方案和措施,并提出改进意见,督促实施。

3 经常深入基层了解职工对安全生产的意见和要求,定期组织职工代表检查劳动保护设施状况,发现问题督促有关部门及时解决。

4 积极推广技术革新工作,改善劳动条件,减轻劳动强度,并且做好女工劳动保护工作。

5 参与重大伤亡事故调查工作,监督有关部门落实防范措施,并协助行政做好伤亡事故的善后处理。

6 组织安全生产竞赛活动,总结经验,并对成绩突出的集体和个人及时建议行政给予奖励,对阻碍安全生产的行为进行批评教育。

7 组织职工进行文化、体育等活动时,要确保安全。

8 检查劳动防护用品发放和使用情况,发现问题督促有关部门和人员及时纠正;同时,督促有关部门确保劳动保护专项费用的到位和使用。

9 运用多种形式对职工(包括分包单位)进行安全知识、劳动保护知识的宣传教育活动,真正做到以人为本,不断提高职工的自我防范意识。

10 结合重点工程、难点工程和阶段性的企业生产重点,与安全部门共同组织开展以安全生产为重点的各种竞赛、教育活动。

A.6 公司生产科技质量处安全生产责任

1 贯彻安全生产规章制度,把安全生产内容列入工作计划。

2 认真执行施工组织设计中所规定的安全技术措施,加强现场管理,建立文明生产、安全施工的良好秩序。

3 在生产调度过程中遇到进度与安全发生矛盾时,应服从安全生产要求。

4 加强施工现场管理,杜绝食物中毒,防止煤气中毒事故发生。

5 制定、修改企业对机械设备的管理规定及制度。

6 执行机械设备检查、维护和保养制度等管理规定,使机械设备处于完好状态,确保安全运行。

7 参加调查、处理与设备有关的安全事故,并作出技术鉴定。

8 指导施工现场建立和实施安全生产保证体系。

9 参加公司组织的施工现场标准化管理和文明工地的检查。

10 参与审定大型机械的装拆方案,按标准做好大型机械的验收工作。

A.7 公司安全生产监督管理处安全生产责任

1 宣传和贯彻国家有关安全生产法律法规和标准。

2 编制并适时更新安全生产管理制度并监督实施。

3 组织或参与企业生产安全事故应急救援预案的编制及演练。

4 组织开展安全教育培训与交流。

5 协调配备项目专职安全生产管理人员。

6 制订企业安全生产检查计划并组织实施。

7 监督在建项目安全生产费用的使用。

8 参与危险性较大工程安全专项施工方案专家论证会。

9 通报在建项目违规违章查处情况。

10 组织开展安全生产评优评先表彰工作。

11 建立企业在建项目安全生产管理档案。

12 参加生产安全事故的调查和处理工作。

A.8 公司劳动人事教育处安全生产责任

1 按上级规定的比例要求和岗位定员人数落实好安全人员,并明确岗位职责;加强对安全人员的考核,对考核不合格的人员要予以调整,以保证安全人员的素质要求。

2 加强对安全人员的岗位培训,根据国家住房和城乡建设部和上级主管部门对建筑施工企业专业管理人员进行岗位培训的要求,制订计划,及时输送人员培训。

3 对已取得岗位合格证书的人员,一般不随意调动,确因工作需要,在调动前,须事先征求公司主管部门意见,以确保安全人员的相对稳定。

4 考核干部时,要考核安全管理业绩,对无视安全生产规章制度、严重失职造成重大事故的干部进行处理。

5 认真贯彻、执行党和国家的劳动保护政策和规定。

6 会同有关部门做好新工人安全教育工作。

7 做好特殊工种作业人员的培训、考核、发证工作,特殊工种人员应保持相对稳定。

8 参加重大伤亡事故调查分析,对事故责任者进行教育处理。

9 做好工伤事故的善后工作,对因工致残部分丧失劳动能力的作业人员作出妥善安排。

A.9 公司保卫处安全生产责任

1 认真贯彻落实《中华人民共和国消防法》《陕西省消防条例》,实行"谁主管,谁负责"的原则,强化消防安全工作。

2 加强防火宣传教育工作,普及消防知识,提高广大职工自防自救能力,提高执行防火规章制度的自觉性。

3 加强和监督基层单位消防安全领导小组工作,结合实际建立和健全防火制度,落实防火措施。

4 坚持定期防火安全检查制度,对发现的隐患及时督促整改,按规定配备消防器具和“禁止火种”等警示标志牌。

5 加强施工现场、仓库、宿舍和易燃易爆危险品的防火管理,建立防火档案,定期培训管理人员,保证“持证上岗”。

6 加强明火作业管理,严格执行明火作业审批制度,落实消防措施。

7 监督、落实安全用电规定,防止电气火灾。

A.10 公司财务处安全生产责任

1 按国家及上级有关规定,提取或支付安全防护措施的经费。

2 在处理工伤事故中,严格掌握费用开支政策。

3 对安全防护措施费用、奖金发放和罚款收入进行监督,专款专用。

A.11 项目部经理安全生产责任

1 认真贯彻执行安全生产法律法规和标准规范,坚持“安全第一,预防为主,综合治理”的方针,组织落实集团公司的各项安全生产规章制度。

2 根据工程项目实际,组织制订相应的施工组织设计和安全技术措施,并负责组织实施。

3 组织制订项目部的安全生产管理目标,严格执行集团公司的安全生产奖惩办法。

4 负责审查分包单位和相关人员的资格,并及时与其签订专项施工合同和安全管理责任书。

5 负责项目安全防护、文明施工措施费的投入和有效使用,抓好施工现场、工地食堂、宿舍和厕所的安全卫生管理工作。

6 督促落实安全职能部门做好对施工人员的安全教育和技术培训工作,提高作业人员的安全意识和自我保护能力,防止各类事故的发生。

7 督促落实安全职能部门经常检查各工种的安全操作规程的执行情况,严格执行现行安全技术标准。

8 监督材料部门采购劳动防护用品和防护材料的质量,防止和杜绝假冒伪劣产品流入施工现场。

9 组织有关人员进行每周一次的定期安全检查,及时发现施工现场存在的各类隐患,并督促限时整改,确保安全施工顺利进行。

10 正确对待生产和安全的关系,不违章指挥,督促各生产班组开展安全活动。

11 发生生产安全事故,立即组织抢救,迅速上报,并保护好现场,参加事故调查处理。

A.12 项目部副经理安全生产责任

1 根据项目安全保证计划,组织有关管理人员制订针对性的安全技术措施,并督促实施。督促项目管理人员落实责任制。

2 负责组织有关人员对施工现场安全防护设施进行检查、验收。定期组织管理人员进行安全操作规程和安全规章制度学习。负责对事故隐患进行控制,并组织落实纠正和预防措施。

3 参与安全管理体系策划和评审。

4 实施现场管理标准化,协助上级部门对工程项目安全检查,并督促项目管理人员及时填写安全资料。

5 协调解决安全管理体系运行中的重大问题,组织召开安全生产工作会议,建立会议纪要,并发放给有关人员。

6 坚决贯彻“五同时”,在计划、布置、检查、总结、评比生产及行政工作的同时,做好安全生产的计划、布置、检查、总结、评比工作。要把安全生产列入重要议事日程,在安全与生产进度发生矛盾时,首先要服从安全,及时排除一切不安全因素。

7 参与处理一般工伤事故,协助处理较大工伤、机械设备及火灾事故,事故处理遵循“四不放过”原则,并采取有效整改措施,防止事故再次发生。

8 负责安全设施所需的材料、设备及设施的采购计划的审核及批准,并督促各相关人员做好进场物资的验收工作。

A.13 项目部技术负责人安全生产责任

1 编制施工组织设计,对安全难度系数大的施工操作方案进行优化。检查施工组织设计的贯彻、落实、执行情况,确保安全生产。

2 组织编制相应的安全保证计划并进行内部评审,上级审核通过后督促实施。

3 确定危险部位和过程,对危险性较大和专业性强的工程项目应组织论证。

4 作出因本工程项目的特殊性而须补充的安全操作规定;选择或制定施工各阶段针对性安全技术交底文本。

5 对工程技术部门负责的安全体系要素进行监控,落实改进措施。

6 参加项目部定期安全生产检查,参与有关重大伤亡事故的调查分析,提出意见和改进措施。

A.14 项目技术员安全生产责任

1 对施工生产中安全技术问题负有管理责任。

2 严格按照国家安全技术规定、规程和标准编制施工组织设计或方案、施工工艺等技术文件,提出相应的安全技术措施,拟定安全技术操作规程。

3 对应用新工艺、新技术、新设备、新材料应制定相应的安全措施和安全操作规程。

4 对技术改造项目,落实劳动保护和安全技术措施,并做好“三废”治理工作。

5 对安全设施进行技术鉴定,负责安全技术科研项目及合理化建议项目的审核和技术核定。

6 参加安全检查,对查出的安全隐患,及时提出技术改进措施,并检查执行情况。

A.15 项目安全员安全生产责任

1 认真贯彻执行建筑工程安全生产法律、法规,坚持“安全第一,预防为主,综合治理”的方针,具体负责落实集团公司的各项安全生产规章制度。

2 参与施工组织设计中安全技术措施的审核检查与落实。

3 参与制订工程项目的安全管理目标,认真进行日常安全管理,做好项目经理的助手。

4 负责施工现场安全生产日常检查并做好检查记录,对施工现场存在的安全隐患有权责令立即整改,对于发现的重大安全隐患,有权向企业安全生产管理机构报告。

5 做好对施工人员的安全教育和特殊工种培训取证工作,健全安全管理台账。

6 认真巡回检查施工现场各工种操作规程执行情况,及时向项目经理反馈信息。

7 协助项目经理组织定期安全检查,及时处理施工现场安全隐患,签发限时整改通知单,并负责落实。

8 监督协助项目部做好分部、分项安全技术交底工作。

9 组织班组开展安全活动,提供安全技术咨询。

10 检查劳动防护用品和防护产品的质量,反馈使用信息。

11 有权制止违章作业,有权抵制和越级上报违章指挥行为,对作业人员违规违章行为有权予以纠正或查处。

12 做好节假日的安全教育和各工种换岗教育,并记录在案。

13 做好项目安全生产保证体系要素的执行工作和内部安全审核工作。

14 参加企业的安全活动和政府主管部门的各类培训。

15 参加事故调查处理。

A.16 项目材料员安全生产责任

1 采购所有劳保用品和安全生产防护物品时,必须到有关部门认可的有资质的生产厂家和指定网点购买。

2 有关劳保用品和安全防护物品的合格记录和质保书须交安全资料员归档备查。

3 对施工需要的劳动防护用品和安全设施所用材料应纳入采购计划及时供应。

4 经常与安全员取得联系,听取施工人员对所购劳动防护用品和安全防护物品的意见反馈。

5 参加安全生产会议,积极提出合理化建议。

6 拒绝一切不符合要求的“三宝”(安全三宝:安全帽、安全带、安全网)和电器机具流入施工现场。

A.17 项目机管员安全生产责任

1 负责施工现场机械设备使用前的验收和日常保养及维修的管理工作。

2 负责施工现场的塔吊、施工电梯、物料提升机等大中型机械设备安拆过程的监督、验收和日常保养维修的管理工作。

3 负责施工现场起重作业的监督、检查管理工作。

4 负责施工现场用电设备的验收和平时安全用电管理工作。

5 负责施工现场机械设备作业人员的安全教育管理工作。

6 负责对施工现场使用的机械设备进行可追溯性的记录。

A.18 项目施工员安全生产责任

1 遵守国家建设工程安全生产法律、法规,坚持“安全第一,预防为主,综合治理”的方针,认真执行企业的各项安全生产规章制度。

2 认真执行项目施工组织设计和安全技术措施,严格做到按图施工。

3 参与制订工程项目的安全管理目标,配合安全员做好日常安全管理工作。

4 重视工程项目的文明施工,抓好工地食堂、宿舍和厕所的卫生管理工作。

5 合理安排施工计划,现场巡回检查安全操作规程执行情况,对违章作业有权制止直至停工整改。

6 认真落实各项安全防护设施，确保机、电、架和洞口临边安全防护设施的完整。

7 做好分部分项、各工种的安全技术交底工作。

8 有权拒绝不科学、不安全、不文明施工的生产指令。

9 参加各项安全生产检查，协助项目安全员做好对安全隐患整改落实工作。

A.19 项目资料员安全生产责任

1 根据现行行业标准《建筑施工安全检查标准》(JGJ 59)做好工地安全管理台账。

2 及时收集各类安全协议、合同、施工组织设计、安全技术措施、安全技术交底、安全教育、安全培训、安全检查等资料并整理归档。

3 及时收集采购的劳防用品和防护用品的合格证、准用证、许可证和质保书等资料并组织归档。

4 经常深入施工现场，了解掌握工程的进度及安全设施的实际要求，并全过程做好记录，做到正确无误。

5 经常会同监理、设计、建设单位，并与项目部的安全员、施工员和材料员等联系，及时收集和处理有关资料文本。

6 技术资料、安全资料等，全部有系统地装订成册，待竣工验收检查存档。

A.20 作业队(班组长)安全生产责任

1 组织本班组职工学习安全规程和制度，检查执行情况，在任何情况下，均不得违章蛮干，不得擅自动用机械、电气、架子等设备。

2 有权拒绝违章指令。

3 听从专职安全员的指导，接受改进措施。教育全组职工坚守岗位，严格执行安全生产规程和制度，做好上、下班的交接工作和安全自检工作。

4 发动全组职工，为促进安全生产和改善劳动条件提出合理化建议，并做好记录和汇报工作。

5 支持班组安全员工作，及时采纳安全员的正确意见，发动全组职工共同搞好安全生产。

6 组织班组安全活动，开好班前安全生产会，并根据作业环境和职工的思想、体质技术状况合理分配生产任务。

7 作业前对所用的机具、设备、防护用具及作业环境进行安全检查，发现问题立即采取整改措施，及时消除隐患。

8 发生工伤事故，立即抢救，及时报告，并保护好现场。

A.21 作业人员安全生产责任

1 牢记“安全生产，人人有责”，树立“安全第一，预防为主”的思想，积极参加安全竞赛和安全活动，接受安全教育。

2 认真学习和掌握本工种的安全操作规程及有关方面的安全知识，努力提高安全技能，自觉遵守安全生产的各项制度，听从安全人员的指导，做到不违章作业。

3 正确使用防护用品和安全设施工具，爱护安全标志，服从分配，坚守岗位，不随便开动他人使用操作的机械、电气设备，不无证进行特种作业，严格遵守岗位责任制和安全操作规程。

4 随时检查工作岗位的环境和使用的工具、材料、电气、机械设备，做好文明施工和各种机具的维护保养工作，发现隐患及时处理或上报。

5 发生生产安全事故及时向项目部汇报。

6 发扬团结友爱精神，在遵守安全规章制度等方面做到相互帮助、互相监督。对新工人要积极传授安全生产知识，维护一切安全设施，做到正确使用，不准拆改。

附录 A-2 集团安全生产管理网络图

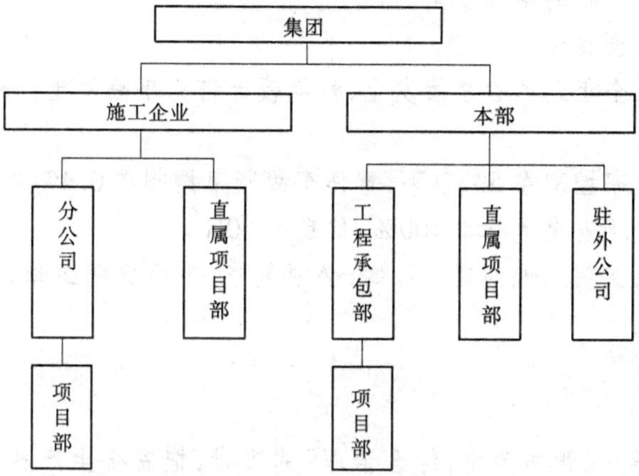

附录 A-3 工程项目经理部安全生产管理网络图

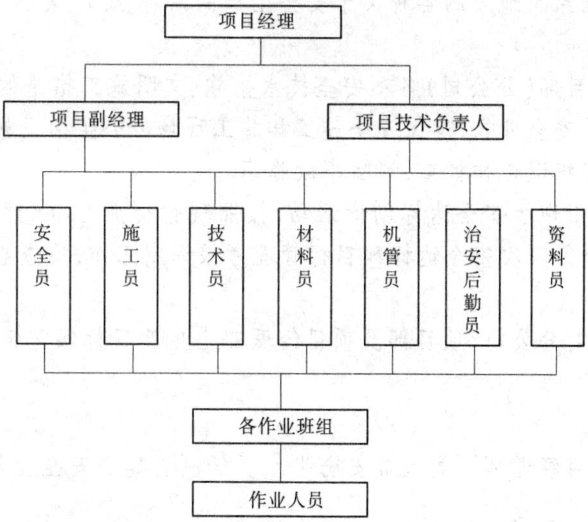

附录 B 安全生产管理目标责任书(示范文本)

公　司(简称甲方)：

分公司/项目经理部(简称乙方)：

为了贯彻落实“安全第一，预防为主，综合治理”的方针，坚持安全生产文明施工。根据国务院《建设工程安全生产管理条例》(国务院令393号)、省政府《关于进一步加强企业安全生产工作的决定》实施意见及集团总公司下达的年度安全生产管理目标。为杜绝伤亡事故的发生，减少一般事故，确保施工现场的安全生产。为此，公司与分公司/项目部签订__________项目安全生产管理目标责任书。

一、工作范围

凡乙方承建的工程项目(包括分部、分项分包和本单位用工及民工)中职工的人身安全和施工生产设施、设备的施工安全。

二、安全生产管理目标

1　实现本单位全年无死亡事故发生，杜绝较大伤亡事故发生，杜绝重大火灾、机械设备事故。

2　工伤事故频率控制在5‰以下，重伤事故频率控制在0.4‰以下。

3　确保施工现场安全达标率100%，优良率60%。

4　具备省市级文明工地创建条件的，必须创省、市级文明工地，不具备创建条件，必须达到文明施工。

三、双方责任

1　甲方责任

1)贯彻“安全第一，预防为主，综合治理”的方针，把安全生产放在一切工作的首位，做到在计划、布置、检查、总结、评比生产工作时将安全管理工作同时进行，使生产布局适应安全管理的需要，不违章指挥。

2)宣传、贯彻国家及地方的各种关于安全生产的法律法规、规程、标准、决定等，帮助督促乙方实施。

3)检查监督项目部(分公司)各项安全技术措施、文明施工措施的落实，防护设施、原材料、机具设备质量安全可靠，确保安全施工和施工现场办公生活设施整洁。除公司季度检查外，每月还要组织巡查和抽查，消除事故隐患。

4)组织开展施工现场安全达标创优活动，按照现行行业标准《建筑施工安全检查标准》(JGJ 59)每季进行一次安全达标和目标管理考核评定工作，检查监督本责任书乙方的落实情况。

5)公司每半年对分公司/项目部及项目经理安全生产目标实施情况及安全生产责任制进行一次考核。

2　乙方的责任

1)建立健全项目经理部各类人员安全生产责任制。建立安全生产保证体系，并层层落实，严格考核。

2)遵守安全生产规章制度，负责本单位内的安全生产和文明施工，对项目经理部(分公司)的各施工点管理人员、作业人员的生产安全负领导责任。

3)负责承建的工程项目图纸会审和安全技术交底，检查督促全体职工、劳务作业人员遵章守纪，遵守操作规程，做到不违章指挥、不违章操作，不违反劳动纪律。

4)负责与分包单位/班组签订安全生产目标责任书。督促分包单位/班组与职工/劳务作业人员签订安全目标责任书。

5）带领全体职工实现安全达标创优，坚持召开分公司/项目部、班组安全活动会。做到班前讲安全，下达生产任务的同时，进行安全技术交底，并每半月深入现场检查一次安全生产，发现问题及时解决。

6）配合公司做好公司级安全教育工作，认真做好项目部、班组两级安全教育工作。经常组织全体职工、劳务作业人员学习安全规章制度、操作规程。负责新工人、老工人换岗和劳务作业人员的入场安全教育，并请有实践经验的工程技术人员指导操作。

7）认真编制危险性较大工程如脚手架、模板工程、基坑支护、施工用电、起重吊装作业、塔吊、物料提升机及其他垂直运输设备的安装与拆卸等的专项施工方案。

8）加强对施工现场的安全防护。现场临时用电必须执行“TN－S系统”、做到“三级配电、两级保护”，外架搭设必须符合现行行业标准《建筑施工扣件式钢管脚手架安全技术规范》（JGJ 130）及相关规范规定；做好脚手架、施工用电验收及施工机具设备等进场验收和使用管理工作，确保安全生产。坚持特种作业人员持证上岗。

9）对上级部门下达的关于安全生产的文件及开展的各项安全活动，认真贯彻落实，并详细记录。

10）发生事故立即上报公司，救治伤员，保护现场，配合调查取证，并按照整改要求进行整改，对发生事故隐瞒不报者加重处罚。

四、奖罚办法

1　按照《陕西建工集团企业负责人经营业绩考核暂行办法》（陕建总通〔2007〕50号）第十一条2款规定：企业当年发生重大工程（产品）质量、机械设备、火灾、交通安全责任事故，每1起罚款5 000元；发生安全生产重伤事故，每1人次罚款5 000元；发生生产安全死亡事故，死亡1人罚款20 000元，死亡2人以上（含2人）按事故性质及责任主体扣罚年度奖金，并根据责任大小给予纪律处分。

按照《陕西建工集团总公司生产经营单位负责人经营业绩考核暂行办法》（陕建总通〔2007〕59号）第2.3.3考核处罚条件2款：当年发生重大工程质量、机械设备、火灾、交通安全责任事故，每1起罚款5 000元；发生生产安全重伤事故，每1人次罚款6 000元；发生生产安全死亡事故，死亡1人罚款20 000元，死亡2人以上（含2人）取消年度奖金，并根据责任大小给予纪律处分。

2　如有新规定，从其规定。

责任书一式两份，甲乙双方各执一份。

甲方（盖章）　　　　　　　　乙方（盖章）

负责人签字　　　　　　　　　负责人签字

签订日期　　　年　　月　　日

附录C 安全费用提取标准

1 国家财政部、国家安监总局《高危行业企业安全生产费用财务管理暂行办法》(财企〔2006〕478号)第八条规定：建筑施工企业以建筑安装工程造价为计提依据，各工程类别安全费用提取标准如下：

a 房屋建筑工程、矿山工程为2.0%；

b 电力工程、水利工程、铁路工程为1.5%；

c 市政公用工程、冶炼工程、机电安装工程、化工石油工程、港口与航道工程、公路工程、通信工程为1.0%。

建筑施工企业提取的安全费用列入工程造价，在竞标时不得删减，总包单位应当将安全费用按比例直接支付分包单位，分包单位不再重复提取。从2007年1月1日起执行。

2 陕西省建设厅关于调整安全文明施工措施费的通知(〔2007〕232号)规定，各工程类别提取标准如下：

a 房屋建筑工程由原分部分项工程费的1.4%调整为分部分项工程费、措施项目费、其他项目费之和的2.6%；

b 市政工程、园林绿化工程由原分部分项工程费的1.4%调整为分部分项工程费、措施项目费、其他项目费之和的1.8%。

从2008年1月1日起执行。

3 集团各施工企业提取安全措施费用除执行上述标准外，还应加大安全措施费用的投入力度，房屋建筑工程按分部分项工程费、措施项目费、其他项目费之和的0.2%增加安全投入。

附录D 安全管理协议(示范文本)

D.1 工程总分包安全管理协议

工程承包人全称(以下简称甲方)：

工程分包人全称(以下简称乙方)：

为了切实落实安全生产的责任，确保施工人员在生产过程中的安全与健康，保证施工顺利进行，依据《安全生产法》《建设工程安全生产管理条例》及有关法律、法规，遵循平等、公平和诚实信用的原则，鉴于工程分包人与工程承包人已经签订《工程分包合同》，双方就施工安全管理协商达成一致，订立本协议。

1 工程分包人基本情况

营业执照号码： 有效期止：

资质证书号码： 有效期止：

安全生产许可证号码： 有效期止：

2 责任范围：乙方所承担的工程项目施工中的人身安全和施工设施及环境的安全。

3 双方的义务

3.1 认真贯彻国家、地方及上级有关安全生产的方针、政策，严格执行安全生产的法律法规、规章及标准。建立健全安全生产责任制度和安全生产教育培训制度，制定安全生产规章制度和操作规程,保证本单位安全生产条件所需资金的投入和有效使用。

3.2　对本单位从业人员进行安全生产、文明施工教育培训和安全技术交底。

3.3　严禁违章指挥,及时制止违章作业和违反劳动纪律的行为。

3.4　施工现场各自必须配备持有《安全生产考核合格证》的专职安全生产管理人员负责现场安全监督管理。

4　甲方的权利和义务

4.1　对乙方进行总分包安全技术交底,督促乙方落实各项安全技术措施。

4.2　向监理单位报审乙方编制的专项施工方案和安全施工措施,并督促实施。

4.3　协调同一施工现场乙方与其他分包单位的安全生产管理。

4.4　有权对乙方安全生产责任制建立落实情况和安全措施实施情况进行检查,调阅有关资料,对存在的问题和隐患,有权要求乙方限期整改或停工整改。

4.5　有权审查乙方特种作业人员的资格,对无证上岗的,有权要求乙方立即改正。

4.6　有权对乙方违反安全生产标准和规章制度的行为进行纠正,必要时比照内部管理规定对乙方进行经济处罚或要求停工整改。

4.7　有权对因乙方过失给甲方造成的信誉损失,比照内部管理规定处罚。

5　乙方的权利和义务

5.1　遵守工程建设安全生产有关管理规定,严格按安全标准和经批准的工程安全技术措施、专项施工方案进行施工。随时接受甲方、当地政府、监理、建设等单位安全检查人员依法实施的监督检查,采取必要的措施,消除事故隐患。保证项目安全施工所需资金的投入,确保安全生产费用的有效使用。

遵守施工现场安全生产管理制度和劳动纪律,服从甲方现场的安全生产协调管理。由于乙方安全措施不力、违章或不服从管理导致生产安全事故的,由乙方承担全部责任和费用,甲方有权就事故造成的损失向乙方索赔。

5.2　负责本单位从业人员的安全生产、文明施工管理,组织实施施工人员和操作人员入场前、定期和经常性的安全、文明施工教育培训;保证操作人员具备必要的安全生产知识、熟悉有关的安全生产规章制度和安全操作规程、掌握本岗位的安全操作技能和紧急情况下的应急避险措施,并督促施工人员自觉遵守安全生产的各项规章制度。

应当书面告知本单位危险岗位人员的操作规程和违章操作的危害。

5.3　根据所承担工程的特点,负责制订、实施所施工工程和区域的安全施工措施、专项方案,并针对分项工程和作业环境实际,对有关安全施工的技术要求向作业班组、作业人员作出详细说明。指导、督促作业人员严格按照安全技术要求和操作规程作业。

5.4　负责为本单位从业人员提供必要的劳动保护用品(如手套、工作服、胶鞋等)和劳动防护用品,督促施工、操作人员正确使用劳动防护用品,及时制止违章行为。

5.5　接受甲方的安全监督检查,对检查提出的问题和隐患,落实资源及时整改,不得以任何理由拒绝整改或设置障碍。

5.6　对本单位所使用的员工宿舍、食堂的安全负责。宿舍、食堂建筑必须符合安全要求,使用管理应符合现行行业标准《施工现场环境与卫生标准》(JGJ 146)的规定。对本单位员工在宿舍、食堂等生活区发生的事故承担全部责任。

5.7　接受甲方比照内部管理规定,对违反安全生产管理规定行为的处罚,并承担由此产生的经济损失。

5.8　负责为本单位从业人员办理工伤保险,并为从事危险作业(如登高作业等)的人员办理意外伤害保险,支付保险费、承担保险义务。

加强对本单位从业人员非工作期间的安全管理,并对非工作时间和施工现场以外发生的事故承担全部责任和费用。

因不可抗力、意外事件造成乙方人员伤亡和财产损失的,由乙方全部负责,并承担全部责任和费用。

5.9　对本单位施工、操作人员所发生的生产安全事故,乙方应当按照规定立即报告甲方和有关部门,采取有效措施组织抢救伤者和财产,防止事故扩大。负责做好家属的安抚、事故善后处理工作,配合甲方等单位按照有关法律法规对事故进行调查处理,并承担本协议约定的责任和费用。

6　协议的生效与终止

本协议书作为《工程分包合同》的附件,同《工程分包合同》同时生效、同时终止。

7　协议的份数及资料性附件

7.1　本协议书一式四份,甲、乙双方各执两份。

7.2　本协议书的附件(由乙方提供,复印件应加盖法人章)。

7.2.1　分包企业的营业执照、资质证书、安全生产许可证复印件。

7.2.2　派驻现场项目经理的法人委托书。

7.2.3　派驻现场项目经理、专职安全管理人员的考核合格证书复印件。

8　补充条款

甲方:(公章)	乙方:(公章)
甲方法定代表人	乙方法定代表人
(或委托代理人):	(或委托代理人):

签订时间:　　　年　　月　　日

D.2　施工单位与劳务公司安全管理协议

工程承包人全称(以下简称甲方):

劳务分包人全称(以下简称乙方):

为了切实落实安全生产的责任,确保施工人员在生产过程中的安全与健康,保证施工顺利进行,依据《安全生产法》《建设工程安全生产管理条例》及有关法律、法规,遵循平等、公平和诚实信用的原则,鉴于劳务分包人与工程承包人已经签订《劳务分包合同》,双方就施工安全管理协商达成一致,订立本协议。

1 劳务分包人基本情况

营业执照号码: 有效期止:

资质证书号码: 有效期止:

安全生产许可证号码: 有效期止:

2 责任范围:乙方所承担的工程项目施工中的人身安全和施工设施及环境的安全。

3 责任期:自 年 月 日起至乙方所承担的工程项目经甲方验收合格,人员撤离现场时止。

4 双方义务

4.1 认真贯彻国家、地方及上级有关安全生产的方针、政策,严格执行安全生产的法律法规、规章及标准。建立健全安全生产责任制度和安全生产教育培训制度,制定安全生产规章制度和操作规程,保证本单位安全生产条件所需资金的投入和有效使用。

4.2 对从业人员进行安全生产、文明施工教育培训和安全技术交底。

4.3 严禁违章指挥,及时制止违章作业和违反劳动纪律的行为。

4.4 施工现场各自必须配备持有《安全生产考核合格证》的专职安全生产管理人员负责现场安全监督管理。

5 甲方权利和义务

5.1 向乙方进行施工前安全技术总交底和施工过程中的安全监督检查。

5.2 负责制订和报批安全生产技术措施、专项施工方案并督促相关方实施。

5.3 有权对特种作业人员的资格进行审查,发现无证人员上岗的,有权要求所在单位及时纠正。

5.4 负责提供必要的劳动防护用品(如安全帽、安全带、绝缘手套、绝缘鞋等)。若劳务分包合同中明确由乙方自备的,甲方有权对乙方采购的防护用品的材质、使用情况进行监督。

5.5 负责安全防护所需材料、设备和安全标志标牌的提供。

5.6 负责各种机械设备、施工机具和施工用电的安全管理,组织相关方对设备、机具和临时用电进行验收,办理移交手续。

5.7 有权对违反安全生产标准和规章制度的行为纠正,必要时进行内部经济处罚或要求乙方停工整改。

5.8 按照规定,负责为建筑施工人员办理团体人身意外伤害保险。

5.9 负责协调同一施工现场乙方与其他分包单位的安全生产管理。

6 乙方权利和义务

6.1 遵守工程建设安全生产有关管理规定,严格按安全标准和经批准的工程安全技术措施、专项施工方案进行施工,并随时接受行业、监理等单位安全检查人员依法实施的监督检查,采取必要的安全防护措施,消除事故隐患。

遵守施工现场安全生产管理制度和劳动纪律。服从甲方的安全生产管理,由于乙方安全措施不力、不服从管理导致生产安全事故或因施工现场安全不达标被建设主管部门通报批评、停工处罚的,由乙方承担全部责任和费用,甲方有权就此造成的损失,向乙方索赔。

6.2　人员进场，必须及时如实向甲方提供进场人员的姓名、性别、年龄、工种、本工种工龄、家庭住址、身份证号、教育培训情况等信息。

严禁雇佣童工、未成年工、不适宜从事有关工种、超过本工种退休年龄的作业人员及身份不明的人员（如违法犯罪人员），乙方使用以上人员造成生产安全事故或产生其他法律后果的，由乙方承担全部责任和费用。

6.3　施工、操作人员在施工前，必须接受入场安全、文明施工教育和施工前的安全技术交底，并建立安全教育培训档案；未经安全教育培训或安全考核不合格的人员不得安排上岗。

操作人员应当取得《职业资格证》，特种作业人员还必须持有《特种作业操作资格证》，严禁安排无证人员上岗操作。

安排未经安全教育培训或不具备相应资格、安全考核不合格的人员上岗，或由于乙方违章指挥、违章操作导致生产安全事故的，由乙方承担全部责任和费用。

6.4　负责本单位从业人员的安全生产、文明施工管理。组织实施施工、作业人员入场前及经常性的安全、文明施工教育培训，使操作人员具备必要的安全生产知识、熟悉有关的安全生产规章制度和安全操作规程、掌握本岗位的安全操作技能和紧急情况下的应急避险措施，督促施工人员自觉遵守安全生产的各项规章制度。

应当书面告知作业人员危险岗位的操作规程和违章操作的危害。

实行施工现场义务安全监督员制度，每15名从业人员中确定1名义务安全监督员，督促班组开展班前安全活动，并定期向甲方报送班组安全活动记录。

6.5　落实甲方安全技术交底和安全技术措施、专项方案的要求，并针对分项工程和作业环境实际，对有关安全施工的技术要求向作业班组、作业人员作出详细说明，并由双方签字确认。指导、督促作业人员严格按照安全技术要求和操作规程作业。严禁安排作业人员带病上岗和连续加班。

对本单位员工突发疾病死亡或上下班途中发生的交通事故，乙方承担其工伤保险待遇。

6.6　负责为本单位从业人员提供必要的劳动保护用品（如手套、工作服、胶鞋等）和劳动防护用品（若劳务分包合同约定由乙方自备），督促施工、作业人员正确使用劳动防护用品，及时制止违章行为。

6.7　向甲方申报自带机具的规格、型号、数量、安全状况等并负责安全使用，严禁机具“带病”运转。由于自备设备原因造成的生产安全事故，乙方承担全部责任和费用。

6.8　接受甲方的安全监督检查，对检查提出的问题和隐患，落实人力资源及时整改，不得以任何理由拒绝整改或设置障碍。

6.9　有权拒绝甲方的违章指挥和强令冒险作业；发现直接危及人身安全的紧急情况时，有权停止作业或者在采取可能的应急措施后撤离作业场所。

6.10　对本单位所使用的员工宿舍、食堂的安全负责。宿舍、食堂建筑必须符合安全要求，使用管理应符合现行行业标准《施工现场环境与卫生标准》（JGJ 146）的规定。

对本单位员工在宿舍、食堂等非生产区域发生的事故承担全部责任和费用。

6.11　接受甲方比照内部管理规定，对违反安全生产管理规定行为的处罚，并承担由此产生的经济损失。

6.12 负责为本单位从事危险作业(如架子工、木工等)的人员办理意外伤害保险,支付保险费。

6.13 对本单位施工、操作人员所发生的生产安全事故,乙方应当立即报告甲方和有关部门,配合甲方、政府有关部门按照有关法律法规对事故进行调查处理,并按照本协议的约定承担相应的责任。

7 协议的生效与终止

本协议书作为《劳务分包合同》的附件,同《劳务分包合同》同时生效、同时终止。

8 协议份数

本协议书一式四份,甲、乙双方各执两份。

9 补充条款

甲方:(公章)	乙方:(公章)
甲方代表人	乙方代表人
(或委托代理人):	(或委托代理人):

签订时间: 年 月 日

附录E 总包对分包的进场安全总交底(示范文本)

为了贯彻“安全第一,预防为主,综合治理”的方针,保护国家、企业的财产免遭损失,保障职工的生命安全和身体健康,保障施工生产的顺利进行,各施工单位必须认真执行以下要求:

1 贯彻执行国家、行业的安全生产、劳动保护和消防工作的法律法规和标准规范;遵守本单位和项目的各项安全生产责任制度、规定及要求。

2 分包单位必须服从总包单位的安全生产协调管理。分包单位必须认真执行安全教育培训制度,对本单位从业人员进行安全生产教育,以增强法制观念和提高从业人员的安全意识及自我保护能力,自觉遵守安全生产各项纪律、安全生产制度和操作规程。

3 分包单位应认真贯彻执行分部分项、分工种及施工安全技术交底制度。分包单位的负责人必须检查具体落实情况,并进行经常性的督促、指导,确保施工安全。

4 分包单位的负责人应对所属施工及生活区域的施工安全、文明施工等各方面工作全面负责。分包单位负责人临时离开现场,应指定专人负责。分包单位负责人和被委托负责管理人员,应经常检查督促本单位职工自觉做好各方面工作。

5 分包单位应按规定,认真开展班组安全活动。负责人应参加工地、班组的安全活动以及定期安全、防火、生活卫生等检查,并做好检查活动的有关记录。

6 分包单位在施工期间必须接受总包方的检查、督促和指导。同时总包方应协调各施工单位搞好安全生产、防火管理。对于查出的隐患及问题,各施工单位必须限期整改。

7　分包单位对各自所处施工区域、作业环境、安全防护设施、操作设施设备、工具等必须认真检查,发现问题和隐患,立即停止施工,落实整改。如本单位无能力落实整改的,应及时向总包汇报,由总包协调落实有关人员进行整改,分包单位确认安全后,方可施工。

8　由总包提供的机械设备、脚手架等设施,在搭设、安装完毕交付使用前,总包须会同有关分包单位共同按规定验收,并做好移交使用的书面手续,严禁在未经验收或验收不合格的情况下投入使用。

9　分包单位与总包单位如需相互借用或租赁各种设备以及工具的,应由双方有关人员办理借用或租赁手续,制定有关安全使用及管理制度。借出单位应保证借出的设备和工具完好并符合要求,借入单位必须进行检查和维修保养,并做好书面移交记录。

10　分包单位对于施工现场的脚手架、设施、设备的各种安全防护设施、保险装置、安全标志和警告牌等不得擅自拆除、变动。如确需拆除变动的,必须经总包施工负责人和安全管理人员同意,并采取必要、可靠的安全措施后方能拆除。

11　特种作业及中、小型机械的操作人员,必须按规定经有关部门培训、考核合格后,持有效证件上岗作业。起重吊装人员必须遵守“十不吊”规定,严禁违章、无证操作;严禁不懂电气、机械设备的人员,擅自操作使用电气、机械设备。

12　各施工单位必须严格执行防火防爆制度,易燃易爆场所严禁吸烟及动用明火,消防器材不准挪作他用。电焊、气割作业应按规定办理动火审批手续,严格遵守“十不烧”规定,严禁使用电炉。冬期施工如必须采用明火加热的防冻措施,应取得总包防火主管人员同意,落实防火、防中毒措施,并指派专人值班看护。

13　分包单位需用总包提供的电气设备时,在使用前应先进行检测,如不符合安全使用规定的,应及时向总包提出,总包应积极落实整改,整改合格后方准使用,严禁擅自乱拖乱拉私接电气线路及电气设备。

14　在施工过程中,分包单位应注意地下管线及高、低压架空线和通信设施、设备的保护。总包应将地下管线及障碍物情况向分包单位详细交底,分包单位应贯彻交底要求,当遇到问题或情况不明时要采取停止施工的保护措施,并及时向总包汇报。

15　贯彻“谁施工谁负责安全、防火”的原则。分包单位在施工期间发生各类事故及事故苗子,应及时组织抢救伤员、保护现场,并立即向总包方和自己的上级单位和有关部门报告。

16　(按本工程特点进行针对性交底)

(注:本款应根据实际情况自定)

交底方:

总包单位＿＿＿＿＿＿＿＿　负责人＿＿＿＿＿＿　职务＿＿＿＿＿＿＿

接受交底方:

分包单位＿＿＿＿＿＿＿＿　负责人＿＿＿＿＿＿　职务＿＿＿＿＿＿＿

其他人员＿＿＿＿＿＿＿＿＿＿＿＿＿＿＿＿

年　月　日

附录F 施工企业与特种设备租赁企业安全生产管理协议(示范文本)

出租人(以下简称甲方):

承租人(以下简称乙方):

为了切实落实特种设备安装、拆卸和使用过程中的安全生产管理责任,确保施工人员生命安全健康和财产安全,依据《安全生产法》《建设工程安全生产管理条例》《特种设备安全监察条例》《建筑起重机械安全临督管理规定》及有关法律法规、规范性文件,遵循平等、公平和诚实守信的原则,鉴于出租人与承租人已签订《设备租赁合同》,双方就设备安全管理协商达成一致,订立本协议。

1 出租人及拆装单位基本情况

1.1 出租人全称:

营业执照编号: 有效期止:

建筑施工机械租赁行业确认书编号: 有效期止:

1.2 拆装单位全称:

营业执照编号: 有效期止:

起重设备安装专业承包企业资质等级:

资质证书编号: 有效期止:

安全生产许可证编号: 有效期止:

2 本次出租设备的基本情况

设备名称		型号		设备编号	
生产厂家					
出厂日期		特种设备制造许可证或安全认可证编号			
设备备案证明编号		备案机关			

3 责任范围:甲方出租的特种设备在安装、拆卸和使用过程中的人身安全和设施及环境的安全。

4 双方义务

4.1 认真贯彻落实国家、地方及上级有关安全生产的方针、政策,严格执行安全生产的法律法规、规章和标准规范,建立健全安全生产责任制度和安全教育培训制度,制定设备安全操作规程,保证本单位安全生产所需资金的投入和有效使用。

4.2 设备进场前,双方应共同确定设备的型号、规格和安装平面位置。对多塔作业的,共同确定防碰撞措施。

4.3 设备安装、拆卸过程中,双方应共同与拆装单位确认周围环境、确定警戒区域的设置,配合拆装单位采取措施防止人员进入。设备安装后必须由具备相应资质的检测单位检测合格,经共同验收合格后方可投入使用。

4.4 特种设备安拆、维修和操作、指挥人员必须具备相应的作业资格,持证上岗。

4.5 严禁违章指挥,及时制止违章作业和违反劳动纪律的行为。

5 甲方权利和义务

5.1 遵守工程建设和特种设备安全生产管理的有关规定,严格执行安全标准规范,并随时接受行业、监理单位依法实施的监督检查。

5.2 出租的特种设备结构件均应在合理的使用年限内,超过正常使用年限或结构腐蚀磨损严重、属淘汰或限制、禁止使用的,不得进入施工现场。设备必须符合有关安全技术标准的要求,应当按照安全施工的要求配备齐全有效的保险、限位等安全设施和装置。应当对设备的安全附件、安全保护装置及有关附属仪器仪表、吊具、索具等进行定期校验、维护和保养,并做好记录。

应当对设备至少每月进行一次自行检查,并作出记录。在对设备进行自行检查和日常维护保养时发现异常情况的,应当及时处理,做到设备始终处于良好的工况,安全装置动作灵敏、可靠。

设备出现故障或者发生异常情况,应当对其进行全面检查,消除事故隐患后,方可重新投入使用。

由于出租人安全措施不力、设备自身原因、不可抗力或违章操作造成事故的责任和由此而发生的费用,由出租人全部承担。

5.3 负责向乙方及时提供设备基础图纸、合格的预埋件和经拆装单位技术负责人审批签字并加盖公章的安装/拆卸方案和技术措施、应急预案。

5.4 设备进场,应及时如实提供设备相关资料(特种设备制造许可证或安全认可证、出厂合格证、制造监督检验证明、使用说明书、设备备案证明、最近一次的检测报告、自检合格证明)和设备安装相关资料(营业执照、起重设备安装资质证书、安全生产许可证、管理和作业人员资格证书、辅助机械的定期检验证明和起重性能表)的原件及复印件供乙方查验,并对资料的真实性负责。

甲方不具备起重设备安装资质的,设备的安装/拆卸必须委托给具备相应资质的单位,并向乙方出具与拆装单位签订的安装/拆卸合同、安全生产管理协议和加盖公章的拆装单位营业执照、资质证书、安全生产许可证、现场管理人员和作业人员的资格证书及辅助起重机械的定期检验证明和起重性能表复印件供乙方查验,并对资料的真实性负责。

设备安装、拆卸、顶升和附着等过程发生的生产安全事故,由甲方和安装单位承担全部责任和费用,乙方有权就事故造成的损失向甲方索赔。

5.5 设备的安装、顶升、附着,必须由同一个单位完成。设备安装/拆卸单位必须取得建设行政主管部门颁发的相应的起重设备安装工程专业承包企业资质和安全生产许可证。安装、拆卸、顶升和附着作业前,甲方应当书面通知乙方;作业过程必须严格执行经批准的安装、拆卸方案,并应由专业技术人员现场监督;安装完成后,应当由安装单位和甲方自检,出具自检合格证明,经具备相应资质的检验检测机构检测合格,向乙方进行安全使用说明,并及时办理相应的验收和使用登记手续。

如遇可能影响设备安全技术性能的自然灾害或发生设备事故后,以及停止使用半年以上再次使用前,还应由具备相应资质的检验检测机构检测合格。

5.6 负责对操作、指挥人员进行经常性的安全教育培训和安全技术交底,及时纠正违章行为;负责为本单位从业人员配备必要的劳动防护用品,并监督正确使用;严格执行设备管理的各项规章制度,做好设备日常的维修、保养工作,并做好相关记录。

5.7 接受乙方的安全监督管理,对检查提出的问题和隐患及时整改,不得以任何理由拒绝整改。对不服从管理导致生产安全事故的,由甲方承担全部责任和费用,乙方有权就事故造成的损失,向甲方索赔。

5.8 操作人员有权拒绝违章指挥和强令冒险作业;发现直接危及人身和财产安全的紧急情况,有权停止作业或采取必要的应急措施后撤离,并及时向乙方现场安全管理人员和有关负责人报告。

5.9 负责为本单位现场从业人员办理工伤保险和意外伤害保险,并承担工伤保险义务。对本单位人员在宿舍、食堂等非生产区域发生的事故承担全部责任和费用。

5.10 应当制定特种设备事故应急措施和救援预案。发生生产安全事故,应当迅速组织救援、保护好事故现场,并按规定立即如实向乙方和当地政府有关部门报告。负责做好事故的善后处理工作,并按照合同和本协议约定承担相应责任。

6 乙方权利和义务

6.1 负责向甲方进行进场前的安全总交底,协助甲方做好设备安装、拆卸及使用过程的安全监督管理。

6.2 有权审查特种设备的相关资料和安装/拆卸单位、安装拆卸工、设备操作及指挥人员的资格,并按照规定负责审查和报批安装/拆卸单位编制的安装/拆卸方案。

6.3 按照甲方提供的设备地基、基础施工图纸和安装方案,配合甲方做好设备地基、基础和附墙预埋件的施工,并做好设备基础周围的排水及防护。应当向甲方提供拟安装设备位置的基础地质条件资料、混凝土的强度报告及隐蔽工程验收记录等基础施工资料。

6.4 负责向甲方提供办理设备使用登记所需的工程报建相关资料。

6.5 负责协助甲方在设备安装、拆卸、顶升和附着等作业过程设置警戒区域,配合甲方预埋附着装置的铁件或预留穿墙螺栓孔。

6.6 负责协调劳务分包企业、其他相关方与甲方在设备使用过程中的安全生产管理工作。

6.7 有权对违反安全生产标准和规章制度的行为进行纠正,必要时进行内部经济处罚或要求甲方停止使用。

7 协议的生效与终止

本协议书作为《设备租赁合同》的附件,同《设备租赁合同》同时生效、同时终止。

8 协议份数

本协议书一式四份,甲、乙双方各执两份。

9 补充条款

甲方:(公章)	乙方:(公章)
法定代表人:	法定代表人:
(或委托代理人)	(或委托代理人)

签订时间:　　年　月　日

表3.5.4 ________季度安全防护、文明施工措施费使用情况统计表

填报单位：

类别	项目名称		具体费用项目	费用统计(元)
文明施工	安全警示标牌		安全警示标牌购置费	
			安全警示标牌安装或拆除费	
	现场围挡		现场围挡材料费	
			围挡砌筑(安装)、粉刷或拆除人工费	
			围挡上宣传牌或文化墙制作、安装费	
	六牌一图		六牌一图制作、安装或拆除费	
	企业标志		现场大门门头制作及安装费	
			企业(项目)旗帜、旗杆及基座等制作及安装费	
			项目各项管理制度牌、操作规程牌等制作及安装费	
	场容场貌		现场道路硬化处理费	
			排水沟、沉淀池等排水设施费	
			砂、石场地及材料堆放场地硬化处理费	
			现场绿化费	
	材料堆放		材料标识牌制作及安装费	
			砂、水泥、白灰等易飞扬细颗粒建筑材料及建筑垃圾、土方覆盖或密闭存放措施费	
			易燃易爆和有毒有害物品存放措施费	
	现场防火		消防器材购置费	
			临时消防水源敷设费	
	急救设施		保健医药箱、担架等应急救援器材购置及更新费	
	监控设施		监控设施购置、安装及维护费	
安全施工	临边洞口交叉高处作业防护	楼层、屋面、阳台等临边防护	防护栏杆材料购置或租赁费	
			密目式安全立网、踢脚板购置或租赁费	
			防护栏杆、密目式安全立网、踢脚板安装或拆除人工费	
		通道口防护	防护棚材料购置或租赁费	
			防护棚搭设或拆除人工费	
		预留洞口防护	洞口封闭材料费	
			防护栏杆、密目式安全立网、踢脚板等材料购置或租赁费	
			洞口封闭、防护栏安装或拆除人工费	
		电梯井防护	井口定型化、工具化、标准化防护门制作或购置费	
			井内每隔两层设置安全平网或硬质隔离防护材料费	
			防护门及井内隔离防护安装或拆除费	
		楼梯临边防护	定型化、工具化、标准化防护栏杆制作或购置费	
			18 cm 高踢脚板购置及制作费	
			防护栏杆安装或拆除费	
		垂直方向交叉作业防护	地面或高处隔离防护棚材料购置或租赁费	
			隔离防护搭设或拆除费	
			安全帽购置费	
费用小计				

续表3.5.4

<table>
<tr><th>类别</th><th colspan="2">项目名称</th><th>具体费用项目</th><th>费用统计(元)</th></tr>
<tr><td rowspan="19">安全施工</td><td rowspan="16">临边洞口交叉高处作业防护</td><td rowspan="4">高空作业防护</td><td>专设的悬挂安全带的悬索购置及安装费</td><td></td></tr>
<tr><td>定型高处作业平台制作(购置)及安装费</td><td></td></tr>
<tr><td>高处作业梯子或斜道购置及安装费</td><td></td></tr>
<tr><td>安全带购置费</td><td></td></tr>
<tr><td>作业层护栏</td><td>脚手架及平台作业层护栏内侧加设小孔安全网的材料及人工费</td><td></td></tr>
<tr><td>临边防护</td><td>外侧临街部位,临边防护内侧加挂小孔安全网的材料及人工费</td><td></td></tr>
<tr><td rowspan="4">临边防护</td><td>落地脚手架立面密目式安全立网全封闭材料及人工费</td><td></td></tr>
<tr><td>挂架悬挂密目式安全立网和内侧加挂小孔安全立网材料及人工费</td><td></td></tr>
<tr><td>爬架悬挂密目式安全立网和内侧加挂小孔安全立网材料及人工费</td><td></td></tr>
<tr><td>悬挑架密目式安全立网和内侧加挂小孔安全立网材料及人工费</td><td></td></tr>
<tr><td>架体内封闭</td><td>架体操作层下方每不超过10 m采用脚手板或安全平网隔离防护的材料及人工费</td><td></td></tr>
<tr><td rowspan="4">外用电梯及物料提升机</td><td>外用电梯楼层层门制作及安装费</td><td></td></tr>
<tr><td>物料提升机楼层接料口防护门制作及安装费</td><td></td></tr>
<tr><td>楼层呼叫系统购置、安装及维护费</td><td></td></tr>
<tr><td>物料提升机电视监控系统购置、安装及维护费</td><td></td></tr>
<tr><td colspan="2" rowspan="3">基坑支护</td><td>基坑坑壁支护工程措施费</td><td></td></tr>
<tr><td>基坑周边防护措施费</td><td></td></tr>
<tr><td>基坑坑壁变形监控措施费</td><td></td></tr>
</table>

续表 3.5.4

<table>
<tr><th>类别</th><th colspan="2">项目名称</th><th>具体费用项目</th><th>费用统计(元)</th></tr>
<tr><td rowspan="7">环境保护</td><td colspan="2">垃圾清运</td><td>垃圾清运许可费</td><td></td></tr>
<tr><td colspan="2" rowspan="6">噪声和粉尘控制</td><td>噪声排放许可费</td><td></td></tr>
<tr><td>购置低噪设备的增加费</td><td></td></tr>
<tr><td>密闭式搅拌站建设费</td><td></td></tr>
<tr><td>密闭式木工棚建设费</td><td></td></tr>
<tr><td>除尘或降尘设施购置及维护费</td><td></td></tr>
<tr><td colspan="2"></td><td></td><td></td></tr>
<tr><td rowspan="12">临时设施</td><td rowspan="7">临时用电</td><td rowspan="4">配电线路</td><td>五芯电缆、四芯电缆和三芯电缆购置或租赁费</td><td></td></tr>
<tr><td>电杆、横担、瓷夹、瓷瓶等材料购置费</td><td></td></tr>
<tr><td>电线、电缆敷设费</td><td></td></tr>
<tr><td>外电线路防护设施费</td><td></td></tr>
<tr><td rowspan="3">配电箱、开关箱</td><td>总配电箱(配电柜)、分配电箱、开关箱购置或租赁费</td><td></td></tr>
<tr><td>隔离开关、漏电保护器等电器购置及维修费</td><td></td></tr>
<tr><td>保护零线的重复接地装置制作、安装费</td><td></td></tr>
<tr><td colspan="2" rowspan="5">现场办公生活设施</td><td>办公、生活区建筑购置、安装或拆除费</td><td></td></tr>
<tr><td>办公、生活设施(包括架子床、生活用品柜、鞋柜等)购置费</td><td></td></tr>
<tr><td>楼层简易厕所设置费</td><td></td></tr>
<tr><td>浴室设施购置及维护费</td><td></td></tr>
<tr><td>炊事机具(包括消毒柜、冰柜等)购置费</td><td></td></tr>
<tr><td colspan="3">费用合计</td><td colspan="2"></td></tr>
<tr><td colspan="3">自开工累计</td><td colspan="2"></td></tr>
</table>

项目负责人：　　填报人：　　填报时间：　　年　月　日

表 3.6.4 劳务人员花名册

劳务分包企业名称(签章)________

序号	姓名	身份证号码	家庭住址	工种	接受本企业安全教育情况	备注

填表人：

表 3.7.3 三级安全教育记录表

工 程 名 称＿＿＿＿＿＿＿ 施工项目名称＿＿＿＿＿＿＿

姓 名＿＿＿＿＿＿＿ 文 化 程 度＿＿＿＿＿＿＿

班组（工种）＿＿＿＿＿＿＿ 本 工 种 工 龄＿＿＿＿＿＿＿

进工地时间＿＿＿＿＿＿＿

身 份 证 号＿＿＿＿＿＿＿ 联 系 电 话＿＿＿＿＿＿＿

家 庭 住 址＿＿＿＿＿＿＿

三级安全教育主要内容		教育人	受教育人
企业级教育	1. 国家和地方有关安全生产、环境保护方面的方针政策及法律法规； 2. 建筑行业施工特点及施工安全生产的目的和重要意义； 3. 施工安全、职业健康和劳动保护的基本知识； 4. 建筑施工人员安全生产方面的权利和义务； 5. 本企业的施工生产特点及安全生产管理制度、劳动纪律	签名： 年 月 日	签名：
项目级教育	1. 施工现场安全生产和文明施工规章制度； 2. 工程概况、施工现场作业环境和施工安全特点； 3. 机械设备、电气安全及高处作业的安全基本知识； 4. 防火、防毒、防尘、防爆基本知识； 5. 常用劳动防护用品佩戴、使用的基本知识； 6. 危险源、重大危险源的辨识和安全预控措施； 7. 生产安全事故发生时自救、排险、抢救伤员、保护现场和及时报告等应急措施及预案； 8. 典型建筑生产安全事故案例分析	签名： 年 月 日	签名：
班组级教育	1. 本班组劳动纪律和安全生产、文明施工要求； 2. 本班组作业环境、作业特点和危险源的预控措施； 3. 本工种安全技术操作规程及基本的安全知识； 4. 本工种涉及的机械设备、电气设备及施工机具的正确使用和安全防护要求； 5. 采用新技术、新工艺、新设备、新材料施工的安全生产知识； 6. 本工种职业健康要求及劳动保护用品的主要功能、正确佩戴和使用方法； 7. 本班组施工过程中易发事故的自救、排险、抢救伤员、保护现场和及时报告等应急措施； 8. 本工种典型生产安全事故案例分析	签名： 年 月 日	签名：
项目考核意见： 年 月 日			
违章违纪情况记录：		突出表现及奖励记录：	

注：1. 本表适用于公司聘用的操作人员的三级安全教育培训。

2. 进行公司、项目、班组每级教育后，应由教育人和受教育人分别签名。

表3.7.4　安全教育记录表

教育类别：　　　　　　　　　　　　教育课时：　　　　　　　　　年　月　日

单位名称		主讲单位（部门）		主讲人	
工程名称		受教育单位（部门）		人数	
教育内容： 记录人：（签名） 参加对象：（签名） （所有参加人员签名）					

注：教育类别分新进现场工人的进场安全教育、变换工种、操作规程和技能、经常性、季节性、节假日等类。

表 3.7.5 劳务分包操作人员三级安全教育记录表

工程名称＿＿＿＿＿＿＿＿ 总承包项目＿＿＿＿＿＿＿＿
姓　　名＿＿＿＿＿＿＿＿ 文化程度＿＿＿＿＿＿＿＿
班组(工种)＿＿＿＿＿＿＿＿ 本工种工龄＿＿＿＿＿＿＿＿
进工地时间＿＿＿＿＿＿＿＿ 所在劳务企业＿＿＿＿＿＿＿＿
身份证号＿＿＿＿＿＿＿＿ 联系电话＿＿＿＿＿＿＿＿
家庭住址＿＿＿＿＿＿＿＿

<table>
<tr><td colspan="3">三级安全教育主要内容</td><td>教育人</td><td>受教育人</td></tr>
<tr><td rowspan="2">一级教育</td><td colspan="2" rowspan="2">1. 国家和地方有关安全生产、环境保护方面的方针政策及法律法规；
2. 建筑行业施工特点及施工安全生产的目的和重要意义；
3. 施工安全、职业健康和劳动保护的基本知识；
4. 建筑施工人员安全生产方面的权利和义务；
5. 本企业的施工生产特点及安全生产管理制度、劳动纪律</td><td>签名：</td><td>签名：</td></tr>
<tr><td colspan="2">年　月　日</td></tr>
<tr><td rowspan="3">二级教育</td><td rowspan="3">1. 施工现场安全生产和文明施工规章制度；
2. 工程概况、施工现场作业环境和施工安全特点；
3. 机械设备、电气安全及高处作业的安全基本知识；
4. 放火、防毒、防尘、防爆基本知识；
5. 常用劳动防护用品佩戴、使用的基本知识；
6. 危险源、重大危险源的辨识和安全预控措施；
7. 生产安全事故发生时自救、排险、抢救伤员、保护现场和及时报告等应急措施及预案；
8. 典型建筑生产安全事故案例分析</td><td>总包项目</td><td>分包项目</td><td rowspan="2">签名：</td></tr>
<tr><td>签名：</td><td>签名：</td></tr>
<tr><td colspan="3">年　月　日</td></tr>
<tr><td rowspan="2">三级教育</td><td colspan="2" rowspan="2">1. 本班组劳动纪律和安全生产、文明施工要求；
2. 本班组作业环境、作业特点和危险源的预控措施；
3. 本工种安全技术操作规程及基本的安全知识；
4. 本工种涉及的机械设备、电气设备及施工机具的正确使用和安全防护要求；
5. 采用新技术、新工艺、新设备、新材料施工的安全生产知识；
6. 本工种职业健康要求及劳动保护用品的主要功能、正确佩戴和使用方法；
7. 本班组施工过程中易发事故的自救、排险、抢救伤员、保护现场和及时报告等应急措施；
8. 本工种典型生产安全事故案例分析</td><td>签名：</td><td>签名：</td></tr>
<tr><td colspan="2">年　月　日</td></tr>
<tr><td colspan="5">项目考核意见：
年　月　日</td></tr>
<tr><td colspan="2">违章违纪情况记录：</td><td colspan="3">突出表现及奖励记录：</td></tr>
</table>

注：1. 本表适用于公司总承包项目对劳务分包企业操作人员的三级安全教育培训。
2. 实行劳务分包的，总包单位与分包单位的教育人应分别在项目级安全教育一栏签名。
3. 进行公司、项目、班组每级教育后，应由教育人和受教育人分别签名。

表 3.8.2-1 危险性较大的分部分项工程识别清单

工程名称：

分部分项工程名称		辨识标准	辨识结论
临时用电工程		临时用电设备在 5 台及以上	
		临时用电设备总容量在 50 kW 及以上	
基坑支护与降水工程		开挖深度超过 3 m(含 3 m)的基坑(槽)支护、降水工程	
		深度虽未超过 3 m 但地质条件和周边环境复杂的基坑(槽)支护、降水工程	
土方开挖工程		开挖深度超过 3 m(含 3 m)的基坑(槽)的土方开挖工程	
模板工程及支撑体系	工具式模板工程	大模板工程	
		滑模工程	
		爬模工程	
		飞模工程	
	混凝土模板支撑工程	搭设高度 5 m 及以上的混凝土模板支撑工程	
		搭设跨度 10 m 及以上的混凝土模板支撑工程	
		施工总荷载 10 kN/m^2 及以上的混凝土模板支撑工程	
		集中线荷载 15 kN/m 及以上的混凝土模板支撑工程	
		高度大于支撑水平投影宽度且相对独立无联系构件的混凝土模板支撑工程	
	承重支撑体系	用于钢结构安装等满堂支撑体系	
起重吊装及安装拆卸工程		采用非常规起重设备、方法，且单件起吊重量在 10 kN 及以上的起重吊装工程	
		采用起重机械进行安装的工程	
		起重机械设备自身的安装、拆卸	
脚手架工程		搭设高度 24 m 及以上的落地式钢管脚手架工程	
		附着式整体提升和分片提升脚手架工程	
		悬挑式脚手架工程	
		吊篮脚手架工程	
		自制卸料平台、移动操作平台工程	
		新型及异型脚手架工程	
拆除、爆破工程		建筑物、构筑物拆除工程	
		采用爆破拆除的工程	

续表 3.8.2-1

分部分项工程名称	辨识标准	辨识结论
其他危险性较大工程	建筑幕墙安装工程	
	钢结构安装工程	
	网架结构安装工程	
	索膜结构安装工程	
	人工挖扩孔桩工程	
	地下暗挖工程	
	顶管工程	
	水下作业工程	
	预应力工程	
	采用新技术、新工艺、新材料、新设备及尚无技术标准的危险性较大的分部分项工程	
	施工现场二层及以上临时建筑的搭建和拆除	
填表人	项目技术负责人	填表时间　　年　月　日

注:1. 本表由项目经理在工程开工前组织项目部相关技术人员结合工程实际辨识,经项目技术负责人确认后,报公司和分公司(经理部)技术、安全部门备案。

2. 本表中所列工程,若本工程施工中有则在对应的辨识结论栏内打"√",无则打"×"。

表 3.8.2-2　专项方案应当组织专家论证的危险性较大的分部分项工程识别清单

工程名称:

分部分项工程名称		辨识标准	辨识结论
深基坑工程		开挖深度超过 5 m(含 5 m)的基坑(槽)的土方开挖、支护、降水工程	
		开挖深度虽未超过 5 m(含 5 m),但地质条件、周围环境和地下管线复杂的土方开挖、支护、降水工程	
		开挖深度虽未超过 5 m(含 5 m),但影响毗邻建筑(构筑)物安全的基坑(槽)的土方开挖、支护、降水工程	
模板工程及支撑体系	工具式模板工程	滑模工程	
		爬模工程	
		飞模工程	
	混凝土模板支撑工程	搭设高度 8 m 及以上的混凝土模板支撑工程	
		搭设跨度 18 m 及以上的混凝土模板支撑工程	
		施工总荷载 15 kN/m^2 及以上的混凝土模板支撑工程	
		集中线荷载 20 kN/m 及以上的混凝土模板支撑工程	
	承重支撑体系	用于钢结构安装等满堂支撑体系,承受单点集中荷载 700 kg 以上	

续表 3.8.2-2

分部分项工程名称	辨识标准	辨识结论
起重吊装及安装拆卸工程	采用非常规起重设备、方法,且单件起吊重量在 100 kN 及以上的起重吊装工程	
	起重量 300 kN 及以上的起重设备安装工程	
	高度 200 m 及以上内爬起重设备的拆除工程	
脚手架工程	搭设高度 50 m 及以上的落地式钢管脚手架工程	
	提升高度 150 m 及以上附着式整体和分片提升脚手架工程	
	架体高度 15 m 及以上悬挑式脚手架工程	
拆除、爆破工程	采用爆破拆除的工程	
	码头拆除工程	
	桥梁拆除工程	
	高架拆除工程	
	烟筒拆除工程	
	水塔拆除工程	
	拆除中容易引起有毒有害气(液)体或粉尘扩散的特殊建、构筑物的拆除工程	
	拆除中容易引起易燃易爆事故发生的特殊建、构筑物的拆除工程	
	可能影响行人、交通、电力设施、通信设施或其他建、构筑物安全的拆除工程	
	文物保护建筑、优秀历史建筑或历史文化风貌区控制范围的拆除工程	
其他危险性较大工程	施工高度 50 m 及以上的建筑幕墙安装工程	
	跨度大于 36 m 及以上的钢结构安装工程	
	跨度大于 60 m 及以上的网架结构安装工程	
	跨度大于 60 m 及以上的索膜结构安装工程	
	开挖深度超过 16 m 的人工挖孔桩工程	
	地下暗挖工程	
	顶管工程	
	水下作业工程	
	采用新技术、新工艺、新材料、新设备及尚无技术标准的危险性较大的分部分项工程	

填表人		项目技术负责人		填表时间	年 月 日

注:1. 本表由项目经理在工程开工前组织项目部相关技术人员结合工程实际辨识,经项目技术负责人确认后,报公司和分公司(经理部)技术、安全部门备案。

2. 本表中所列工程,若本工程施工中有则在对应的辨识结论栏内打"√",无则打"×"。

表 3.8.3　安全交底记录

工程名称：

<table>
<tr><td>施工单位</td><td colspan="2"></td><td>建设单位</td><td></td></tr>
<tr><td>分项工程名称</td><td colspan="2"></td><td>作业单位</td><td></td></tr>
<tr><td>交底部门</td><td></td><td>交底人</td><td>施工期限</td><td>年　月　日至　　年　月　日</td></tr>
<tr><td colspan="5">接受交底班组或员工签名：</td></tr>
<tr><td colspan="5">交底内容：</td></tr>
<tr><td colspan="5">补充作业指导内容：</td></tr>
</table>

表 3.10.3　安全检查记录

检查类别：

单位名称		工程名称		检查日期	年　月　日
检查单位					
检查项目或部位					
检查人员					

检查记录及结论：

经检查主要存在以下问题：

记录人：

整改措施：

1.　　　　　　　　责任人：

2.　　　　　　　　责任人：

3.　　　　　　　　责任人：

4.　　　　　　　　责任人：

制定人：　　　　记录人：　　　　年　月　日

复查意见：

负责人：　　　　年　月　日

注：检查类别分定期、专项、季节和节假日等。

子任务 1.4 陕建安全生产管理措施计划的编制

1.4.1 陕建安全生产管理措施计划编制的程序

安全措施计划编制的程序见图 1-2。

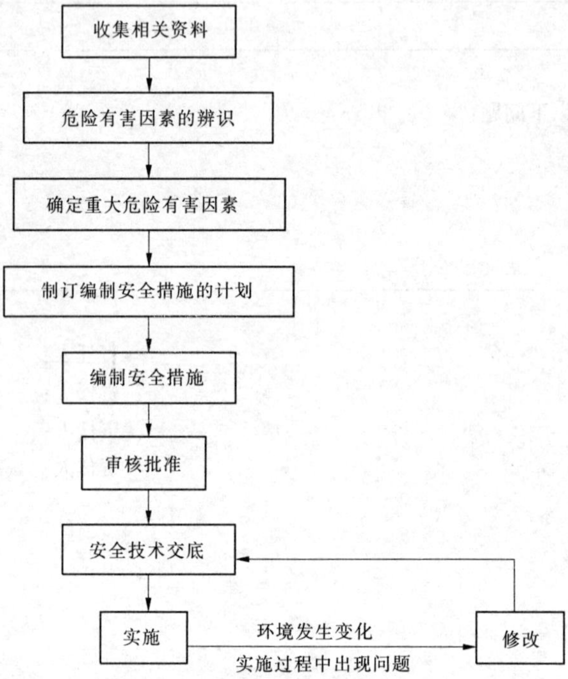

图 1-2 安全措施计划编制的程序

1.4.2 安全措施计划主要内容的确定

1.4.2.1 工程概况

一般项目的工程概况如表 1-1 所示。

1.4.2.2 管理目标

目标是管理的起点，建筑施工企业应依据适用的法律、法规、标准、规范和其他规定，以及企业的总体发展目标，制订企业的年度安全生产管理目标。年度安全生产管理目标应包括：

(1)事故控制目标。企业职工(含项目部管理的所有从业人员)伤亡事故、火灾事故、建筑设备事故的控制目标。

(2)绿色文明施工目标。根据企业生产经营状况，制订绿色文明施工工地达标和创优目标。

(3)基础管理综合目标。企业职业健康安全生产基础管理工作的目标。

表 1-1　某工程概况

序号	项目		内容		
1	工程名称				
2	工程地址				
3	建设单位				
4	设计单位				
5	监理单位				
6	施工单位				
7	施工范围				
8	基本情况		计划工期	承包方式	
			×××日	施工总承包	
9	工程概况	建筑面积	约×××万 m^2		
		建筑功能	住宅、车库		
		结构类型	框架、剪力墙结构		
		基础形式	筏板基础、独立基础		

例如，某施工企业的目标：死亡事故为零，重伤事故为零；杜绝火灾、设备等重大事故。某企业安全目标的控制过程见图 1-3。

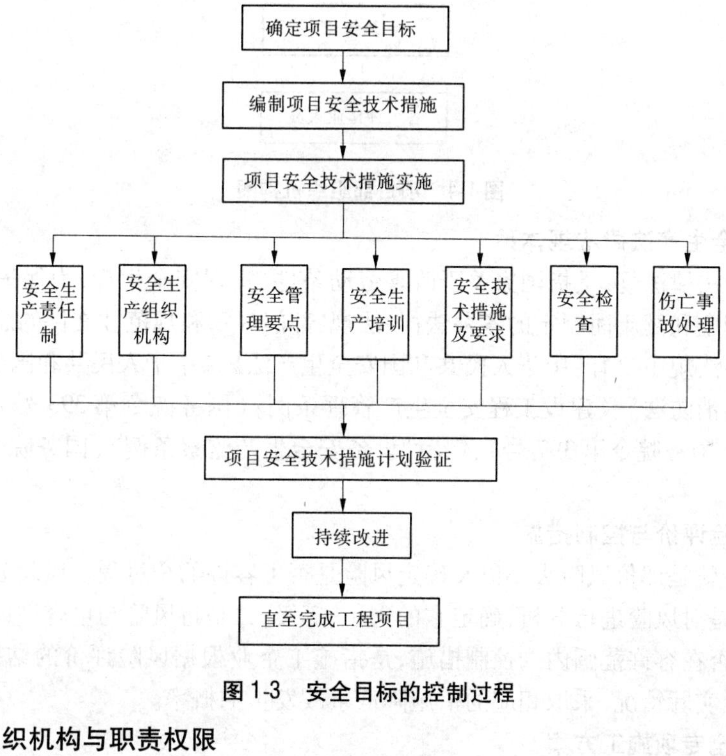

图 1-3　安全目标的控制过程

1.4.2.3　组织机构与职责权限

施工企业一般都有安全组织机构，但必须建立健全项目安全组织机构（如图 1-4 所示)。确定安全生产目标,明确参与各方对安全管理的具体分工,安全岗位责任与经济利益挂钩,根据项目的性质规模不同,采用不同的安全管理模式。对大型项目必须安排专门的安全总负责人,并配以合理的班子共同进行安全管理,建立安全生产管理的资料档案。实行单位领导对全施工现场负责,专职安全员对部位负责,班组长和施工技术员对各自的施工区域负责,操作者对自己的工作范围负责的“四负责”制度。

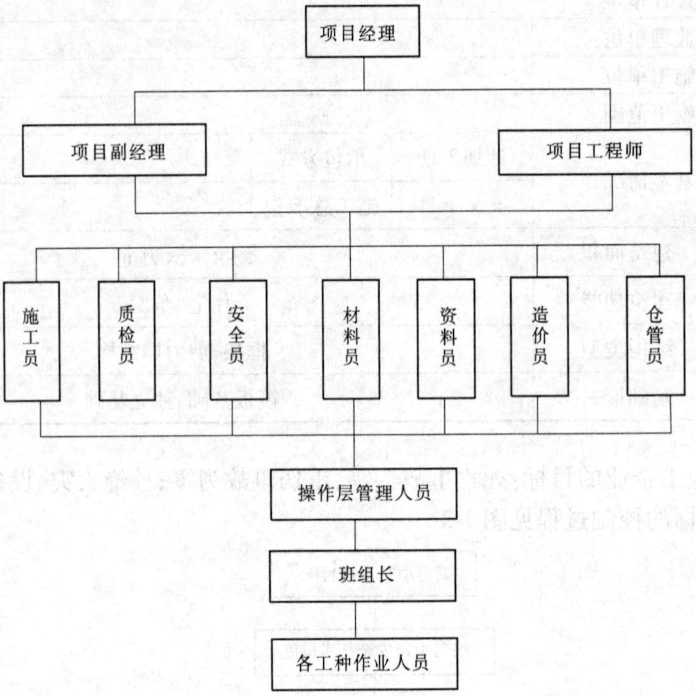

图1-4 项目部组织机构图

1.4.2.4 安全生产法律法规体系

安全生产法律法规,是指国家关于改善劳动条件,实现安全生产,为保护劳动者在生产过程中的安全和健康而制定的各种法律、法规、部门规章和规范性文件的总和。我国的安全生产法律法规主要有《中华人民共和国安全生产法》、《中华人民共和国建筑法》、《中华人民共和国消防法》、《建设工程安全生产管理条例》(国务院令第393号)、《安全生产许可证条例》(国务院令第397号)、《特种设备安全生产监察条例》(国务院令第373号)等,见附录。

1.4.2.5 风险评价与控制措施

风险评价就是评价风险大小以及确定风险是否可容许的全过程。风险分析主要包括两个过程:一是对风险进行分析,确定它的大小、等级;二是将风险与可容许风险标准进行比较,判断是否在容许范围内。控制措施,是指施工企业根据风险评价的结果,结合风险应对策略以及实际情况,采取相应的措施降低事故发生的概率。

1.4.2.6 安全专项施工方案

《建筑工程安全生产管理条例》规定:对达到一定规模的危险性较大的分部分项工程

应当编制安全专项施工方案,并附具安全验算结果,经施工单位技术负责人、总监理工程师签字后,由专职安全生产管理人员进行现场监督。其中,特别重要的专项施工方案还必须组织专家进行论证、审查。

1.4.2.7 **应急准备与响应**

针对施工企业所识别的危险有害因素以及可能出现的紧急状况,制订与之相适应的应急救援预案,并尽可能详细。应急准备就是发生事故之前的准备工作,主要包括组织与人员的准备、机构的准备、物资与设备的准备等。应急响应是在紧急情况发生时进行的应急救援过程,其目的是最大限度地防止或减少紧急情况导致的伤害和损失。正确的应急响应,应根据当时的实际情况迅速做出判断和决策,按照应急预案的规定和要求,协调有序地采取相应措施。

1.4.2.8 **资源配备与费用投入计划**

资源配备计划就是在施工期间,根据工程数量及工期要求,为满足施工需要,缩短工期,最大限度利用人力资源、施工设备的需求差别和有效衔接,对人力资源、施工设备等合理配置。

费用投入计划就是确保在限定的预算内完成建设项目,在项目的计划阶段所做的工作。编写费用投入计划的目的是保障项目的实际费用不超过项目预算费用;通过分析和识别,确定项目需要投入资源种类与数量,将费用结算分配到各单项工作上,以确定项目费用控制的基准。

1.4.2.9 **教育培训**

安全生产教育培训应贯彻施工生产的全过程,覆盖工程项目部的所有人员,确保未经过安全生产教育培训的员工不得上岗作业。安全生产教育培训的重点是管理人员的安全生产知识和管理能力培训,操作者遵章守纪、自我保护和防范事故能力的培训。

1.4.2.10 **检查评价、验证与持续改进**

项目部应定期对施工过程、行为及设施检查、评价,以确保符合安全要求;对检查、评价或验证的状态进行记录和标识;对安全设施所需的材料、设备及防护用品进行质量检测。施工安全是一项动态的生产活动,施工安全管理必须坚持持续改进的原则,以适应变化的生产活动,不断提高安全管理、控制水平。

工作任务2　安全生产检查

【教学目标】

能力目标	1. 能够确定建筑工程施工安全检查主要内容和标准； 2. 能够理解建筑工程施工安全检查主要形式，掌握安全检查的方法； 3. 能够编写建筑工程安全检查标准评分表，并能进行评分； 4. 能够进行建筑工程施工安全危险源辨识，了解重大危险源控制系统的组成； 5. 能够进行绿色施工评价指标体系的建立，并能依据一定的方法进行评价
知识要点	1. 建筑工程事故安全检查的主要内容； 2. 安全检查的项目和检查的标准； 3. 安全检查的要求； 4. 安全检查评分表； 5. 建筑工程施工安全危险源辨识； 6. 重大危险源控制系统的组成； 7. 绿色施工的评价指标体系及评价方法

【任务介绍】　本工作任务由6个部分组成，包括建筑工程施工安全检查主要内容和标准的确定、建筑工程施工安全检查主要形式和方法的确定、建筑工程安全检查标准的使用、陕西建工集团总公司安全生产管理标准解读（第二部分）、建筑工程施工安全危险源辨识、建筑工程绿色施工。通过本工作任务的学习，能够掌握安全检查的主要内容、主要形式及检查方法，能够依据国家和行业标准制定安全检查表，并实施检查评分。能够进行建筑工程施工安全危险源辨识，能够进行绿色施工评价指标体系的建立，并能依据一定的方法进行评价。

【任务分析】　本工作任务以陕建某施工安全检查表为载体，让学生依据国家和行业标准，学习安全检查表的编制方法和内容。

【任务实施】　在本学习任务中，以典型的安全检查表为切入点，将知识和技能隐含在典型表格中，使课堂教学活动与实际施工情况结合起来，让学生进行实践学习，融入工作情景，经受实际工作的锻炼，从而掌握安全生产检查的知识。

子任务2.1　建筑工程施工安全检查主要内容和标准的确定

2.1.1　建筑工程施工安全检查的主要内容

建筑工程施工安全检查主要以查安全思想、查安全责任、查安全制度、查安全措施、查安全防护、查设备设施、查教育培训、查操作行为、查劳动防护用品使用和查伤亡事故处理等为主要内容。

2.1.2　安全检查的项目和检查的标准

安全检查要根据施工生产特点，具体确定检查的项目和检查的标准。

(1)查安全思想主要是检查以项目经理为首的项目全体员工(包括分包作业人员)的安全生产意识和对安全生产工作的重视程度。

(2)查安全责任主要是检查现场安全生产责任制度的建立；安全生产责任目标的分解与考核情况；安全生产责任制与责任目标是否已落实到每个岗位和每个人员，并得到了确认。

(3)查安全制度主要是检查现场各项安全生产规章制度和安全技术操作规程的建立和执行情况。

(4)查安全措施主要是检查现场安全措施计划及各项安全专项施工方案的编制、审核、审批及实施情况；重点检查方案的内容是否全面、措施是否具体并有针对性，现场的实时运行是否与方案规定的内容相符。

(5)查安全防护主要是检查现场临边、洞口等各项安全防护设施是否到位，有无安全隐患。

(6)查设备设施主要是检查现场投入使用的设备设施的购置、租赁、安装、验收、使用、过程维护保养等各个环节是否符合要求；设备设施的安全装置是否齐全、灵敏、可靠，有无安全隐患。

(7)查教育培训主要是检查现场教育培训岗位、教育培训人员、教育培训内容是否明确、具体、有针对性；三级安全教育制度和特种作业人员持证上岗制度的落实情况是否到位；教育培训档案资料是否真实、齐全。

(8)查操作行为主要是检查现场施工作业过程中有无违章指挥、违章作业、违反劳动纪律的行为发生。

(9)查劳动防护用品的使用主要是检查现场劳动防护用品、用具的购置、产品质量、配置数量和使用情况是否符合安全与职业卫生的要求。

(10)查伤亡事故处理主要是检查现场是否发生伤亡事故，对发生的伤亡事故是否已按照“四不放过”的原则进行了调查处理，是否已有针对性地制订了纠正与预防措施；制订的纠正与预防措施是否已得到落实并取得实效。

2.1.3 安全检查的要求

(1)根据检查内容配置力量,抽调专业人员,确定检查负责人,明确分工。

(2)应有明确的检查目的和检查项目、内容及检查标准。对大面积或数量多的项目可采用系统的、观感和一定数量的测点相结合的检查方法。检查时尽量采用检测工具,用数据说话。

(3)对现场管理人员和操作工人不仅要检查是否有违章指挥和违章作业行为,还应进行"应知应会"的检查,以便了解管理人员及操作工人的安全素质。对于违章指挥、违章作业行为,检查人员可以当场指出、进行修正。

(4)认真、详细地进行检查记录,特别是对隐患的记录必须具体,如隐患的部位、危险性程度及处理意见等。采用安全检查评分表的,应记录每项扣分的原因。

(5)检查中发现的隐患应该进行登记,并发出隐患整改通知书,引起整改单位的重视,并作为整改的备查依据。对有即发型事故危险的隐患,检查人员应责令其停工,被查单位必须立即整改。

(6)尽可能系统、定量地作出检查结论,进行安全评价,以利于受检查单位根据安全评价结果研究对策、进行整改、加强管理。

(7)检查后应对隐患整改情况进行跟踪复查,查被检单位是否按"三定"原则(定人、定期限、定措施)落实整改,经复查整改合格后,进行销案。

子任务 2.2 建筑工程施工安全检查主要形式和方法的确定

2.2.1 建筑工程施工安全检查的主要形式

建筑工程施工安全检查的主要形式一般可分为日常巡查,专项检查,定期安全检查,经常性安全检查,季节性安全检查,节假日安全检查,开工、复工安全检查,专业性安全检查和设备设施安全验收检查等。

安全检查的组织形式应根据检查的目的、内容而定,因此参加检查的组成人员也就不完全相同。

(1)定期安全检查。建筑施工企业应建立定期分级安全检查制度,定期安全检查属全面性和考核性的检查,建筑工程施工现场应至少每旬开展一次安全检查工作,施工现场的定期安全检查应由项目经理亲自组织。

(2)经常性安全检查。建筑工程施工应该经常开展预防性的安全检查工作,以便及时发现并消除事故隐患,保证施工生产正常进行。施工现场经常性的安全检查方式有:

①现场专(兼)职安全生产管理人员及安全值班人员每天例行开展的安全巡视、巡查。

②现场项目经理、责任工程师及相关专业技术管理人员在检查生产工作的同时进行的安全检查。

③作业班组在班前、班中、班后进行的安全检查。

(3)季节性安全检查。主要是针对气候特点(如暑季、雨季、风季、冬季等)可能给安全生产造成的不良影响或危害而组织的安全检查。

(4)节假日安全检查。在节假日、特别是重大或传统的节日(如"五一"、"十一"、元旦、春节等)前后和节日期间,为防止现场管理人员和作业人员思想麻痹、纪律松懈等进行的安全检查。节假日加班,更要认真检查各项安全防范措施的落实情况。

(5)开工、复工安全检查。针对工程项目开工、复工之前进行的安全检查,主要是检查现场是否具备保障安全生产的条件。

(6)专业性安全检查。由有关专业人员对现场某项专业安全问题或在施工生产过程中存在的比较系统性的安全问题进行的(单项)安全检查。这类检查安全性强,主要应由专业工程技术人员、专业安全管理人员参加。

(7)设备设施安全验收检查。针对现场塔吊等起重设备、外用施工电梯、龙门架及井架物料提升机、电气设备、脚手架,现浇混凝土模板支撑系统等设备设施在安装、搭设过程中或完成后进行的安全验收、检查。

2.2.2 建筑工程安全检查方法

建筑工程安全检查在正确使用安全检查表的基础上,可以采用"听""问""看""量""测""运转试验"等方法进行。

(1)"听"。听取基层管理人员或施工现场安全员汇报安全生产情况,介绍现场安全工作经验、存在的问题、今后的发展方向。

(2)"问"。主要是指通过询问、提问,对以项目经理为首的现场管理人员和操作工人进行的应知应会抽查,以便了解现场管理人员和操作工人的安全意识和安全素质。

(3)"看"。主要是指查看施工现场安全管理资料和对施工现场进行巡视。例如,查看项目负责人、专职安全管理人员、特种作业人员的持证上岗情况;现场安全标志设置情况;劳动防护用具使用情况;现场安全防护情况;现场安全设施及机械设备安全装置配置情况等。

(4)"量"。主要是指使用测量工具对施工现场的一些设施、装置进行实测实量。例如,对脚手架各种杆件间距的测量;对现场安全防护栏高度的测量;对电气开关箱安装高度的测量;对在建工程与外电边线安全距离的测量等。

(5)"测"。主要是指使用专用仪器、仪表等监测器具对特定对象关键特性技术参数的测试。例如,使用漏电保护器测试仪对漏电保护器漏电动作电流、漏电动作时间的测试;使用地阻仪对现场各种接地装置接地电阻的测试;使用兆欧表对电机绝缘电阻的测试;使用经纬仪对塔吊、外用电梯安全垂直度的测试等。

(6)"运转试验"。主要是指由具有专业资格的人员对机械设备进行实际操作、试验,检验其运转的可靠性或安全限位装置的灵敏性。例如,对塔吊力矩限制器、变幅限位器、起重限位器等安全装置的试验;对施工电梯制动器、限速器、上下极限限位器、门联锁装置等安全装置的试验;对龙门架超高限位器、断绳保护器等安全装置的试验等。

子任务2.3　建筑工程安全检查标准的使用

2.3.1　建筑工程安全检查标准评分表的认知

《建筑施工安全检查标准》(JGJ 59—2011)是建筑工程安全检查由传统的定性评价上升到定量评价,使安全检查进一步规范化、标准化。《建筑施工安全检查标准》(JGJ 59—2011)条文共34项,20张检查评分表,189项安全检查内容。在安全管理、文明施工、脚手架、高处作业吊篮、基坑工程、模板支架、施工用电、物料提升机、施工升降机、塔式起重机、起重吊装11项检查评分表中,设立了保证项目和一般项目,保证项目应是安全检查的重点和关键。安全检查内容中包括保证项目(99项)和一般项目(69项)。保证项目为一票否决项目,在实施安全检查评分时,当一张检查表的保证项目中有一项不得分或保证项目小计得分不足40分时,此张检查评分表不得分。

(1)《建筑施工安全检查评分汇总表》(见表2-1)主要内容包括:安全管理、文明施工、脚手架、基坑工程、模板支架、高处作业、施工用电、物料提升机与施工升降机、塔式起重机与起重吊装和施工机具10项,所示得分作为对一个施工现场安全生产情况的综合评价依据。

(2)《安全管理检查评分表》(见表2-2)检查项目包括:安全生产责任制、施工组织设计及专项施工方案、安全技术交底、安全检查、安全教育、应急救援、分包单位安全管理、持证上岗、生产安全事故处理和安全标志10项内容。其中,安全生产责任制、施工组织设计及专项施工方案、安全技术交底、安全检查、安全教育、应急救援6项内容为保证项目。

(3)《文明施工检查评分表》(见表2-3)检查项目包括:现场围挡、封闭管理、施工场地、材料管理、现场办公与住宿、现场防火、治安综合治理、施工现场标志牌、生活设施、社区服务10项内容。其中,现场围挡、封闭管理、施工场地、材料管理、现场办公与住宿、现场防火6项内容为保证项目。

(4)《扣件式钢管脚手架检查评分表》(见表2-4)检查项目包括:施工方案、立杆基础、架体与建筑结构拉结、杆件间距与剪刀撑、脚手板与防护栏杆、交底与验收、横向水平杆设置、杆件连接、层间防护、构配件材质、通道11项内容。其中,施工方案、立杆基础、架体与建筑结构拉结、杆件间距与剪刀撑、脚手板与防护栏杆、交底与验收6项内容为保证项目。

(5)《门式钢管脚手架检查评分表》(见表2-5)检查项目包括:施工方案、架体基础、架体稳定、杆件锁臂、脚手板、交底与验收、架体防护、构配件材质、荷载、通道10项内容。其中,施工方案、架体基础、架体稳定、杆件锁臂、脚手板、交底与验收6项内容为保证项目。

(6)《碗扣式钢管脚手架检查评分表》(见表2-6)检查项目包括:施工方案、架体基础、架体稳定、杆件锁件、脚手板、交底与验收、架体防护、构配件材质、荷载、通道10项内容。其中,施工方案、架体基础、架体稳定、杆件锁件、脚手板、交底与验收6项内容为保证项目。

(7)《承插型盘扣式钢管脚手架检查评分表》(见表2-7)检查项目包括:施工方案、架体基础、架体稳定、杆件设置、脚手板、交底与验收、架体防护、杆件连接、构配件材质、通道10项内容。其中,施工方案、架体基础、架体稳定、杆件设置、脚手板、交底与验收6项内容为保证项目。

(8)《满堂脚手架检查评分表》(见表2-8)检查项目包括:施工方案、架体基础、架体稳定、杆件锁件、脚手板、交底与验收、架体防护、构配件材质、荷载、通道10项内容。其中,施工方案、架体基础、架体稳定、杆件锁件、脚手板、交底与验收6项内容为保证项目。

(9)《悬挑式脚手架检查评分表》(见表2-9)检查项目包括:施工方案、悬挑钢梁、架体稳定、脚手板、荷载、交底与验收、杆件间距、架体防护、层间防护、构配件材质。其中,施工方案、悬挑钢梁、架体稳定、脚手板、荷载、交底与验收6项内容为保证项目。

(10)《附着式升降脚手架检查评分表》(见表2-10)检查项目包括:施工方案、安全装置、架体构造、附着支座、架体安装、架体升降、检查验收、脚手板、架体防护、安全作业10项内容。其中,施工方案、安全装置、架体构造、附着支座、架体安装、架体升降6项内容为保证项目。

(11)《高处作业吊篮检查评分表》(见表2-11)检查项目包括:施工方案、安全装置、悬挂机构、钢丝绳、安装作业、升降作业、交底与验收、安全防护、吊篮稳定、荷载10项内容。其中,施工方案、安全装置、悬挂机构、钢丝绳、安装作业、升降作业6项内容为保证项目。

(12)《基坑工程检查评分表》(见表2-12)检查项目包括:施工方案、基坑支护、降排水、基坑开挖、坑边荷载、安全防护、基坑监测、支撑拆除、作业环境、应急预案10项内容。其中,施工方案、基坑支护、降排水、基坑开挖、坑边荷载、安全防护6项内容为保证项目。

(13)《模板支架检查评分表》(见表2-13)检查项目包括:施工方案、支架基础、支架构造、支架稳定、施工荷载、交底与验收、杆件连接、底座与托撑、构配件材质、支架拆除10项内容。其中,施工方案、支架基础、支架构造、支架稳定、施工荷载、交底与验收6项内容为保证项目。

(14)《高处作业检查评分表》(见表2-14)是对安全帽、安全网、安全带使用和楼梯口、电梯井口、预留洞口、坑井口、通道口及阳台、楼板、屋面等防护情况的评价。检查项目包括:安全帽、安全网、安全带、临边防护、洞口防护、通道口防护、攀登作业、悬空作业、移动式操作平台、悬挑式物料钢平台10项内容。该检查评分表中没有设置保证项目。

(15)《施工用电检查评分表》(见表2-15)检查项目包括:外电防护、接地与接零保护系统、配电线路、配电箱与开关箱、配电室与配电装置、现场照明、用电档案7项内容。其中,外电防护、接地与接零保护系统、配电线路、配电箱与开关箱4项内容为保证项目。

(16)《物料提升机(龙门架、井字架)检查评分表》(见表2-16)是对物料提升机的设计制作、安装和使用情况的评价。检查项目包括:安全装置,防护设施,附墙架与缆风绳,钢丝绳,安拆、验收与使用,基础与导轨架,动力与传动,通信装置,卷扬机操作棚,避雷装置10项内容。其中,安全装置,防护设施,附墙架与缆风绳,钢丝绳,安拆、验收与使用5项内容为保证项目。

(17)《施工升降机检查评分表》(见表2-17)检查内容包括:安全装置,限位装置,防护设施,附墙架,钢丝绳、滑轮与对重,安拆、验收与使用,导轨架,基础,电气安全,通信装置10项内容。其中,安全装置,限位装置,防护设施,附墙架,钢丝绳、滑轮与对重,安拆、验收与使用6项内容为保证项目。

(18)《塔式起重机检查评分表》(见表2-18)检查项目包括:载荷限制装置,行程限位装置,保护装置,吊钩、滑轮、卷筒与钢丝绳,多塔作业,安拆、验收与使用,附着装置,基础与轨道,结构设施,电气安全10项内容。其中,载荷限制装置,行程限位装置,保护装置,吊钩、滑轮、卷筒与钢丝绳,多塔作业,安拆、验收与使用6项内容为保证项目。

(19)《起重吊装检查评分表》(见表2-19)是对施工现场起重吊装作业和起重吊装机械的安全评价。检查项目包括:施工方案、起重机械、钢丝绳与地锚、索具、作业环境、作业人员、起重吊装、高处作业、构件码放、警戒监护10项内容。其中,施工方案、起重机械、钢丝绳与地锚、索具、作业环境、作业人员6项内容为保证项目。

(20)《施工机具检查评分表》(见表2-20)检查项目包括:平刨、圆盘锯、手持电动工具、钢筋机械、电焊机、搅拌机、气瓶、翻斗车、潜水泵、振捣器、桩工机械11项内容。该检查评分表中没有设置保证项目。

表 2-1　建筑施工安全检查评分汇总表

企业名称：　　　　资质等级：　　　　年　月　日

<table>
<tr><td rowspan="2">单位工程（施工现场）名称</td><td rowspan="2">建筑面积（m²）</td><td rowspan="2">结构类型</td><td rowspan="2">总计得分（满分100分）</td><td colspan="10">项目名称及分值</td></tr>
<tr><td>安全管理（满分10分）</td><td>文明施工（满分15分）</td><td>脚手架（满分10分）</td><td>基坑工程（满分10分）</td><td>模板支架（满分10分）</td><td>高处作业（满分10分）</td><td>施工用电（满分10分）</td><td>物料提升机与施工升降机（满分10分）</td><td>塔式起重机与起重吊装（满分10分）</td><td>施工机具（满分5分）</td></tr>
<tr><td></td><td></td><td></td><td></td><td></td><td></td><td></td><td></td><td></td><td></td><td></td><td></td><td></td><td></td></tr>
<tr><td colspan="14">评语：</td></tr>
<tr><td>检查单位</td><td colspan="3"></td><td>负责人</td><td colspan="2"></td><td>受检项目</td><td colspan="3"></td><td>项目经理</td><td colspan="2"></td></tr>
</table>

表 2-2　安全管理检查评分表

序号	检查项目		扣分标准	应得分数	扣减分数	实得分数
1	保证项目	安全生产责任制	未建立安全生产责任制,扣10分 安全生产责任制未经责任人签字确认,扣3分 未备有各工种安全技术操作规程,扣2~10分 未按规定配备专职安全员,扣2~10分 工程项目部承包合同中未明确安全生产考核指标,扣5分 未制定安全生产资金保障制度,扣5分 未编制安全资金使用计划或未按计划实施,扣2~5分 未制订伤亡控制、安全达标、文明施工等管理目标,扣5分 未进行安全责任目标分解,扣5分 未建立对安全生产责任制和责任目标的考核制度,扣5分 未按考核制度对管理人员定期考核,扣2~5分	10		
2		施工组织设计及专项施工方案	施工组织设计中未制订安全技术措施,扣10分 危险性较大的分部分项工程未编制安全专项施工方案,扣10分 未按规定对超过一定规模危险性较大的分部分项工程专项施工方案进行专家论证,扣10分 施工组织设计、专项施工方案未经审批,扣10分 安全技术措施、专项施工方案无针对性或缺少设计计算,扣2~8分 未按施工组织设计、专项施工方案组织实施,扣2~10分	10		
3		安全技术交底	未进行书面安全技术交底,扣10分 未按分部分项进行交底,扣5分 交底内容不全面或针对性不强,扣2~5分 交底未履行签字手续,扣4分	10		
4		安全检查	未建立安全检查制度,扣10分 未有安全检查记录,扣5分 事故隐患的整改未做到定人、定时间、定措施,扣2~6分 对重大事故隐患整改通知书所列项目未按期整改和复查,扣5~10分	10		

续表 2-2

序号	检查项目		扣分标准	应得分数	扣减分数	实得分数
5	保证项目	安全教育	未建立安全教育培训制度,扣10分 施工人员入场未进行三级安全教育培训和考核,扣5分 未明确具体安全教育培训内容,扣2~8分 变换工种或采用新技术、新工艺、新设备、新材料施工时未进行安全教育,扣5分 施工管理人员、专职安全员未按规定进行年度教育培训和考核,每人扣2分	10		
6		应急救援	未制定安全生产应急救援预案,扣10分 未建立应急救援组织或未按规定配备救援人员,扣2~6分 未定期进行应急救援演练,扣5分 未配置应急救援器材和设备,扣5分	10		
		小计		60		
7	一般项目	分包单位安全管理	分包单位资质、资格、分包手续不全或失效,扣10分 未签订安全生产协议书,扣5分 分包合同、安全生产协议书,签字盖章手续不全,扣2~6分 分包单位未按规定建立安全机构或未配备专职安全员,扣2~6分	10		
8		持证上岗	未经培训从事施工、安全管理和特种作业,每人扣5分 项目经理、专职安全员和特种作业人员未持证上岗,每人扣2分	10		
9		生产安全事故处理	生产安全事故未按规定报告,扣10分 生产安全事故未按规定进行调查分析、制订防范措施,扣10分 未依法为施工作业人员办理保险,扣5分	10		
10		安全标志	主要施工区域、危险部位未按规定悬挂安全标志,扣2~6分 未绘制现场安全标志布置图,扣3分 未按部位和现场设施的变化调整安全标志设置,扣2~6分 未设置重大危险源公示牌,扣5分	10		
		小计		40		
检查项目合计				100		

表2-3　文明施工检查评分表

序号	检查项目		扣分标准	应得分数	扣减分数	实得分数
1	保证项目	现场围挡	在市区主要道路段的工地周围未设置高于2.5 m的围挡,扣10分 一般路段的工地周围未设置高于1.8 m的围挡,扣10分 围挡材料不坚固、不稳定、不整洁、不美观,扣5~7分 围挡未沿工地四周连续设置的,扣3~5分	10		
2		封闭管理	施工现场进出口无大门的,扣3分 无门卫和无门卫制度的,扣3分 进入施工现场不佩戴工作卡的,扣3分 门头未设置企业标志的,扣3~5分	10		
3		施工场地	工地地面未做硬化处理的,扣5分 道路不畅通的,扣5分 无排水设施、排水不通畅的,扣4分 无防止泥浆、污水、废水外流或堵塞下水道和排水河道措施的,扣3分 工地有积水的,扣2分 工地未设置吸烟处、随意吸烟的,扣2分 温暖季节无绿化布置的,扣4分	10		
4		材料管理	建筑材料、构件、料具不按总平面布局堆放的,扣4分 堆料未挂名称、品种、规格等标牌的,扣2分 堆放不整齐的,扣3分 建筑垃圾堆放不整齐、未标出名称、品种的,扣3分 易燃易爆物品未分类存放的,扣4分	10		
5		现场办公与住宿	在建工程兼作住宿的,扣8分 施工作业区与办公区、生活区不能明显划分的,扣6分 宿舍无保暖和防煤气中毒措施的,扣5分 宿舍无消暑和防蚊虫叮咬措施的,扣3分 无床铺、生活用品放置不整齐的,扣2分 宿舍周围环境不卫生、不安全的,扣3分	10		

续表 2-3

序号	检查项目		扣分标准	应得分数	扣减分数	实得分数
6	保证项目	现场防火	无消防措施、制度或无灭火器材的，扣10分 灭火器材配置不合理的，扣5分 无消防水源(高层建筑)或不能满足消防要求的，扣8分 无动火审批手续和动火监护的，扣5分	10		
		小计		60		
7	一般项目	治安综合治理	生活区未给工人设置学习和娱乐场所的，扣4分 未建立治安保卫制度的、责任未分解到人的，扣3～5分 治安方法措施不利，常发生失盗事件的，扣3～5分	10		
8		施工现场标志牌	大门口处挂的六牌二图内容不全，缺一项，扣2分 标牌不规范、不整齐的，扣3分 无安全标语，扣5分 无宣传栏、读报栏、黑板报等，扣5分	10		
9		生活设施	厕所不符合卫生要求，扣4分 无厕所，随地大小便，扣8分 食堂不符合卫生要求，扣8分 无卫生责任制，扣5分 不能保证供应卫生饮水的，扣8分 无淋浴室或淋浴室不符合要求，扣5分 生活垃圾未及时清理、未装容器、无专人管理的，扣3～5分	10		
10		社区服务	无防粉尘、防噪声措施，扣5分 夜间未经许可施工的，扣8分 现场焚烧有毒、有害物质的，扣5分 未建立施工不扰民措施的，扣5分	11		
		小计		40		
检查项目合计				100		

表 2-4　扣件式钢管脚手架检查评分表

序号	检查项目		扣分标准	应得分数	扣减分数	实得分数
1	保证项目	施工方案	架体搭设未编制专项施工方案或未按规定审核、审批,扣 10 分 架体结构设计未进行设计计算,扣 10 分 架体搭设超过规范允许高度,专项施工方案未按规定组织专家论证,扣 10 分	10		
2		立杆基础	立杆基础不平、不实、不符合专项施工方案要求,扣 5 ~ 10 分 立杆底部缺少底座、垫板或垫板的规格不符合规范要求,每处扣 2 ~ 5 分 未按规范要求设置纵、横向扫地杆,扣 5 ~ 10 分 扫地杆的设置和固定不符合规范要求,扣 5 分 未采取排水措施,扣 8 分	10		
3		架体与建筑结构拉结	架体与建筑结构拉结方式或间距不符合规范要求,每处扣 2 分 架体底层第一步纵向水平杆处未按规定设置连墙件或未采用其他可靠措施固定,每处扣 2 分 搭设高度超过 24 m 的双排脚手架,未采用刚性连墙件与建筑结构可靠连接,扣 10 分	10		
4		杆件间距与剪刀撑	立杆、纵向水平杆、横向水平杆间距超过设计或规范要求,每处扣 2 分 未按规定设置纵向剪刀撑或横向斜撑,每处扣 5 分 剪刀撑未沿脚手架高度连续设置或角度不符合规范要求,扣 5 分 剪刀撑斜杆的接长或剪刀撑斜杆与架体杆件固定不符合规范要求,每处扣 2 分	10		
5		脚手板与防护栏杆	脚手板未满铺或铺设不牢、不稳,扣 5 ~ 10 分 脚手板规格或材质不符合规范要求,扣 5 ~ 10 分 每有一处探头板,扣 2 分 架体外侧未设置密目式安全网封闭或网间连接不严,扣 5 ~ 10 分 作业层防护栏杆不符合规范要求,扣 5 分 作业层未设置高度不小于 180 mm 的挡脚板,扣 3 分	10		

续表2-4

序号	检查项目		扣分标准	应得分数	扣减分数	实得分数
6	保证项目	交底与验收	架体搭设前未进行交底或交底未有文字记录，扣5~10分 架体分段搭设、分段使用未进行分段验收，扣5分 架体搭设完毕未办理验收手续，扣10分 验收内容未进行量化，或未经责任人签字确认，扣5分	10		
		小计		60		
7	一般项目	横向水平杆设置	未在立杆与纵向水平杆交点处设置横向水平杆，每处扣2分 未按脚手板铺设的需要增加设置横向水平杆，每处扣2分 双排脚手架横向水平杆只固定一端，每处扣2分 单排脚手架横向水平杆插入墙内小于180 mm，每处扣2分	10		
8		杆件连接	纵向水平杆搭接长度小于1 m或固定不符合要求，每处扣2分 立杆除顶层顶步外采用搭接，每处扣4分 杆件对接扣件的布置不符合规范要求，扣2分 扣件紧固力矩小于40 N·m或大于65 N·m，每处扣2分	10		
9		层间防护	作业层脚手板下未采用安全平网兜底或作业层以下每隔10 m未采用安全平网封闭，扣5分 作业层与建筑物之间未按规定进行封闭，扣5分	10		
10		构配件材质	钢管直径、壁厚、材质不符合要求，扣5~10分 钢管弯曲、变形、锈蚀严重，扣10分 扣件未进行复试或技术性能不符合标准，扣5分	5		
11		通道	未设置人员上下专用通道，扣5分 通道设置不符合要求，扣2分	5		
		小计		40		
检查项目合计				100		

表 2-5 门式钢管脚手架检查评分表

序号	检查项目		扣分标准	应得分数	扣减分数	实得分数
1	保证项目	施工方案	未编制专项施工方案或未进行设计计算，扣10分 专项施工方案未按规定审核、审批，扣10分 架体搭设超过规范允许高度，专项施工方案未组织专家论证，扣10分	10		
2		架体基础	架体基础不平、不实，不符合专项施工方案要求，扣5～10分 架体底部未设置垫板或垫板的规格不符合要求，扣2～5分 架体底部未按规范要求设置底座，每处扣2分 架体底部未按规范要求设置扫地杆，扣5分 未采取排水措施，扣8分	10		
3		架体稳定	架体与建筑物结构拉结方式或间距不符合规范要求，每处扣2分 未按规范要求设置剪刀撑，扣10分 门架立杆垂直偏差超过规范要求，扣5分 交叉支撑的设置不符合规范要求，每处扣2分	10		
4		杆件锁臂	未按规定组装或漏装杆件、锁臂，扣2～6分 未按规范要求设置纵向水平加固杆，扣10分 扣件与连接的杆件参数不匹配，每处扣2分	10		
5		脚手板	脚手板未满铺或铺设不牢、不稳，扣5～10分 脚手板规格或材质不符合要求，扣5～10分 采用挂扣式钢脚手板时挂钩未挂扣在横向水平杆上或挂钩未处于锁住状态，每处扣2分	10		

续表 2-5

序号	检查项目		扣分标准	应得分数	扣减分数	实得分数
6	保证项目	交底与验收	脚手架搭设前未进行交底或交底未有文字记录，扣5～10分 脚手架分段搭设、分段使用未办理分段验收，扣6分 架体搭设完毕未办理验收手续，扣10分 验收内容未进行量化，或未经责任人签字确认，扣5分	10		
		小计		60		
7	一般项目	架体防护	作业层防护栏杆不符合规范要求，扣5分 作业层未设置高度不小于180 mm的挡脚板，扣3分 脚手架外侧未设置密目式安全网封闭或网间连接不严，扣5～10分 作业层脚手板下未采用安全平网兜底或作业层以下每隔10 m未采用安全平网封闭，扣5分	10		
8		构配件材质	杆件变形、锈蚀严重，扣10分 门架局部开焊，扣10分 构配件的规格、型号、材质或产品质量不符合规范要求，扣5～10分	10		
9		荷载	施工荷载超过设计规定，扣10分 荷载堆放不均匀，每处扣5分	10		
10		通道	未设置人员上下专用通道，扣10分 通道设置不符合要求，扣5分	10		
		小计		40		
检查项目合计				100		

表 2-6　碗扣式钢管脚手架检查评分表

序号	检查项目		扣分标准	应得分数	扣减分数	实得分数
1	保证项目	施工方案	未编制专项施工方案或未进行设计计算，扣 10 分 专项施工方案未按规定审核、审批，扣 10 分 架体搭设超过规范允许高度，专项施工方案未组织专家论证，扣 10 分	10		
2		架体基础	基础不平、不实，不符合专项施工方案要求，扣 5~10 分 架体底部未设置垫板或垫板的规格不符合要求，扣 2~5 分 架体底部未按规范要求设置底座，每处扣 2 分 架体底部未按规范要求设置扫地杆，扣 5 分 未采取排水措施，扣 8 分	10		
3		架体稳定	架体与建筑结构未按规范要求拉结，每处扣 2 分 架体底层第一步水平杆处未按规范要求设置连墙件或未采用其他可靠措施固定，每处扣 2 分 连墙件未采用刚性杆件，扣 10 分 未按规范要求设置竖向专用斜杆或八字形斜撑，扣 5 分 专用斜杆两端未固定在纵、横向水平杆与立杆汇交的碗扣节点处，每处扣 2 分 专用斜杆或八字形斜撑未沿脚手架高度连续设置或角度不符合要求，扣 5 分	10		
4		杆件锁件	立杆间距、水平杆步距超过设计或规范要求，每处扣 2 分 未按专项施工方案设计的步距在立杆连接碗扣节点处设置纵、横向水平杆，每处扣 2 分 架体搭设高度超过 24 m 时，顶部 24 m 以下的连墙件层未按规定设置水平斜杆，扣 10 分 架体组装不牢或上碗扣紧固不符合要求，每处扣 2 分	10		
5		脚手板	脚手板未满铺或铺设不牢、不稳，扣 5~10 分 脚手板规格或材质不符合要求，扣 5~10 分 采用挂扣式钢脚手板时挂钩未挂扣在横向水平杆上或挂钩未处于锁住状态，每处扣 2 分	10		

续表 2-6

序号	检查项目		扣分标准	应得分数	扣减分数	实得分数
6	保证项目	交底与验收	架体搭设前未进行交底或交底未有文字记录，扣5～10分 架体分段搭设、分段使用未进行分段验收，扣5分 架体搭设完毕未办理验收手续，扣10分 验收内容未进行量化，或未经责任人签字确认，扣5分	10		
		小计		60		
7	一般项目	架体防护	架体外侧未采用密目式安全网封闭或网间连接不严，扣5～10分 作业层防护栏杆不符合规范要求，扣5分 作业层外侧未设置高度不小于180 mm的挡脚板，扣3分 作业层脚手板下未采用安全平网兜底或作业层以下每隔10 m未采用安全平网封闭，扣5分	10		
8		构配件材质	杆件弯曲、变形、锈蚀严重，扣10分 钢管、构配件的规格、型号、材质或产品质量不符合规范要求，扣5～10分	10		
9		荷载	施工荷载超过设计规定，扣10分 荷载堆放不均匀，每处扣5分	10		
10		通道	未设置人员上下专用通道，扣10分 通道设置不符合要求，扣5分	10		
		小计		40		
检查项目合计				100		

表2-7 承插型盘扣式钢管脚手架检查评分表

序号	检查项目		扣分标准	应得分数	扣减分数	实得分数
1	保证项目	施工方案	未编制专项施工方案或未进行设计计算,扣10分 专项施工方案未按规定审核、审批,扣10分	10		
2		架体基础	架体基础不平、不实,不符合专项施工方案要求,扣5~10分 架体立杆底部缺少垫板或垫板的规格不符合规范要求,每处扣2分 架体立杆底部未按要求设置底座,每处扣2分 未按规范要求设置纵、横向扫地杆,扣5~10分 未采取排水措施,扣8分	10		
3		架体稳定	架体与建筑结构未按规范要求拉结,每处扣2分 架体底层第一步水平杆处未按规范要求设置连墙件或未采用其他可靠措施固定,每处扣2分 连墙件未采用刚性杆件,扣10分 未按规范要求设置竖向专用斜杆或剪刀撑,扣5分 竖向斜杆两端未固定在纵、横向水平杆与立杆汇交的盘扣结点处,每处扣2分 斜杆或剪刀撑未沿脚手架高度连续设置或角度不符合规范要求,扣5分	10		
4		杆件设置	架体立杆间距、水平杆步距超过设计或规范要求,每处扣2分 未按专项施工方案设计的步距在立杆连接插盘处设置纵、横向水平杆,每处扣2分 双排脚手架的每步水平杆,当无挂扣钢脚手板时未按规范要求设置水平斜杆,扣5~10分	10		
5		脚手板	脚手板不满铺或铺设不牢、不稳,扣5~10分 脚手板规格或材质不符合要求,扣5~10分 采用挂扣式钢脚手板时挂钩未挂扣在水平杆上或挂钩未处于锁住状态,每处扣2分	10		

续表 2-7

序号	检查项目		扣分标准	应得分数	扣减分数	实得分数
6	保证项目	交底与验收	架体搭设前未进行交底或交底未有文字记录,扣5~10分 架体分段搭设、分段使用未进行分段验收,扣5分 架体搭设完毕未办理验收手续,扣10分 验收内容未进行量化,或未经责任人签字确认,扣5分	10		
		小计		60		
7	一般项目	架体防护	架体外侧未采用密目式安全网封闭或网间连接不严,扣5~10分 作业层防护栏杆不符合规范要求,扣5分 作业层外侧未设置高度不小于180 mm的挡脚板,扣3分 作业层脚手板下未采用安全平网兜底或作业层以下每隔10 m未采用安全平网封闭,扣5分	10		
8		杆件连接	立杆竖向接长位置不符合要求,每处扣2分 剪刀撑的斜杆接长不符合要求,扣8分	10		
9		构配件材质	钢管、构配件的规格、型号、材质或产品质量不符合规范要求,扣5分 钢管弯曲、变形、锈蚀严重,扣10分	10		
10		通道	未设置人员上下专用通道,扣10分 通道设置不符合要求,扣5分	10		
		小计		40		
检查项目合计				100		

表 2-8　满堂脚手架检查评分表

序号	检查项目		扣分标准	应得分数	扣减分数	实得分数
1	保证项目	施工方案	未编制专项施工方案或未进行设计计算，扣 10 分 专项施工方案未按规定审核、审批，扣 10 分	10		
2		架体基础	架体基础不平、不实，不符合专项施工方案要求，扣 5 ~ 10 分 架体底部未设置垫板或垫板的规格不符合规范要求，每处扣 2 ~ 5 分 架体底部未按规范要求设置底座，每处扣 2 分 架体底部未按规范要求设置扫地杆，扣 5 分 未采取排水措施，扣 8 分	10		
3		架体稳定	架体四周与中间未按规范要求设置竖向剪刀撑或专用斜杆，扣 10 分 未按规范要求设置水平剪刀撑或专用水平斜杆，扣 10 分 架体高宽比超过规范要求时未采取与结构拉结或其他可靠的稳定措施，扣 10 分	10		
4		杆件锁件	架体立杆间距、水平杆步距超过设计和规范要求，每处扣 2 分 杆件接长不符合要求，每处扣 2 分 架体搭设不牢或杆件节点紧固不符合要求，每处扣 2 分	10		
5		脚手板	脚手板不满铺或铺设不牢、不稳，扣 5 ~ 10 分 脚手板规格或材质不符合要求，扣 5 ~ 10 分 采用挂扣式钢脚手板时挂钩未挂扣在水平杆上或挂钩未处于锁住状态，每处扣 2 分	10		

续表2-8

序号	检查项目		扣分标准	应得分数	扣减分数	实得分数
6	保证项目	交底与验收	架体搭设前未进行交底或交底未有文字记录,扣5~10分 架体分段搭设、分段使用未进行分段验收,扣5分 架体搭设完毕未办理验收手续,扣10分 验收内容未进行量化,或未经责任人签字确认,扣5分	10		
		小计		60		
7	一般项目	架体防护	作业层防护栏杆不符合规范要求,扣5分 作业层外侧未设置高度不小于180 mm挡脚板,扣3分 作业层脚手板下未采用安全平网兜底或作业层以下每隔10 m未采用安全平网封闭,扣5分	10		
8		构配件材质	钢管、构配件的规格、型号、材质或产品质量不符合规范要求,扣5~10分 杆件弯曲、变形、锈蚀严重,扣10分	10		
9		荷载	架体的施工荷载超过设计和规范要求,扣10分 荷载堆放不均匀,每处扣5分	10		
10		通道	未设置人员上下专用通道,扣10分 通道设置不符合要求,扣5分	10		
		小计		40		
检查项目合计				100		

表 2-9　悬挑式脚手架检查评分表

序号	检查项目		扣分标准	应得分数	扣减分数	实得分数
1	保证项目	施工方案	未编制专项施工方案或未进行设计计算,扣 10 分 专项施工方案未按规定审核、审批,扣 10 分 架体搭设超过规范允许高度,专项施工方案未按规定组织专家论证,扣 10 分	10		
2		悬挑钢梁	钢梁截面高度未按设计确定或截面形式不符合设计和规范要求,扣 10 分 钢梁固定段长度小于悬挑段长度的 1.25 倍,扣 5 分 钢梁外端未设置钢丝绳或钢拉杆与上一层建筑结构拉结,每处扣 2 分 钢梁锚固处结构强度、锚固措施不符合设计和规范要求,扣 5～10 分 钢梁间距未按悬挑架体立杆纵距设置,扣 5 分	10		
3		架体稳定	立杆底部与悬挑钢梁连接处未采取可靠固定措施,每处扣 2 分 承插式立杆接长未采取螺栓或销钉固定,每处扣 2 分 纵横向扫地杆的设置不符合规范要求,扣 5～10 分 未在架体外侧设置连续式剪刀撑,扣 10 分 未按规定设置横向斜撑,扣 5 分 架体未按规定与建筑结构拉结,每处扣 5 分	10		
4		脚手板	脚手板规格、材质不符合要求,扣 5～10 分 脚手板未满铺或铺设不严、不牢、不稳,扣 5～10 分 每有一处探头板,扣 2 分	10		
5		荷载	脚手架施工荷载超过设计规定,扣 10 分 施工荷载堆放不均匀,每处扣 5 分	10		

续表 2-9

序号	检查项目		扣分标准	应得分数	扣减分数	实得分数
6	保证项目	交底与验收	架体搭设前未进行交底或交底未有文字记录，扣5~10分 架体分段搭设、分段使用未进行分段验收，扣6分 架体搭设完毕未办理验收手续，扣10分 验收内容未进行量化，或未经责任人签字确认，扣5分	10		
		小计		60		
7	一般项目	杆件间距	立杆间距、纵向水平杆步距超过设计或规范要求，每处扣2分 未在立杆与纵向水平杆交点处设置横向水平杆，每处扣2分 未按脚手板铺设的需要增加设置横向水平杆，每处扣2分	10		
8		架体防护	作业层防护栏杆不符合规范要求，扣5分 作业层架体外侧未设置高度不小于180 mm的挡脚板，扣3分 架体外侧未采用密目式安全网封闭或网间不严，扣5~10分	10		
9		层间防护	作业层脚手板下未采用安全平网兜底或作业层以下每隔10 m未采用安全平网封闭，扣5分 作业层与建筑物之间未进行封闭，扣5分 架体底层沿建筑结构边缘，悬挑钢梁与悬挑钢梁之间未采取封闭措施或封闭不严，扣2~8分 架体底层未进行封闭或封闭不严，扣2~10分	10		
10		构配件材质	型钢、钢管、构配件规格及材质不符合规范要求，扣5~10分 型钢、钢管、构配件弯曲、变形、锈蚀严重，扣10分	10		
		小计		40		
检查项目合计				100		

表2-10　附着式升降脚手架检查评分表

序号	检查项目		扣分标准	应得分数	扣减分数	实得分数
1	保证项目	施工方案	未编制专项施工方案或未进行设计计算,扣10分 专项施工方案未按规定审核、审批,扣10分 脚手架提升超过规定允许高度,专项施工方案未按规定组织专家论证,扣10分	10		
2		安全装置	未采用防坠落装置或技术性能不符合规范要求,扣10分 防坠落装置与升降设备未分别独立固定在建筑结构上,扣10分 防坠落装置未设置在竖向主框架处并与建筑结构附着,扣10分 未安装防倾覆装置或防倾覆装置不符合规范要求,扣5～10分 升降或使用工况,最上和最下两个防倾装置之间的最小间距不符合规范要求,扣8分 未安装同步控制装置或技术性能不符合规范要求,扣5～8分	10		
3		架体构造	架体高度大于5倍楼层高,扣10分 架体宽度大于1.2 m,扣5分 直线布置的架体支承跨度大于7 m或折线、曲线布置的架体支承跨度大于5.4 m,扣8分 架体的水平悬挑长度大于2 m或大于跨度1/2,扣10分 架体悬臂高度大于架体高度的2/5或大于6 m,扣10分 架体全高与支撑跨度的乘积大于110 m^2,扣10分	10		
4		附着支座	未按竖向主框架所覆盖的每个楼层设置一道附着支座,扣10分 使用工况未将竖向主框架与附着支座固定,扣10分 升降工况未将防倾、导向装置设置在附着支座上,扣10分 附着支座与建筑结构连接固定方式不符合规范要求,扣5～10分	10		
5		架体安装	主框架及水平支承桁架的节点未采用焊接或螺栓连接,扣10分 各杆件轴线未交汇于节点,扣3分 水平支承桁架的上弦及下弦之间设置的水平支撑杆件未采用焊接或螺栓连接,扣5分 架体立杆底端未设置在水平支承桁架上弦杆件节点处,扣10分 竖向主框架组装高度低于架体高度,扣5分 架体外立面设置的连续式剪刀撑未将竖向主框架、水平支承桁架和架体构架连成一体,扣8分	10		

续表 2-10

序号	检查项目		扣分标准	应得分数	扣减分数	实得分数
6	保证项目	架体升降	两跨以上架体升降采用手动升降设备,扣10分 升降工况附着支座与建筑结构连接处混凝土强度未达到设计和规范要求,扣10分 升降工况架体上有施工荷载或有人员停留,扣10分	10		
		小计		60		
7	一般项目	检查验收	主要构配件进场未进行验收,扣6分 分区段安装、分区段使用未进行分区段验收,扣8分 架体搭设完毕未办理验收手续,扣10分 验收内容未进行量化,或未经责任人签字确认,扣5分 架体提升前未有检查记录,扣6分 架体提升后、使用前未履行验收手续或资料不全,扣2~8分	10		
8		脚手板	脚手板未满铺或铺设不严、不牢,扣3~5分 作业层与建筑结构之间空隙封闭不严,扣3~5分 脚手板规格、材质不符合要求,扣5~10分	10		
9		架体防护	脚手架外侧未采用密目式安全网封闭或网间连接不严,扣5~10分 作业层防护栏杆不符合规范要求,扣5分 作业层未设置高度不小于180 mm的挡脚板,扣3分	10		
10		安全作业	操作前未向有关技术人员和作业人员进行安全技术交底或交底未有文字记录,扣5~10分 作业人员未经培训或未定岗定责,扣5~10分 安装拆除单位资质不符合要求或特种作业人员未持证上岗,扣5~10分 安装、升降、拆除时未设置安全警戒区及专人监护,扣10分 荷载不均匀或超载,扣5~10分	10		
		小计		40		
检查项目合计				100		

表2-11 高处作业吊篮检查评分表

序号	检查项目		扣分标准	应得分数	扣减分数	实得分数
1	保证项目	施工方案	未编制专项施工方案或未对吊篮支架支撑处结构的承载力进行验算,扣10分 专项施工方案未按规定审核、审批,扣10分	10		
2		安全装置	未安装防坠安全锁或安全锁失灵,扣10分 防坠安全锁超过标定期限仍在使用,扣10分 未设置挂设安全带专用安全绳及安全锁扣或安全绳未固定在建筑物可靠位置,扣10分 吊篮未安装上限位装置或限位装置失灵,扣10分	10		
3		悬挂机构	悬挂机构前支架支撑在建筑物女儿墙上或挑檐边缘,扣10分 前梁外伸长度不符合产品说明书规定,扣10分 前支架与支撑面不垂直或脚轮受力,扣10分 上支架未固定在前支架调节杆与悬挑梁连接的节点处,扣5分 使用破损的配重块或采用其他替代物,扣10分 配重块未固定或重量不符合设计规定,扣10分	10		
4		钢丝绳	钢丝绳有断丝、松股、硬弯、锈蚀或有油污附着物,扣10分 安全钢丝绳规格、型号与工作钢丝绳不相同或未独立悬挂,扣10分 安全钢丝绳不悬垂,扣5分 电焊作业时未对钢丝绳采取保护措施,扣5~10分	10		
5		安装作业	吊篮平台组装长度不符合产品说明书和规范要求,扣10分 吊篮组装的构配件不是同一生产厂家的产品,扣5~10分	10		

续表 2-11

序号	检查项目		扣分标准	应得分数	扣减分数	实得分数
6	保证项目	升降作业	操作升降人员未经培训合格,扣10分 吊篮内作业人员数量超过2人,扣10分 吊篮内作业人员未将安全带用安全锁扣挂置在独立设置的专用安全绳上,扣10分 作业人员未从地面进出吊篮,扣5分	10		
		小计		60		
7	一般项目	交底与验收	未履行验收程序,验收表未经责任人签字确认,扣5~10分 验收内容未进行量化,扣5分 每天班前班后未进行检查,扣5分 吊篮安装使用前未进行交底或交底未留有文字记录,扣5~10分	10		
8		安全防护	吊篮平台周边的防护栏杆或挡脚板的设置不符合规范要求,扣5~10分 多层或立体交叉作业未设置防护顶板,扣8分	10		
9		吊篮稳定	吊篮作业未采取防摆动措施,扣5分 吊篮钢丝绳不垂直或吊篮距建筑物空隙过大,扣5分	10		
10		荷载	施工荷载超过设计规定,扣10分 荷载堆放不均匀,扣5分	10		
		小计		40		
检查项目合计				100		

表 2-12　基坑工程检查评分表

序号	检查项目		扣分标准	应得分数	扣减分数	实得分数
1	保证项目	施工方案	基坑工程未编制专项施工方案，扣 10 分 专项施工方案未按规定审核、审批，扣 10 分 超过一定规模条件的基坑工程专项施工方案未按规定组织专家论证，扣 10 分 基坑周边环境或施工条件发生变化，专项施工方案未重新进行审核、审批，扣 10 分	10		
2		基坑支护	人工开挖的狭窄基槽，开挖深度较大或存在边坡塌方危险未采取支护措施，扣 10 分 自然放坡的坡率不符合专项施工方案和规范要求，扣 10 分 基坑支护结构不符合设计要求，扣 10 分 支护结构水平位移达到设计报警值未采取有效控制措施，扣 10 分	10		
3		降排水	基坑开挖深度范围内有地下水未采取有效的降排水措施，扣 10 分 基坑边沿周围地面未设排水沟或排水沟设置不符合规范要求，扣 5 分 放坡开挖对坡顶、坡面、坡脚未采取降排水措施，扣 5 ~ 10 分 基坑底四周未设排水沟和集水井或排除积水不及时，扣 5 ~ 8 分	10		
4		基坑开挖	支护结构未达到设计要求的强度提前开挖下层土方，扣 10 分 未按设计和施工方案的要求分层、分段开挖或开挖不均衡，扣 10 分 基坑开挖过程中未采取防止碰撞支护结构或工程桩的有效措施，扣 10 分 机械在软土场地作业，未采取铺设渣土、砂石等硬化措施，扣 10 分	10		
5		坑边荷载	基坑边堆置土、料具等荷载超过基坑支护设计允许要求，扣 10 分 施工机械与基坑边沿的安全距离不符合设计要求，扣 10 分	10		

续表 2-12

序号	检查项目		扣分标准	应得分数	扣减分数	实得分数
6	保证项目	安全防护	开挖深度 2 m 及以上的基坑周边未按规范要求设置防护栏杆或栏杆设置不符合规范要求,扣 5 ~ 10 分 基坑内未设置供施工人员上下的专用梯道或梯道设置不符合规范要求,扣 5 ~ 10 分 降水井口未设置防护盖板或围栏,扣 10 分	10		
		小计		60		
7	一般项目	基坑监测	未按要求进行基坑工程监测,扣 10 分 基坑监测项目不符合设计和规范要求,扣 5 ~ 10 分 监测的时间间隔不符合监测方案要求或监测结果变化速率较大未加密观测次数,扣 5 ~ 8 分 未按设计要求提交监测报告或监测报告内容不完整,扣 5 ~ 8 分	10		
8		支撑拆除	基坑支撑结构的拆除方式、拆除顺序不符合专项施工方案要求,扣 5 ~ 10 分 机械拆除作业时,施工荷载大于支撑结构承载能力,扣 10 分 人工拆除作业时,未按规定设置防护设施,扣 8 分 采用非常规拆除方式不符合国家现行相关规范要求,扣 10 分	10		
9		作业环境	基坑内土方机械、施工人员的安全距离不符合规范要求,扣 10 分 上下垂直作业未采取防护措施,扣 5 分 在各种管线范围内挖土作业未设专人监护,扣 5 分 作业区光线不良,扣 5 分	10		
10		应急预案	未按要求编制基坑工程应急预案或应急预案内容不完整,扣 5 ~ 10 分 应急组织机构不健全或应急物资、材料、工具机具储备不符合应急预案要求,扣 2 ~ 6 分	10		
		小计		40		
检查项目合计				100		

表2-13 模板支架检查评分表

序号	检查项目		扣分标准	应得分数	扣减分数	实得分数
1	保证项目	施工方案	未按编制专项施工方案或结构设计未经计算,扣10分 专项施工方案未经审核、审批,扣10分 超规模模板支架专项施工方案未按规定组织专家论证,扣10分	10		
2		支架基础	基础不坚实平整、承载力不符合专项施工方案要求,扣5~10分 支架底部未设置垫板或垫板的规格不符合规范要求,扣5~10分 支架底部未按规范要求设置底座,每处扣2分 未按规范要求设置扫地杆,扣5分 未采取排水措施,扣5分 支架设在楼面结构上时,未对楼面结构的承载力进行验算或楼面结构下方未采取加固措施,扣10分	10		
3		支架构造	立杆纵、横间距大于设计和规范要求,每处扣2分 水平杆步距大于设计和规范要求,每处扣2分 水平杆未连续设置,扣5分 未按规范要求设置竖向剪刀撑或专用斜杆,扣10分 未按规范要求设置水平剪刀撑或专用水平斜杆,扣10分 剪刀撑或斜杆设置不符合规范要求,扣5分	10		
4		支架稳定	支架高宽比超过规范要求未采取与建筑结构刚性连接或增加架体宽度等措施,扣10分 立杆伸出顶层水平杆的长度超过规范要求,每处扣2分 浇筑混凝土未对支架的基础沉降、架体变形采取监测措施,扣8分	10		
5		施工荷载	荷载堆放不均匀,每处扣5分 施工荷载超过设计规定,扣10分 浇筑混凝土未对混凝土堆积高度进行控制,扣8分	10		

续表2-13

序号	检查项目		扣分标准	应得分数	扣减分数	实得分数
6	保证项目	交底与验收	支架搭设、拆除前未进行交底或无文字记录，扣5~10分 架体搭设完毕未办理验收手续，扣10分 验收内容未进行量化，或未经责任人签字确认，扣5分	10		
		小计		60		
7	一般项目	杆件连接	立杆连接不符合规范要求，扣3分 水平杆连接不符合规范要求，扣3分 剪刀撑斜杆接长不符合规范要求，每处扣3分 杆件各连接点的紧固不符合规范要求，每处扣2分	10		
8		底座与托撑	螺杆直径与立杆内径不匹配，每处扣3分 螺杆旋入螺母内的长度或外伸长度不符合规范要求，每处扣3分	10		
9		构配件材质	钢管、构配件的规格、型号、材质不符合规范要求，扣5~10分 杆件弯曲、变形、锈蚀严重，扣10分	10		
10		支架拆除	支架拆除前未确认混凝土强度达到设计要求，扣10分 未按规定设置警戒区或未设置专人监护，扣5~10分	10		
		小计		40		
检查项目合计				100		

表 2-14　高处作业检查评分表

序号	检查项目	扣分标准	应得分数	扣减分数	实得分数
1	安全帽	施工现场人员未戴安全帽，每人扣 5 分 未按标准佩戴安全帽，每人扣 2 分 安全帽质量不符合现行国家相关标准的要求，扣 5 分	10		
2	安全网	在建工程外脚手架架体外侧未采用密目式安全网封闭或网间连接不严，扣 2 ~ 10 分 安全网质量不符合现行国家相关标准的要求，扣 10 分	10		
3	安全带	高处作业人员未按规定系挂安全带，每人扣 5 分 安全带系挂不符合要求，每人扣 5 分 安全带质量不符合现行国家相关标准的要求，扣 10 分	10		
4	临边防护	工作面边沿无临边防护，扣 10 分 临边防护设施的构造、强度不符合规范要求，扣 5 分 防护设施未形成定型化、工具式，扣 3 分	10		
5	洞口防护	在建工程的孔、洞未采取防护措施，每处扣 5 分 防护措施、设施不符合要求或不严密，每处扣 3 分 防护设施未形成定型化、工具式，扣 3 分 电梯井内未按每隔两层且不大于 10 m 设置安全平网，扣 5 分	10		
6	通道口防护	未搭设防护棚或防护不严、不牢固，扣 5 ~ 10 分 防护棚两侧未进行封闭，扣 4 分 防护棚宽度小于通道口宽度，扣 4 分 防护棚长度不符合要求，扣 4 分 建筑物高度超过 24 m，防护棚顶未采用双层防护，扣 4 分 防护棚的材质不符合规范要求，扣 5 分	10		

续表 2-14

序号	检查项目	扣分标准	应得分数	扣减分数	实得分数
7	攀登作业	移动式梯子的梯脚底部垫高使用,扣3分 折梯未使用可靠拉撑装置,扣5分 梯子的材质或制作质量不符合规范要求,扣10分	10		
8	悬空作业	悬空作业处未设置防护栏杆或其他可靠的安全设施,扣5~10分 悬空作业所用的索具、吊具等未经验收,扣5分 悬空作业人员未系挂安全带或佩带工具袋,扣2~10分	10		
9	移动式操作平台	操作平台未按规定进行设计计算,扣8分 移动式操作平台,轮子与平台的连接不牢固可靠或立柱底端距离地面超过80 mm,扣5分 操作平台的组装不符合设计和规范要求,扣10分 平台台面铺板不严,扣5分 操作平台四周未按规定设置防护栏杆或未设置登高扶梯,扣10分 操作平台的材质不符合规范要求,扣10分	10		
10	悬挑式物料钢平台	未编制专项施工方案或未经设计计算,扣10分 悬挑式钢平台的下部支撑系统或上部拉结点,未设置在建筑结构上,扣10分 斜拉杆或钢丝绳未按要求在平台两侧各设置两道,扣10分 钢平台未按要求设置固定的防护栏杆或挡脚板,扣3~10分 钢平台台面铺板不严或钢平台与建筑结构之间铺板不严,扣5分 未在平台明显处设置荷载限定标牌,扣5分	10		
检查项目合计			100		

表 2-15　施工用电检查评分表

序号	检查项目		扣分标准	应得分数	扣减分数	实得分数
1	保证项目	外电防护	外电线路与在建工程及脚手架、起重机械、场内机动车道之间的安全距离不符合规范要求且未采取防护措施,扣 10 分 防护设施未设置明显的警示标志,扣 5 分 防护设施与外电线路的安全距离及搭设方式不符合规范要求,扣 5 ~ 10 分 在外电架空线路正下方施工、建造临时设施或堆放材料物品,扣 10 分	10		
2		接地与接零保护系统	施工现场专用的电源中性点直接接地的低压配电系统未采用 TN – S 接零保护系统,扣 20 分 配电系统未采用同一保护系统,扣 20 分 保护零线引出位置不符合规范要求,扣 5 ~ 10 分 电气设备未接保护零线,每处扣 2 分 保护零线装设开关、熔断器或通过工作电流,扣 20 分 保护零线材质、规格及颜色标记不符合规范要求,每处扣 2 分 工作接地与重复接地的设置、安装及接地装置的材料不符合规范要求,扣 10 ~ 20 分 工作接地电阻大于 4 Ω,重复接地电阻大于 10 Ω,扣 20 分 施工现场起重机、物料提升机、施工升降机、脚手架防雷措施不符合规范要求,扣 5 ~ 10 分 做防雷接地机械上的电气设备,保护零线未做重复接地,扣 10 分	20		
3		配电线路	线路及接头不能保证机械强度和绝缘强度,扣 5 ~ 10分 线路未设短路、过载保护,扣 5 ~ 10 分 线路截面不能满足负荷电流,每处扣 2 分 线路的设施、材料及相序排列、档距、与邻近线路或固定物的距离不符合规范要求,扣 5 ~ 10 分 电缆沿地面明设或沿脚手架、树木等敷设或敷设不符合规范要求,扣 5 ~ 10 分 线路敷设的电缆不符合规范要求,扣 5 ~ 10 分 室内明敷主干线距地面高度小于 2.5 m,每处扣 2 分	10		
4		配电箱与开关箱	配电系统未采用三级配电、二级漏电保护系统,扣 10 ~ 20 分 用电设备未有各自专用的开关箱,每处扣 2 分 箱体结构、箱内电器设置不符合规范要求,扣 10 ~ 20分 配电箱零线端子板的设置、连接不符合规范要求,扣 5 ~ 10 分 漏电保护器参数不匹配或检测不灵敏,每处扣 2 分 配电箱与开关箱电器损坏或进出线混乱,每处扣 2 分 箱体未设置系统接线图和分路标记,每处扣 2 分 箱体未设门、锁,未采取防雨措施,每处扣 2 分 箱体安装位置、高度及周边通道不符合规范要求,每处扣 2 分 分配电箱与开关箱、开关箱与用电设备的距离不符合规范要求,每处扣 2 分	20		
		小计		60		

续表 2-15

序号	检查项目		扣分标准	应得分数	扣减分数	实得分数
5	一般项目	配电室与配电装置	配电室建筑耐火等级未达到三级,扣15分 未配置适用于电气火灾的灭火器材,扣3分 配电室、配电装置布设不符合规范要求,扣5～10分 配电装置中的仪表、电气元件设置不符合规范要求或仪表、电气元件损坏,扣5～10分 备用发电机组未与外电线路进行联锁,扣15分 配电室未采取防雨雪和小动物侵入的措施,扣10分 配电室未设警示标志、工地供电平面图和系统图,扣3～5分	15		
6		现场照明	照明用电与动力用电混用,每处扣2分 特殊场所未使用36 V及以下安全电压,扣15分 手持照明灯未使用36 V以下电源供电,扣10分 照明变压器未使用双绕组安全隔离变压器,扣15分 灯具金属外壳未接保护零线,每处扣2分 灯具与地面、易燃物之间小于安全距离,每处扣2分 照明线路和安全电压线路的架设不符合规范要求,扣10分 施工现场未按规范要求配备应急照明,每处扣2分	15		
7		用电档案	总包单位与分包单位未订立临时用电管理协议,扣10分 未制定专项用电施工组织设计、外电防护专项方案或设计,方案缺乏针对性,扣5～10分 专项用电施工组织设计、外电防护专项方案未履行审批程序,实施后相关部门未组织验收,扣5～10分 接地电阻、绝缘电阻和漏电保护器检测记录未填写或填写不真实,扣3分 安全技术交底、设备设施验收记录未填写或填写不真实,扣3分 定期巡视检查、隐患整改记录未填写或填写不真实,扣3分 档案资料不齐全、未设专人管理,扣3分	10		
		小计		40		
检查项目合计				100		

表 2-16　物料提升机(龙门架、井字架)检查评分表

序号	检查项目		扣分标准	应得分数	扣减分数	实得分数
1	保证项目	安全装置	未安装起重量限制器、防坠安全器,扣 15 分 起重量限制器、防坠安全器不灵敏,扣 15 分 安全停层装置不符合规范要求或未达到定型化,扣 5 ~ 10 分 未安装上行程限位,扣 15 分 上行程限位不灵敏,安全越程不符合规范要求,扣 10 分 物料提升机安装高度超过 30 m,未安装渐进式防坠安全器、自动停层、语音及影像信号监控装置,每项扣 5 分	15		
2		防护设施	未设置防护围栏或设置不符合规范要求,扣 5 ~ 15 分 未设置进料口防护棚或设置不符合规范要求,扣 5 ~ 15 分 停层平台两侧未设置防护栏杆、挡脚板,每处扣 2 分 停层平台脚手板铺设不严、不牢,每处扣 2 分 未安装平台门或平台门不起作用,扣 5 ~ 15 分 平台门未达到定型化,每处扣 2 分 吊笼门不符合规范要求,扣 10 分	15		
3		附墙架与缆风绳	附墙架结构、材质、间距不符合产品说明书要求,扣 10 分 附墙架未与建筑结构可靠连接,扣 10 分 缆风绳设置数量、位置不符合规范要求,扣 5 分 缆风绳未使用钢丝绳或未与地锚连接,扣 10 分 钢丝绳直径小于 8 mm 或角度不符合 45° ~ 60°要求,扣 5 ~ 10 分 安装高度超过 30 m 的物料提升机使用缆风绳,扣 10 分 地锚设置不符合规范要求,每处扣 5 分	10		
4		钢丝绳	钢丝绳磨损、变形、锈蚀达到报废标准,扣 10 分 钢丝绳绳夹设置不符合规范要求,每处扣 2 分 吊笼处于最低位置,卷筒上钢丝绳少于 3 圈,扣 10 分 未设置钢丝绳过路保护措施或钢丝绳拖地,扣 5 分	10		

续表 2-16

序号	检查项目		扣分标准	应得分数	扣减分数	实得分数
5	保证项目	安拆、验收与使用	安装、拆卸单位未取得专业承包资质和安全生产许可证,扣10分 未制订专项施工方案或未经审核、审批,扣10分 未履行验收程序或验收表未经责任人签字,扣5~10分 安装、拆除人员及司机未持证上岗,扣10分 物料提升机作业前未按规定进行例行检查或未填写检查记录,扣4分 实行多班作业未按规定填写交接班记录,扣3分	10		
		小计		60		
6	一般项目	基础与导轨架	基础的承载力、平整度不符合规范要求,扣5~10分 基础周边未设排水设施,扣5分 导轨架垂直度偏差大于导轨架高度0.15%,扣5分 井架停层平台通道处的结构未采取加强措施,扣8分	10		
7		动力与传动	卷扬机、曳引机安装不牢固,扣10分 卷筒与导轨架底部导向轮的距离小于20倍卷筒宽度,且未设置排绳器,扣5分 钢丝绳在卷筒上排列不整齐,扣5分 滑轮与导轨架、吊笼未采用刚性连接扣10分 滑轮与钢丝绳不匹配,扣10分 卷筒、滑轮未设置防止钢丝绳脱出装置,扣5分 曳引钢丝绳为2根及以上时,未设置曳引力平衡装置,扣5分	10		
8		通信装置	未按规范要求设置通信装置,扣5分 通信装置显示不清晰,扣3分	5		
9		卷扬机操作棚	未设置卷扬机操作棚,扣10分 操作棚搭设不符合规范要求,扣5~10分	10		
10		避雷装置	物料提升机在其他防雷保护范围以外未设置避雷装置,扣5分 避雷装置不符合规范要求,扣3分	5		
		小计		40		
检查项目合计				100		

表2-17　施工升降机检查评分表

序号	检查项目		扣分标准	应得分数	扣减分数	实得分数
1	保证项目	安全装置	未安装起重量限制器或起重量限制器不灵敏，扣10分 未安装渐进式防坠安全器或防坠安全器不灵敏，扣10分 防坠安全器超过有效标定期限，扣10分 对重钢丝绳未安装防松绳装置或防松绳装置不灵敏，扣5分 未安装急停开关或急停开关不符合规范要求，扣5分 未安装吊笼和对重缓冲器或缓冲器不符合规范要求，扣5分 SC型施工升降机未安装安全钩，扣10分	10		
2		限位装置	未安装极限开关或极限开关不灵敏，扣10分 未安装上限位开关或上限位开关不灵敏，扣10分 未安装下限位开关或下限位开关不灵敏，扣5分 极限开关与上限位开关安全越程不符合规范要求，扣5分 极限开关与上、下限位开关共用一个触发元件，扣5分 未安装吊笼门机电连锁装置或不灵敏，扣10分 未安装吊笼顶窗电气安全开关或不灵敏扣5分	10		
3		防护设施	未设置地面防护围栏或设置不符合规范要求，扣5～10分 未安装地面防护围栏门连锁保护装置或连锁保护装置不灵敏，扣5～8分 未设置出入口防护棚或设置不符合规范要求扣5～10分 停层平台搭设不符合规范要求，扣5～8分 未安装层门或层门不起作用，扣5～10分 层门不符合规范要求、未达到定型化，每处扣2分	10		
4		附墙架	附墙架采用非配套标准产品未进行设计计算，扣10分 附墙架与建筑结构连接方式、角度不符合产品说明书要求，扣5～10分 附墙架间距、最高附着点以上导轨架的自由高度超过产品说明书要求，扣10分	10		
5		钢丝绳、滑轮与对重	对重钢丝绳绳数少于2根或未相对独立，扣5分 钢丝绳磨损、变形、锈蚀达到报废标准，扣10分 钢丝绳的规格、固定不符合产品说明书及规范要求，扣10分 滑轮未安装钢丝绳防脱装置或不符合规范要求，扣4分 对重重量、固定不符合产品说明书及规范要求，扣10分 对重未安装防脱轨保护装置，扣5分	10		

续表 2-17

序号	检查项目		扣分标准	应得分数	扣减分数	实得分数
6	保证项目	安拆、验收与使用	安装、拆卸单位未取得专业承包资质和安全生产许可证,扣10分 未编制安装、拆卸专项方案或专项方案未经审核、审批,扣10分 未履行验收程序或验收表未经责任人签字,扣5~10分 安装、拆除人员及司机未持证上岗,扣10分 施工升降机作业前未按规定进行例行检查,未填写检查记录,扣4分 实行多班作业未按规定填写交接班记录,扣3分	10		
		小计		60		
7	一般项目	导轨架	导轨架垂直度不符合规范要求,扣10分 标准节质量不符合产品说明书及规范要求,扣10分 对重导轨不符合规范要求,扣5分 标准节连接螺栓使用不符合产品说明书及规范要求,扣5~8分	10		
8		基础	基础制作、验收不符合说明书及规范要求,扣5~10分 基础设置在地下室顶板或楼面结构上,未对其支承结构进行承载力验算,扣10分 基础未设置排水设施,扣4分	10		
9		电气安全	施工升降机与架空线路距离不符合规范要求,未采取防护措施,扣10分 防护措施不符合规范要求,扣5分 未设置电缆导向架或设置不符合规范要求,扣5分 施工升降机在防雷保护范围以外未设置避雷装置,扣10分 避雷装置不符合规范要求,扣5分	10		
10		通信装置	未安装楼层信号联络装置,扣10分 楼层联络信号不清晰,扣5分	10		
		小计		40		
检查项目合计				100		

表 2-18　塔式起重机检查评分表

序号	检查项目		扣分标准	应得分数	扣减分数	实得分数
1	保证项目	载荷限制装置	未安装起重量限制器或不灵敏,扣 10 分 未安装力矩限制器或不灵敏,扣 10 分	10		
2		行程限位装置	未安装起升高度限位器或不灵敏,扣 10 分 起升高度限位器的安全越程不符合规范要求,扣 6 分 未安装幅度限位器或不灵敏,扣 10 分 回转不设集电器的塔式起重机未安装回转限位器或不灵敏,扣 6 分 行走式塔式起重机未安装行走限位器或不灵敏,扣 10 分	10		
3		保护装置	小车变幅的塔式起重机未安装断绳保护及断轴保护装置,扣 8 分 行走及小车变幅的轨道行程末端未安装缓冲器及止挡装置或不符合规范要求,扣 4 ~ 8 分 起重臂根部绞点高度大于 50 m 的塔式起重机未安装风速仪或不灵敏,扣 4 分 塔式起重机顶部高度大于 30 m 且高于周围建筑物未安装障碍指示灯,扣 4 分	10		
4		吊钩、滑轮、卷筒与钢丝绳	吊钩未安装钢丝绳防脱钩装置或不符合规范要求,扣 10 分 吊钩磨损、变形达到报废标准,扣 10 分 滑轮、卷筒未安装钢丝绳防脱装置或不符合规范要求,扣 4 分 滑轮及卷筒磨损达到报废标准,扣 10 分 钢丝绳磨损、变形、锈蚀达到报废标准,扣 10 分 钢丝绳的规格、固定、缠绕不符合说明书及规范要求,扣 5 ~ 10 分	10		
5		多塔作业	多塔作业未制订专项施工方案或施工方案未经审批,扣 10 分 任意两台塔式起重机之间的最小架设距离不符合规范要求,扣 10 分	10		

续表 2-18

序号	检查项目		扣分标准	应得分数	扣减分数	实得分数
6	保证项目	安拆、验收与使用	安装、拆卸单位未取得专业承包资质和安全生产许可证,扣10分 未制订安装、拆卸专项方案,扣10分 方案未经审核、审批,扣10分 未履行验收程序或验收表未经责任人签字,扣5~10分 安装、拆除人员及司机、指挥未持证上岗,扣10分 塔式起重机作业前未按规定进行例行检查,未填写检查记录扣4分 实行多班作业未按规定填写交接班记录,扣3分	10		
		小计		60		
7	一般项目	附着装置	塔式起重机高度超过规定未安装附着装置,扣10分 附着装置水平距离不满足产品说明书要求,未进行设计计算和审批,扣8分 安装内爬式塔式起重机的建筑承载结构未进行承载力验算,扣8分 附着装置安装不符合产品说明书及规范要求,扣5~10分 附着前和附着后塔身垂直度不符合规范要求,扣10分	10		
8		基础与轨道	塔式起重机基础未按说明书及有关规定设计、检测、验收,扣5~10分 基础未设置排水措施,扣4分 路基箱或枕木铺设不符合产品说明书及规范要求,扣6分 轨道铺设不符合产品说明书及规范要求,扣6分	10		
9		结构设施	主要结构件的变形、锈蚀不符合规范要求,扣10分 平台、走道、梯子、护栏的设置不符合规范要求,扣4~8分 高强螺栓、销轴、紧固件的紧固、连接不符合规范要求,扣5~10分	10		
10		电气安全	未采用TN-S接零保护系统供电,扣10分 塔式起重机与架空线路安全距离不符合规范要求,未采取防护措施,扣10分 防护措施不符合规范要求,扣5分 未安装避雷接地装置,扣10分 避雷接地装置不符合规范要求,扣5分 电缆使用及固定不符合规范要求,扣5分	10		
		小计		40		
检查项目合计				100		

表 2-19　起重吊装检查评分表

序号	检查项目		扣分标准	应得分数	扣减分数	实得分数
1	保证项目	施工方案	未编制专项施工方案或专项施工方案未经审核、审批,扣 10 分 超规模的起重吊装专项施工方案未按规定组织专家论证,扣 10 分	10		
2		起重机械	未安装荷载限制装置或不灵敏,扣 10 分 未安装行程限位装置或不灵敏,扣 10 分 起重拔杆组装不符合设计要求,扣 10 分 起重拔杆组装后未履行验收程序或验收表无责任人签字,扣 5 ~ 10 分	10		
3		钢丝绳与地锚	钢丝绳磨损、断丝、变形、锈蚀达到报废标准,扣 10 分 钢丝绳规格不符合起重机产品说明书要求,扣 10 分 吊钩、卷筒、滑轮磨损达到报废标准,扣 10 分 吊钩、卷筒、滑轮未安装钢丝绳防脱装置,扣 5 ~ 10 分 起重拔杆的缆风绳、地锚设置不符合设计要求,扣 8 分	10		
4		索具	索具采用编结连接时,编结部分的长度不符合规范要求,扣 10 分 索具采用绳夹连接时,绳夹的规格、数量及绳夹间距不符合规范要求,扣 5 ~ 10 分 索具安全系数不符合规范要求,扣 10 分 吊索规格不匹配或机械性能不符合设计要求,扣 5 ~ 10 分	10		
5		作业环境	起重机行走作业处地面承载能力不符合说明书要求或未采用有效加固措施,扣 10 分 起重机与架空线路安全距离不符合规范要求,扣 10 分	10		

续表 2-19

序号	检查项目		扣分标准	应得分数	扣减分数	实得分数
6	保证项目	作业人员	起重机司机无证操作或操作证与操作机型不符，扣5～10分 未设置专职信号指挥和司索人员，扣10分 作业前未按规定进行安全技术交底或交底未形成文字记录，扣5～10分	10		
		小计		60		
7	一般项目	起重吊装	多台起重机同时起吊一个构件时，单台起重机所承受的荷载不符合专项施工方案要求，扣10分 吊索系挂点不符合专项施工方案要求，扣5分 起重机作业时起重臂下有人停留或吊运重物从人的正上方通过，扣10分 起重机吊具载运人员，扣10分 吊运易散落物件不使用吊笼，扣6分	10		
8		高处作业	未按规定设置高处作业平台，扣10分 高处作业平台设置不符合规范要求，扣5～10分 未按规定设置爬梯或爬梯的强度、构造不符合规范要求，扣5～8分 未按规定设置安全带悬挂点，扣8分	10		
9		构件码放	构件码放荷载超过作业面承载能力，扣10分 构件码放高度超过规定要求，扣4分 大型构件码放无稳定措施，扣8分	10		
10		警戒监护	未按规定设置作业警戒区，扣10分 警戒区未设专人监护，扣5分	10		
		小计		40		
检查项目合计				100		

表2-20　施工机具检查评分表

序号	检查项目	扣分标准	应得分数	扣减分数	实得分数
1	平刨	平刨安装后未履行验收程序,扣5分 未设置护手安全装置,扣5分 传动部位未设置防护罩,扣5分 未作保护接零或未设置漏电保护器,扣10分 未设置安全作业棚,扣6分 使用多功能木工机具,扣10分	10		
2	圆盘锯	圆盘锯安装后未履行验收程序,扣5分 未设置锯盘护罩、分料器、防护挡板安全装置和传动部位未设置防护罩,每处扣3分 未做保护接零或未设置漏电保护器,扣10分 未设置安全作业棚,扣6分 使用多功能木工机具,扣10分	10		
3	手持电动工具	Ⅰ类手持电动工具未采取保护接零或未设置漏电保护器,扣8分 使用Ⅰ类手持电动工具不按规定穿戴绝缘用品,扣6分 手持电动工具随意接长电源线,扣4分	8		
4	钢筋机械	机械安装后未履行验收程序,扣5分 未作保护接零或未设置漏电保护器,扣10分 钢筋加工区未设置作业棚,钢筋对焊作业区未采取防止火花飞溅措施或冷拉作业区未设置防护栏板,每处扣5分 传动部位未设置防护罩,扣5分	10		
5	电焊机	电焊机安装后未履行验收程序,扣5分 未作保护接零或未设置漏电保护器,扣10分 未设置二次空载降压保护器,扣10分 一次线长度超过规定或未进行穿管保护,扣3分 二次线未采用防水橡皮护套铜芯软电缆,扣10分 二次线长度超过规定或绝缘层老化,扣3分 电焊机未设置防雨罩或接线柱未设置防护罩,扣5分	10		

续表 2-20

序号	检查项目	扣分标准	应得分数	扣减分数	实得分数
6	搅拌机	搅拌机安装后未履行验收程序,扣5分 未作保护接零或未设置漏电保护器,扣10分 离合器、制动器、钢丝绳达不到规定要求,每项扣5分 上料斗未设置安全挂钩或止挡装置,扣5分 传动部位未设置防护罩,扣4分 未设置安全作业棚,扣6分	10		
7	气瓶	气瓶未安装减压器,扣8分 乙炔瓶未安装回火防止器,扣8分 气瓶间距小于5 m或与明火距离小于10 m未采取隔离措施,扣8分 气瓶未设置防震圈和防护帽,扣2分 气瓶存放不符合要求,扣4分	8		
8	翻斗车	翻斗车制动、转向装置不灵敏,扣5分 驾驶员无证操作,扣8分 行车载人或违章行车,扣8分	8		
9	潜水泵	未作保护接零或未设置漏电保护器,扣6分 负荷线未使用专用防水橡皮电缆,扣6分 负荷线有接头,扣3分	6		
10	振捣器	未作保护接零或未设置漏电保护器,扣8分 未使用移动式配电箱,扣4分 电缆线长度超过30 m,扣4分 操作人员未穿戴绝缘防护用品,扣8分	8		
11	桩工机械	机械安装后未履行验收程序,扣10分 作业前未编制专项施工方案或未按规定进行安全技术交底,扣10分 安全装置不齐全或不灵敏,扣10分 机械作业区域地面承载力不符合规定要求或未采取有效硬化措施,扣12分 机械与输电线路安全距离不符合规范要求,扣12分	12		
检查项目合计			100		

2.3.2 检查评分的方法

2.3.2.1 汇总表分数的分配

汇总表满分为100分。各项检查表在汇总表中所占满分分值应分别为:安全管理10分、文明施工20分、脚手架10分、基坑支护与模板工作10分、“三宝”“四口”防护10分、施工用电10分、物料提升机与外用电梯10分、塔吊10分、起重吊装5分和施工机具5分。

2.3.2.2 汇总表中各分值的计算方法

(1)汇总表中各项实得分数计算方法:

$$\text{在汇总表中各项项目实得分}=\frac{\text{该分项在汇总表中应得满分值}\times\text{该分项在检查评分表中实得分}}{100}$$

(2)汇总表中遇有缺项时,汇总表总分计算方法:

$$\text{遇有缺项时汇总表总得分}=\frac{\text{实查项目实得分值之和}}{\text{实查项目应得分值之和}}\times 100$$

(3)检查评分表中遇有缺项时,评分表合计分计算方法:

$$\text{遇有缺项时评分表总得分}=\frac{\text{实查子项目实得分值之和}}{\text{实查子项目应得分值之和}}\times 100$$

(4)对有保证项目的检查评分表,当保证项目中有一项不得分时,该评分表为零分;遇保证项目缺项时,保证项目小计得分不足40分,评分表为零分。具体计算方法为:实得分与应得分之比<66.7%(40/60=66.7%)时,评分表得零分。

(5)在检查评分表中,遇到多个脚手架、塔吊、龙门架、井字架时,则该项得分应为各单项实得分数的算术平均值。

2.3.2.3 等级的划分的原则

施工安全检查的评定结论分为优良、合格、不合格三个等级,依据是汇总表的总得分和保证项目的达标情况。

1.优良

(1)汇总表得分在80分(含80分)以上。

(2)保证项目得分符合要求(保证项目中不得有得零分的项,或保证项目得分小计不少于40分,下同)

2.合格

(1)保证项目得分符合要求,汇总表得分在70分及其以上。

(2)有一检查评分表未得分,则汇总表得分必须在75分及其以上。

(3)起重吊装检查评分表或施工机具检查评分表未得分,但汇总表得分在80分及其以上。

3.不合格

(1)汇总表得分不足70分。

(2)有一检查评分表未得分,则汇总表得分在75分以下。

(3)起重吊装检查评分表或施工机具检查评分表未得分,但汇总表得分在80分及其以下。

要注意的是，“检查评分表未得分”与“检查评分表缺项”是不同的概念。“缺项”是指被检查工地无此项检查项目，而“未得分”是指有此项检查内容，但实得分为零分。

子任务2.4 陕西建工集团总公司安全生产管理标准解读（第二部分）

2.4.1 安全检查

施工企业应当对所承担的工程项目进行定期和专项安全检查，以自查为主，做好过程控制，建立安全检查记录。

集团对施工企业安全生产情况每半年进行检查，对本部工程承包部安全生产情况除巡查外，每季度进行定期考核。施工企业每季度、分公司每月、项目部每旬至少组织一次定期安全检查，检查依据现行行业标准《建筑施工安全检查标准》（JGJ 59）进行评分考核，对检查中发现的事故隐患必须定整改措施、定整改责任人、定整改期限，督促及时整改，消除隐患。对发现的重大事故隐患，应当报告企业主要领导督促整改。

施工企业必须根据不同时期，有针对性的采取预防措施，自觉做好重大节日、雨季、夏季、冬季安全生产工作。

施工企业各级安全检查的主要内容如下。

2.4.1.1 公司、分公司安全检查的主要内容

（1）安全管理体系运行情况。

（2）岗位安全职责履行情况。

（3）安保计划、措施的制订和实施情况。

（4）各类机具设备、设施和安全防护设施是否完好无损。

（5）施工现场作业环节安全规章制度的执行情况。

（6）施工现场、生活区的环境和秩序是否存在不安全因素和事故隐患，以及整改情况。

（7）项目部安全日活动和安全讲评是否认真进行，并有记录。

（8）是否达到文明标准化工地要求。

（9）安全教育、培训情况。

（10）消防管理是否落实到位。

（11）各类安全资料的记录情况，台账管理情况。

（12）各类事故是否按“四不放过”的原则进行处理，是否有隐瞒不报情况。

（13）根据季节变化，防雷、防暑降温、防火、防台、防汛、防冻保温、防滑等措施的落实情况。

（14）节假日前开展安全检查、节假日加班期间值班人员的落实情况。

（15）节后复工、新开工项目的检查。

2.4.1.2 项目经理部安全检查的主要内容

(1)检查班组是否进行自检、互检和交接检。

(2)检查班组和有关人员是否切实落实安全技术措施。

(3)安全日活动和安全讲评是否如期进行,是否有针对性、有记录;管理人员参加班组安全活动是否有评语及签到。

(4)检查工程项目施工作业环境和秩序是否存在不安全因素,以及不安全因素的整改情况。

(5)本周是否有违章违纪、未遂事故发生,以及处理情况。

(6)消防设施是否完好无损。

(7)是否达到文明施工要求。

(8)各类机具、设施和安全防护设施是否完好无缺。

(9)安全技术措施编制、审批、落实情况。

(10)各岗位、各部门的安全责任制是否落实。

(11)工程项目安全保证体系是否建立、运转。

(12)针对影响安全施工的季节性自然因素,所采取的防范事故的措施。

2.4.1.3 班组安全检查的内容

(1)安全技术措施是否落实到施工作业中。

(2)工具、设备是否完好无损。

(3)施工作业环境是否整洁安全,符合施工作业要求。

(4)劳动保护用品配备是否齐全、使用是否规范。

安全检查应当填写安全检查记录,并对检查出的事故隐患整改情况进行验证,及时消除事故隐患。

项目部必须接受上级、政府有关部门依法实施的安全检查,陪同检查、提供相关资料,对提出的问题和隐患及时整改、反馈。

2.4.2 事故应急救援和报告处理

(1)施工企业必须建立生产安全事故报告和应急救援制度。项目经理部应在每月月底前填报职工伤亡事故表,向企业安全管理部门上报当月的安全生产信息;企业应在每月5日前填报职工伤亡事故报表,向上级主管部门和有关部门上报上月的安全生产信息。

(2)项目经理部发生一般及其以上生产安全事故,项目负责人在接到事故报告后,应当立即将事故发生的时间、地点、现场情况、经过、可能造成的后果、已采取的应急措施等上报企业主要负责人和安全管理部门。项目部在进行事故报告的同时,应当迅速组织实施应急救援预案,抢救伤者,采取措施防止事故扩大,对现场实施保护。

企业接到事故报告后,在1 h内向上级主管部门、事故发生地安全生产监督管理部门和建设主管部门报告。

(3)企业必须建立生产安全事故责任追究制度,按事故性质、责任划分不同情况,对事故责任单位和主要责任人追究责任。

2.4.3 工程项目安全管理

(1)项目经理对承建的工程项目安全生产负总责,落实安全生产责任制度,完善安全生产规章制度和操作规程,确保安全生产费用的有效使用,并根据工程的特点组织制订安全施工措施,消除安全事故隐患,及时、如实报告生产安全事故。

(2)项目经理部必须按照现行行业标准《建筑施工安全检查标准》(JGJ 59)和企业安全生产责任制度的要求,建立项目安全管理体系,落实本标准第3章的规定和本企业的各项安全管理制度,实施岗位安全操作标准化和现场安全防护标准化工作,消除人的不安全行为、物的不安全状态和管理上的缺陷。

(3)项目专职安全生产管理人员应当收集责任制实施过程的各种记录,建立健全项目安全生产管理档案。

安全资料应采用A4纸书写或打印,但人员签名必须采用耐久性强的书写材料手写,不得打印。项目部应建立的安全管理资料宜参照工程项目安全管理资料目录(附录G)收集整理。

子任务2.5 建筑工程施工安全危险源辨识

危险源是指可能导致人员伤害或残疾、物质财产损失、工作环境破坏的情况或这些情况组合的根源。

(1)第一类危险源:能量和危险物质的存在是危害产生的最根本原因,通常把可能发生意外释放的能量或危害物质称作第一类危险源。此类危险源是事故发生的物理本质,一般来说,系统具有的能量越大,存在的危险物质越多,则其潜在的危险性和危害性也就越大。

(2)第二类危险源:造成约束、限制能量和危险物质措施失控的各种不安全因素称为第二类危险源,该类危险源主要体现在设备故障或缺陷、人为失误和管理缺陷等几个方面。

(3)危险源与事故:事故的发生是两类危险源共同作用的结果。第一类危险源是事故发生的前提,第二类危险源的出现是第一类危险源导致事故的必要条件。

2.5.1 危险源的辨识

危险源辨识是安全管理的的基础工作,主要目的就是从组织的活动中识别出可能造成人员伤害或残疾、财产损失、环境破坏的危险或危害因素,并判定其可能导致的事故类别和导致事故发生的直接原因的过程。

2.5.1.1 危险源的类别

为做好危险源的辨识工作,可以把危险源按工作活动的专业进行分类,如机械类、电气类、辐射类、物质类、高坠类、火灾类和爆炸类等。

2.5.1.2 危险源的辨识方法

危险源的辨识方法很多,常用的方法有专家调查法、头脑风暴法、德尔菲法、现场调查法、工作任务分析法、安全检查表法、危险与可操作性研究法、事件树分析法和故障树分析法等。

2.5.1.3 施工现场采用危险源提问表时的设问范围

(1)在平地上滑到(跌倒)。

(2)人员从高处坠落(包括从地平出处坠入深坑)。

(3)工具、材料等从高处坠落。

(4)头顶以上空间不足。

(5)用手举起搬运工具、材料等有关危险源。

(6)与装配、试车、操作、维护、改造、修理和拆除等有关的装置、机械和危险源。

(7)车辆危险源,包括场地运输和公路运输。

(8)火灾和爆炸。

(9)邻近高压线路和起重设备伸出界外。

(10)吸入的物质。

(11)可伤害眼睛的物质或试剂。

(12)可通过皮肤接触和吸收而造成伤害的物质。

(13)可通过摄入(如通过口腔进入体内)而造成伤害的物质。

(14)有害能量(如辐射、噪声以及震动等)。

(15)由于经常性的重复动作而造成的与工作有关的肢体损伤。

(16)不适的环境(如过热或湿度较高等)。

(17)照度。

(18)易滑、不平坦的场地(地面)。

(19)不合适的楼梯护栏和扶手。

(20)合同方人员的活动。

2.5.2 重大危险源控制系统的组成

控制重大危险源的目的,不仅是要预防重大事故的发生,而且要做到一旦发生事故,能将事故危险限制到最低程度。由于工业活动的复杂性,需要采用系统工程的思想和方法控制重大危险源。

重大危险源控制系统主要由以下几个部分组成。

2.5.2.1 重大危险源的辨识

防止重大工业事故发生的第一步,是辨认或确认高危险性的工业设备(危险源)。由政府管理部门和权威机构在物质毒性、燃烧、爆炸特性基础上,制定出危险物质及其临界量标准。通过危险物质及其临界量标准,可以确定哪些是可能发生事故的潜在危险源。

2.5.2.2 重大危险源的评价

根据危险物质及其临界量标准进行重大危险源辨识和确认后,就应对其进行风险分析评价。一般来说,重大危险源的风险分析评价包括以下几个方面:

(1)辨识各类危险因素及其原因与机制。

(2)依次评价已辨识的危险事件发生的概率。

(3)评价危险事件的后果。

(4)进行风险评价,即评价危险事件发生概率和发生后果的联合作用。

(5)风险控制,即将上述评价结果与安全目标值进行比较,检查风险值是否达到了可接受水平,否则需要进一步采取措施,降低危险水平。

2.5.2.3 重大危险源的管理

企业应对工厂的安全生产负重要责任。在对重大危险源进行辨识和评价后,应针对每一个重大危险源制定出一套严格的安全管理制度,通过技术措施(包括化学品的选择、设施的设计、建造、运转、维修以及有计划地检查)和组织措施(包括对人员的培训与指导,提供保证其安全的设备,工作人员水平、工作时间、职责的确定,以及对外部合同工和现场临时工的管理),对重大危险源进行严格控制和管理。

2.5.2.4 重大危险源的安全报告

要求企业应在规定的范围内,对已辨识和评价的重大危险源向政府主管部门提交安全报告。如新建的有重大危害性的设施,应在投入运转之前提交安全报告。安全报告应详细说明重大危险源的情况,可能引发事故的危险因素以及前提条件,安全操作和预防失误的控制措施,可能发生的事故类型,事故发生的可能性及后果,限制事故后果的措施,现场事故应急救援预案等。

2.5.2.5 事故应急救援预案

事故应急救援预案是重大危险源控制系统的重要组成部分,企业应负责制订现场事故应急救援预案,并且定期检验和评估现场事故应急救援预案和程序的有效程度,以及在必要时进行修订。场外事故应急救援预案,由政府主管部门根据企业提供的安全报告和有关资料制订。事故应急救援预案的目的是抑制突发事件,减少事故对工人、居民和环境的危害。因此,事故应急救援预案应提出详尽、实用、明确和有效的技术措施与组织措施。政府主管部门应保证发生事故将要采取的安全措施和正确做法的有关资料,散发给可能受事故影响的公众,并保证充分了解发生重大事故时的安全措施,一旦发生重大事故,应尽快报警。每隔适当的时间应修订和重新散发事故应急救援预案宣传材料。

2.5.2.6 工厂选址和土地实用规划

政府有关部门应制定综合性的土地使用政策,确保重大危险源与居民区和其他工作场所、机场、水库、其他危险源和公共设施安全隔离。

2.5.2.7 重大危险源的监察

政府主管部门必须派出经过培训的、合格的技术人员定期对重大危险源进行监察、调查、评估和咨询。

子任务2.6 建筑工程绿色施工

绿色施工是指工程建设中,在保证质量、安全等基本要求的前提下,通过科学管理和技术进步,最大限度地节约资源与减少对环境负面影响的施工活动,实现环境保护、节能与能源利用,节材与材料资源利用、节水与水资源利用、节地与土地资源保护。实施绿色施工,开工前应进行绿色施工总体策划,制订绿色施工实施方案和“节能、节地、节水、节材和环境保护”目标,实施目标管理。

2.6.1　绿色施工评价

绿色施工评价以一个施工项目为对象,分为施工过程评价、施工阶段评价、单位工程评价三个层次。单位工程划分为地基与基础、主体结构(含屋面)、装饰装修与安装三个施工阶段,每个施工阶段又按时间段或形象进度划分为若干个施工过程。绿色施工评价指标体系由施工管理、环境保护、节材与材料资源利用、节水与水资源利用、节能与能源利用、节地与施工用地保护六类指标组成。每类指标包括控制项、一般项与优选项。施工过程、施工阶段和单位工程评价分为不合格、合格和优良三个等级。绿色施工应采集和保存过程管理资料、见证资料和自检评价记录等绿色施工资料。绿色施工评价框架体系如图2-1所示。

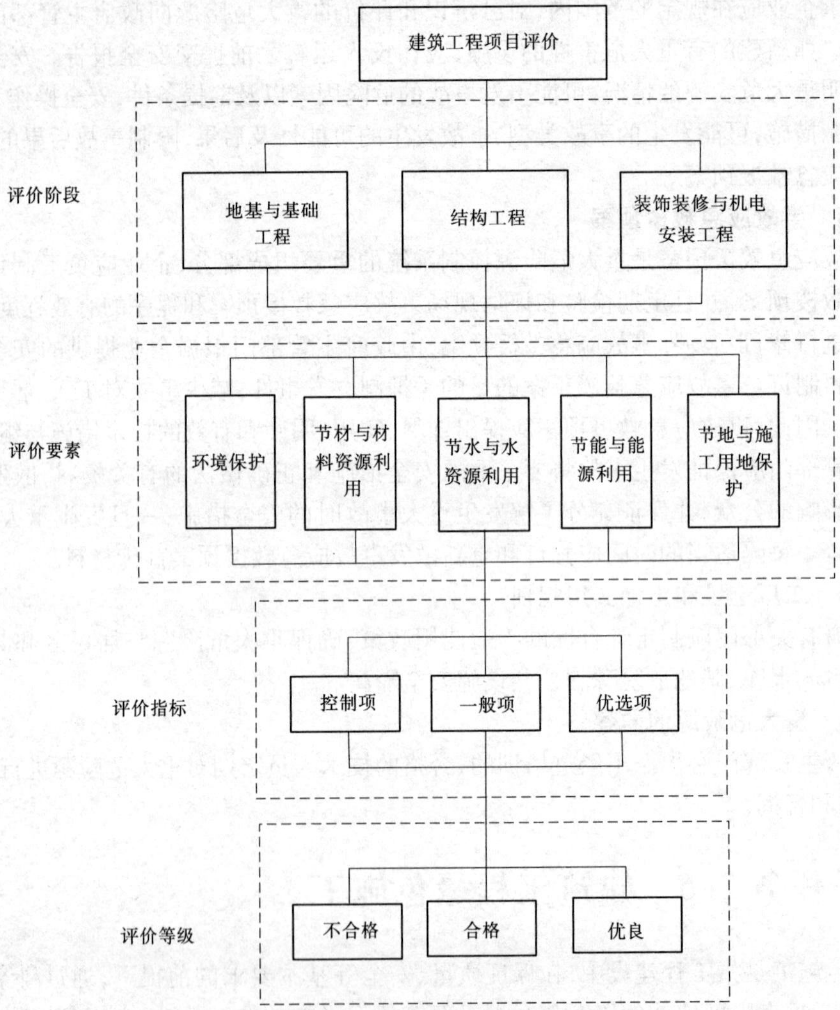

图2-1　绿色施工评价框架体系

2.6.2 施工管理评价指标

2.6.2.1 施工管理评价指标

1. 控制项内容

(1)建立以项目经理为第一责任人的绿色施工领导小组,并明确绿色施工管理员。明确绿色施工管理控制目标,并分解到各阶段和相关管理人员。

(2)编制绿色施工专项方案,或在施工组织设计中独立成章,方案中"四节一环保"内容齐全,按企业规定进行审批。

(3)分别设定"四节一环保"控制指标,定期进行计量、核算、对比分析,并有预防与纠正措施。

(4)采取有效形式对绿色施工作宣传,营造绿色施工氛围;定期对相关人员进行绿色施工知识培训,增强绿色施工意识。定期进行绿色施工自我评价,并留有相关记录。

2. 一般项内容

(1)结合绿色施工目标分解,制定绿色施工考核指标和绿色施工的激励和处罚制度。

(2)项目审批立项为本企业"绿色施工示范工程",并按规定组织实施。

(3)针对绿色施工管理或"四节一环保"内容开展 QC 小组攻关活动,提高绿色施工管理和技术水平。

(4)签订分包合同时,将"四节一环保"指标纳入合同条款,进行计量和考核。

优选项的内容为结合工程特点,立项开展有关绿色施工方面新技术、新设备、新材料、新工艺的开发和推广应用技术研究,并取得阶段性成果。项目审批立项为省、部级"绿色施工示范工程",并按有关规定实施。

2.6.2.2 环境保护评价指标

1. 控制项内容

(1)运送土方、建筑垃圾、建筑材料、机具设备等,不污损场外道路。

(2)回收有毒有害废弃物,并交有资质的单位处理,施工现场严禁焚烧各类废弃物。

(3)针对不同的污水,设置沉淀池、隔油池、化粪池等设施,无堵塞、渗漏、溢出等现象发生。

(4)建筑垃圾应按有关规定分类收集存放,不可再利用的及时清运。生活垃圾设置封闭式垃圾容器,并应及时清运。

(5)保护施工场地内及周边各种地下设施,保证各类管道、管线、建筑物、构筑物安全运行。

(6)施工过程中一旦发现文物,必须立即停止施工,保护现场,通报文物部门并协助处理。

2. 一般项内容

(1)作业区土方施工过程,目测扬尘高度不大于1.5 m,不扩散到场区外;结构、安装、装饰阶段,目测扬尘高度不大于0.5 m。现场非作业区目测无扬尘。

(2)现场噪声排放不得超过国家标准《建筑施工场界噪声限值》(GB 12523)的规定;在禁令时间内停止产生噪声的施工作业;不发生对施工噪声的合理投诉。

(3)采取措施避免或减少光污染,不发生对光污染的合理投诉。

(4)施工现场污水排放应符合当地有关规定。

(5)基坑降水时,采取有效措施减少抽取地下水。

(6)在缺水地区或地下水位持续下降地区或当基坑开挖抽水量大于50万m^3时,应采取地下水回灌措施。

(7)对有毒化学品、油料等材料储存地,机械设备漏油、油料使用等应采取有效隔离措施,做好渗漏液的收集和处理。

(8)采取有效措施,保护地表环境,防止土壤侵蚀、流失;并加强建筑垃圾的回收再利用,实现建筑垃圾减量化。

(9)避让、保护施工场区及周边的古树名木,确需迁移的,协助相关部门处理。

(10)石材、陶瓷等建筑材料应具有放射性检测报告,民用建筑工程验收时,进行室内环境污染浓度检测,检测结果都应符合国家有关的规定。

3.优选项内容

在施工场界四周隔挡高度位置测得的大气总悬浮颗粒物(TSP)月平均浓度与城市背景值的差值不大于0.08 mg/m;建筑垃圾的再利用和回收率达到30%;建筑物拆除产生的废弃物再利用和回收率大于40%;碎石类、土石方类建筑垃圾,再利用率大于50%。

2.6.2.3 节材与材料资源利用

1.控制项内容

(1)根据施工进度、库存情况等合理安排材料的采购、进场时间和批次,减少库存。

(2)材料运输工具适宜,装卸方法得当,防止遗洒和损坏。

(3)现场材料堆放有序,储存环境适宜,措施得当;保管制度健全,责任落实;预留、预埋应与结构施工同步。

2.一般项内容

(1)主要材料损耗率比定额损耗率降低30%。

(2)采用管线综合平衡技术,优化管线路径,避免预留、预埋遗漏。

(3)尽量就地取材,施工现场500 km以内生产的建筑材料用量占建筑材料总用量70%以上。推广使用高强度钢材和高性能混凝土,减少资源消耗。

(4)使用预拌混凝土;当现场搅拌时,应使用散装水泥。

(5)大型结构件、大型设备、砌体材料等应一次就位卸货,避免或减少二次搬运。

(6)门窗、屋面、外墙等围护结构选用耐候性、耐久性、密封性、隔音性、保温隔热性、防水性等性能良好的材料,选择合理的节点构造和施工工艺,应符合《建筑节能工程施工质量验收规范》(GB 50411)的规定。

(7)各类油漆及黏结剂随用随开启,不用时及时封闭。木制品及木装饰用料、玻璃等各类板材应在工厂采购或定制。采用非木质的新材料或人造板材代替木质板材。

(8)采用定型钢模、钢框竹胶板代替木模板,用定型钢龙骨多层胶合板模板体系代替木方龙骨多层胶合板模板体系。高层建筑采用整体提升或分段悬挑外脚手架。临时用房、临时围挡材料的可重复使用率达到70%。

(9)选用耐用、维护与拆卸方便的周转材料;采用工具式模板、钢制大模板和早拆支撑体系,提高模板、脚手架周转次数。

3. 优选项内容

推广使用预拌砂浆或干混砂浆;使用专业加工与配送的成型钢筋;现场临时道路和地面硬化采用可周转使用的块材铺设;住宅工程推广菜单式装修,交付成品工程。

2.6.2.4　节水与水资源利用

1. 控制项内容

(1)施工现场供水管网根据用水量设计布置,管径合理、管路简捷。采取有效措施杜绝管网和用水器具的漏损。

(2)在非传统水源和现场循环再利用水的使用过程中,采取有效的水质检测与卫生保障措施,防止对人体健康、工程质量以及周围环境产生不良影响。

2. 一般项内容

(1)混凝土养护应采取有效的节水措施;应分别对生活用水与工程用水进行计量管理; 生活用水节水器具配置比率达到 50% 以上。

(2)处于基坑降水阶段的工地,采用地下水作为搅拌、养护、冲洗和部分生活用水;万元产值用水量指标控制在 10 t 以内。

3. 优选项内容

建立雨水、中水或可再利用水的收集利用系统,有条件的工地,采用中水和其他可利用水资源搅拌、养护混凝土,施工中非传统水源和循环水的再利用量大于 30% 。

2.6.2.5　节能与能源利用

1. 控制项内容

严禁使用国家、行业、地方政府明令淘汰的施工设备、机具和产品。选择功率与负载相匹配的施工机械设备,避免大功率施工设备长时间低负载运行。

2. 一般项内容

(1)万元产值耗电量指标控制在 100 kWh 以内。做好机械设备维修保养工作,使其保持低耗、高效状态,并完善施工设备管理档案。

(2)合理布置施工临时供电线路,优化线路路径,做到距离短、线损小。施工临时设施布置与设计,应充分结合日照和风向等自然条件,采用自然采光和通风;南方地区可根据需要在其外墙窗口设置遮阳设施。

(3)施工现场办公和生活的临时设施,在围护墙体、屋面、门窗等部位,使用保温隔热性能指标好的节能材料。

(4)施工设备统筹部署,合理安排,做到机具资源共享和充分利用。

(5)照明设计以满足最低照度为原则,不得超过最低照度的 20% ;走道、卫生间应采用声控、光控等节能照明灯具。

(6)办公和生活用房合理配置采暖设施、空调、风扇数量,并控制使用时间。

3. 优选项内容

燃油机械设备使用节能型油料添加剂。优先选用国家或行业推荐的节能、高效、环保的施工设备和机具,逐步采用节电型机械设备。施工现场公共区域照明,采用节能照明灯具的比率大于 80% 。

2.6.2.6 节地与施工用地保护

1. 控制项内容

(1)根据施工规模及现场条件等因素合理确定临时设施,临时设施占地面积按用地指标所需的最低面积设计。平面布置合理、紧凑,在满足环境、职业健康与安全及文明施工要求的前提下,尽量减少临时设施占地面积。

(2)施工现场搅拌站、仓库、加工厂、作业棚、材料堆场等布置应考虑最大限度地缩短运输距离,尽量靠近已有交通线路或即将修建的正式或临时交通线路。

2. 一般项内容

(1)在禁止使用黏土实心砖的地区,不使用黏土实心砖,限制使用黏土空心砖;在不禁止使用黏土实心砖地区限制使用,以保护土地。

(2)施工现场道路按照永久道路和临时道路相结合的原则布置。施工现场内尽量形成环形通路,减少道路占用土地。红线外临时占地应尽量使用荒地、废地,少占用农田和耕地。工程完工后,及时恢复。

(3)利用和保护施工用地范围内原有绿色植被,对施工周期较长的现场,可按建筑永久绿化的要求,安排场地新建绿化。

(4)施工总平面布置做到科学合理,充分利用原有建筑物、构筑物、道路、管线为施工生产服务。

3. 优选项内容

分期施工的工程,临时设施布置应注意远近期结合,减少和避免重复建设占地。对深基坑施工方案进行优化,减少土方开挖和回填量,最大限度地减少对土地的扰动,保护周边自然生态环境。

2.6.2.7 绿色施工的评价方法

绿色施工项目自评价次数每月应不少于 1 次,且每阶段不少于 1 次。对于控制项指标,必须全部满足;评价方法见表 2-21。

表 2-21 控制项评价方法

序号	评分要求	结论	说明
1	措施到位,全部满足考评指标要求	合格	进入一般评价流程
2	措施不到位,不满足考评指标要求	不合格	一票否决,为非绿色施工项目

一般项指标,根据实际发生项具体条目的执行情况计分,计分方法见表 2-22。

表 2-22 一般项计分标准

序号	评分要求	评分
1	措施到位,满足考评指标要求	2
2	措施基本到位,部分满足考评指标要求	1
3	措施不到位,不满足考评指标要求	0

优选项指标,根据完成情况按实际发生项条目加分,加分方法见表 2-23。

表 2-23　优选项加分标准

序号	评分要求	评分
1	措施到位,满足考评指标要求	1
2	措施不到位,不满足考评指标要求	0

各要素评价得分:

一般项得分按百分制折算,如下式:

$$A = \frac{B}{C} \times 100 \tag{2-1}$$

式中　B——实际发生项条目实得分;

C——实际发生项条目应得分;

A——折算分。

优选项加分:按优选项实际发生条目加分求和(D)。

要素评价得分: 要素评价得分(F) = 一般项折算分(A) + 优选项加分(D)。

批次评价应按表 2-24 进行要素权重确定。

表 2-24　批次评价要素权重系数

评价要素	评价阶段
	地基与基础、结构工程、装饰装修与机电安装
环境保护	0.3
节材与材料资源利用	0.2
节水与水资源利用	0.2
节能与能源利用	0.2
节地与施工用地保护	0.1

批次评价得分(E) = $\sum$要素评价得分(F) × 权重系数

阶段评价得分(G) = $\sum$批次评价得分(E)/评价批次数

单位工程评价应按表 2-25 进行要素权重确定。

表 2-25　单位工程要素权重系数

评价阶段	权重系数
地基与基础	0.3
结构工程	0.5
装饰装修与机电安装	0.2

单位工程评价得分(W) = $\sum$阶段评价得分(G) × 权重系数

单位工程项目绿色施工等级分为不合格、合格、优良。满足以下条件之一者为不合格:

(1)控制项不满足要求。

(2)单位工程总得分 $W<60$ 分。

(3)结构工程阶段得分 <60 分。

满足以下条件者为合格:

(1)控制项全部满足要求。

(2)单位工程总得分 60 分 $\leqslant W<80$ 分,结构工程得分 $\geqslant 60$ 分。

(3)至少每个评价要素各有一项优选项得分,优选项各要素得分 $\geqslant 1$,总分 $\geqslant 5$。

满足以下条件者为优良:

(1)控制项全部满足要求。

(2)单位工程总得分 $W\geqslant 80$ 分,结构工程得分 $\geqslant 80$ 分。

(3)至少每个评价要素中有两项优选项得分。优选项各要素得分 $\geqslant 2$,总分 $\geqslant 10$。

2.6.2.8 绿色施工评价组织

施工过程评价由项目经理组织相关人员(亦可聘请外部相关人员参加)进行评价,填写评价记录,收集相关证明资料,并建立评价档案。施工过程评价按时间段或工程形象进度控制评价频率。每个阶段至少评价 2 次;阶段工期超过一个月的,每月评价一次。施工阶段和单位工程评价,应由公司(直营公司)组织相关人员进行评价。

工作任务3 作业安全管理

【教学目标】

能力目标	1. 能明确建筑施工企业安全管理的目标、主要内容及程序； 2. 能进行专项施工方案的编制； 3. 能进行安全技术的交底； 4. 能对施工企业存在的生产隐患进行防范； 5. 能够根据实际情况合理选用施工机械，并能对各种施工机械提出安全控制的要点； 6. 能够对建筑工程施工环境影响因素进行识别与评价； 7. 能够了解建筑工程施工主要职业危害的种类及职业病类型，并能对作业场所存在的职业危害提出一定的防护措施
知识要点	1. 建筑企业安全管理的目标； 2. 建筑施工安全管理的主要内容及管理程序； 3. 应单独编制安全专项施工方案的工程； 4. 专项施工方案编制的要求及内容； 5. 安全技术交底的内容； 6. 土方工程的主要施工特点及安全技术措施； 7. 土方工程绿色施工的要求； 8. 基础工程施工安全隐患的主要表现形式； 9. 基坑发生坍塌以前的主要迹象； 10. 基础施工安全控制的主要内容； 11. 基坑(槽)施工安全控制要点； 12. 打(沉)桩施工安全控制要点； 13. 灌注桩施工安全控制要点； 14. 人工挖孔桩施工安全控制要点； 15. 脚手架搭设安全隐患防范； 16. 脚手架的拆除及检查验收； 17. 现浇混凝土工程安全隐患的主要表现形式； 18. 现浇混凝土工程安全控制的主要内容、安全控制要点及安全技术措施； 19. 高处作业的安全隐患主要表现形式； 20. 高处作业安全控制的主要内容； 21. 临边、洞口、攀登、悬空、操作平台作业的安全防范措施； 22. 拆除工程的施工特点、隐患的主要表现形式及安全控制要点； 23. 拆除工程绿色施工要求； 24. 装修装饰工程安全隐患防范； 25. 塔吊的安全控制； 26. 土石方机械的安全控制； 27. 施工升降机的安全控制； 28. 物料提升机(龙门架、井字架)的安全控制； 29. 桩工机械的安全控制要点； 30. 钢筋加工机械的安全控制要点； 31. 铆焊设备的安全控制要点； 32. 建筑工程施工对环境的常见影响； 33. 建筑工程施工现场环境保护； 34. 现场文明施工管理的主要内容、基本要求及控制要点； 35. 火灾等级； 36. 施工现场防火； 37. 建筑工程施工主要职业危害种类、职业病类型及职业病的防治

【任务介绍】 通过本任务的学习,能明确建筑施工企业安全管理的目标;能明白建筑施工安全管理的主要内容及管理程序;能依据专项施工方案编制的要求及内容进行专项施工方案的编制;能进行安全技术的交底。能对施工现场存在的各种安全隐患提出一定的防范措施,能够根据工地的实际情况合理选用施工机械,并能对各种施工机械提出安全控制的要点;能够对建筑工程施工环境存在的影响因素进行识别与评价;能够了解建筑工程施工主要职业危害的种类及职业病类型,并能对作业场所存在的职业危害提出一定的防护措施。

【任务分析】 本工作任务主要是从安全专项施工方案的编制、安全技术交底、安全事故的防范、施工机具的管理等几个方面让学生掌握施工现场的作业安全管理知识,让学生能够进行现场的安全管理。

【任务实施】 在本工作任务中,以陕西建工集团总公司安全生产管理标准及管理方法为切入点,进一步学习编制专项施工方案和安全技术交底,针对施工场地存在的安全问题能提出一定的防范措施,并能对各种施工机械进行管理。通过让学生制订防范措施,融入工作情景,从而掌握施工现场的作业管理。

安全生产管理是一个系统性、综合性的管理,其管理的内容涉及建筑生产的几个环节。因此,建筑施工企业在安全管理中必须坚持"安全第一,预防为主,综合治理"的安全方针。制定安全政策、计划和措施,完善安全生产组织管理体系和检查体系,加强施工安全管理。

3.0.1 建筑施工安全管理的目标

(1)建筑施工企业应依据企业的总体发展目标,制订企业安全生产年度及中长期管理目标。

(2)安全管理目标应包括生产安全事故控制指标、安全生产隐患治理目标,以及安全生产、文明施工管理目标等,安全管理目标应量化。

(3)安全管理目标应分解到各管理层及相关职能部门,并定期进行考核。企业各管理层和相关职能部门应根据企业安全管理目标的要求制订自身管理目标和措施,共同保证目标实现。

3.0.2 建筑施工安全管理的主要内容

(1)制定安全政策:任何一个单位或机构要想成功地进行安全管理,必须有明确的安全政策。这种政策不仅要满足法律上的规定和道义上的责任,而且要最大限度地满足业主、雇员和社会的要求。施工单位的安全政策必须有效并有明确的目标。政策的目标应保证现有的人力、物力资源的有效利用,并且减少发生经济损失和承担责任的风险。安全政策能够影响施工单位很多决定和行为,包括资源和信息的选择、产品的设计和施工以及现场废弃物的处理等。加强制度建设是确保安全政策顺利实施的前提。

(2)建立、健全安全管理组织体系:一项政策的实施,依赖于一个恰当的组织结构和系统去贯彻落实。仅有政策,没有相应的组织去贯彻、落实,政策就是一纸空文。一定的组织结构和系统,是确保安全政策、安全目标顺利实现的前提。

(3)安全生产管理计划和实施:成功的施工单位能够有计划地、系统地落实所制定的安全政策。计划和实施的目标是最大限度地减少施工过程中的事故损失。计划是实施的重点,是风险管理的方法,确定清除危险和规避风险的目标以及应采取的步骤和先后顺序,建立有关标准以规范各种操作。对于必须采取的预防事故和规避风险的措施,应该预先加以计划,要尽可能通过对设备的精心选择和设计,消除或通过使用物理控制措施来减少风险。如果上述措施仍不能满足要求,就必须使用相应的工作设备和个人保护装备来控制风险。

(4)安全生产管理业绩考核:任何一个施工单位对安全生产管理成功与否,应该由事先订立的评价标准进行测量,以发现何时何地需要改进哪方面的工作。施工单位应采用涉及一系列方法的自我监控技术,去判断控制风险的措施成功与否,包括对硬件(设备、材料)和软件(人员、程序和系统),也包括对个人行为的检查进行评价,也可通过对事故及可能造成损失的事件的调查和分析,识别安全控制失败的原因。但不管是主动的评价还是对事故的调查,其目的都不仅仅是评价各种标准中所规定的行为本身,而更重要的是找出存在于安全管理系统的设计和实施过程中的问题,以避免事故和损失。

3.0.3 建筑工程施工安全管理程序

(1)确定安全管理目标。

(2)编制安全措施计划。

(3)实施安全措施计划。

(4)安全措施计划实施结果的验证。

(5)评价安全管理绩效并持续改进。

3.0.4 安全措施计划的主要内容

(1)工程概况。

(2)管理目标。

(3)组织机构与职责权限。

(4)规章制度。

(5)风险分析与控制措施。

(6)安全专项施工方案。

(7)应急救援预备。

(8)资源配置与费用投入计划。

(9)教育培训。

(10)检查评价、验证与持续改进。

子任务 3.1 专项施工方案的编制

3.1.1 应单独编制安全专项施工方案的工程

对于下列危险性较大的分部分项工程,应单独编制专项施工方案。

(1)基坑支护、降水工程:开挖深度超过 3 m(含 3 m)或虽未超过 3 m 但地质条件和周边环境复杂的基坑(槽)支护 、降水工程。

(2)土方开挖工程:开挖深度超过 3 m(含 3 m)的基坑(槽)的土方开挖工程。

(3)模板工程及支撑体系:

①各类工具式模板工程:包括大模板、滑模、爬模、飞模等工程。

②混凝土模板支撑工程:搭设高度 5 m 及以上;搭设跨度 10 m 及以上;施工总荷载 10 kN/m^2 及以上;集中线荷载 15 kN/m 及以上;高度大于支撑水平投影宽度且相对独立无联系构件的混凝土模板支撑工程。

③承重支撑体系:用于钢结构安装等满堂支撑体系。

(4)起重吊装及安装拆卸工程:采用非常规起重设备、方法,且单件起吊重量在 10 kN 以上的起重吊装工程;采用起重机械进行安装的工程;起重机械设备自身的安装、拆卸。

(5)脚手架工程:搭设高度 24 m 及以上的落地式钢管脚手架工程,附着式整体和分片提升脚手架工程;悬挑式脚手架工程;吊篮脚手架工程;自制卸料平台、移动操作平台工程;新型及异型脚手架工程。

(6)拆除、爆破工程:建筑物、构筑物拆除工程;采用爆破拆除的工程。

(7)其他:建筑幕墙安装工程;钢结构、网架和索膜结构安装工程;人工挖矿孔桩工程;地下暗挖、顶管及水下作业工程;预应力工程;采用新技术、新工艺、新材料、新设备及尚无相关技术标准的危险性较大的分部分项工程。

对于超过一定规模的危险性较大的分部分项工程,还应组织专家对单独编制的专项施工方案进行论证。

(1)深基坑工程:开挖深度超过 5 m(含 5 m)的基坑(槽)的土方开挖、支护、降水工程;或开挖深度虽未超过 5 m,但地质条件、周围环境和地下管线复杂,或影响毗邻建筑(构筑)物安全的基坑(槽)的土方开挖、支护、降水工程。

(2)模板工程及支撑体系:

①工具式模板工程:包括滑模、爬模、飞模工程。

②混凝土模板支撑工程:搭设高度 8 m 及以上;搭设跨度 18 m 及以上;施工总荷载 15 kN/m^2 及以上;集中线荷载 20 kN/m 及以上。

③承重支撑体系:用于钢结构安装等满堂支撑体系,承受单点集中荷载 700 kg 以上。

(3)起重吊装及安装拆卸工程:采用非常规起重设备、方法,且单件起吊重量在 100 kN 及以上的起重吊装工程;起重量在 300 kN 及以上的起重设备安装工程;高度 200 m 及以上的内爬起重的拆除工程。

(4)脚手架工程:搭设高度 50 m 及以上落地式钢管脚手架工程;提升高度 150 m 及

以上附着式整体和分片提升脚手架工程；架体高度20 m及以上悬挑式脚手架工程。

(5)拆除、爆破工程：采用爆破拆除的工程；码头、桥梁、高架、烟囱、水塔或拆除中容易引起有害有毒气(液)体或粉尘扩散、易燃易爆事故发生的特殊建(构)筑物的拆除工程；可能影响行人、交通、电力设施、通信设施或其他建(构)筑物安全的拆除工程；文物保护建筑、优秀历史建筑或历史文化风貌区控制范围内的拆除工程。

(6)其他。

①施工高度50 m及以上的建筑幕墙安装工程。

②跨度大于36 m及以上的钢结构安装工程；跨度大于60 m及以上的网架和索膜结构安装工程。

③开挖深度超过16 m的人工挖孔桩工程。

④地下暗挖工程、顶管工程、水下作业工程。

⑤采用新技术、新工艺、新材料、新设备及尚无相关技术标准的危险性较大的分部分项工程。

3.1.2 专项施工方案编制的要求

(1)施工单位应在危险性较大的分部分项工程施工前编制专项方案。

(2)建筑工程实行施工总承包的，专项方案应当由施工总承包单位组织编制。其中，起重机械安装拆卸工程、深基坑工程、附着式升降脚手架等专业工程实行分包的，其专项方案可由专业承包单位组织编制。

(3)专项方案应当由施工单位技术部门组织本单位施工技术、安全、质量等部门的专业技术人员进行审核。经审合格的，由施工单位技术负责人签字。实行施工总承包的专项方案应当由总承包单位技术负责人及相关专业承包单位技术负责人签字。

(4)不需专家论证的专项方案，经施工单位审核合格后报监理单位，由项目总监理工程师审核签字后执行。

3.1.3 专项施工方案编制的内容

(1)工程概况：如深基坑工程，简要描述基坑工程概况、基坑岩土地质情况、施工图的技术要求、施工平面布置、施工要求和技术保证条件。如模板工程及支撑体系，简要描述高大模板工程特点、施工平面及立面布置、施工要求和技术保证条件，具体明确支模区域，支模标高、高度，支模范围内的梁截面尺寸、跨度，板厚、支撑的地基情况等。

(2)编制依据：简述专项施工方案编制所依据的相关法律、法规、规范性文件、标准、规范及图纸(国标图集)、施工组织设计等。

(3)施工计划：阐述施工目标、施工准备、主要材料与设备计划、施工进度计划。

(4)施工工艺技术：如土方开挖专项施工方案的主要内容包括放坡要求、支护结构设计、机械选择、开挖时间、开挖顺序、分层开挖深度、坡道位置、车辆进出道路降水措施及检测要求等。如深基坑工程，描述施工顺序、施工测量、土石方工程施工、基坑支护的施工工艺、变形观测、基坑周边的建筑物(地下管网)的监测和保护措施等。方案中应绘制相应的基坑支护平面图、立面图、剖面图及节点大样施工图。应有相应的基坑水平、竖向和相邻建筑(构)物沉降变形的监测技术措施和基坑周边的地下管网的监测和保护措施,详细描述基坑工程的验收要求。如模板工程及支撑体系,高大模板支撑系统的基础处理、主要搭设方法、工艺要求、材料的力学性能指标、构造设置以及检查、验收要求等。如脚手架工程,脚手架的主要搭设方法及检查验收,仔细描述脚手架选用的形式、主要搭设方法、工艺要求、各种材料的力学性能指标,以及构造形式及设置要求,详细描述脚手架的验收要求。

(5)施工安全保证措施:描述组织保障机构、保证施工质量的技术措施、施工安全技术措施、施工用电安全措施、施工应急救援预案等。

(6)文明施工措施:描述现场安全文明施工、环境保护措施。

(7)劳动力计划:描述专职安全生产管理人员、特种作业人员等。

(8)计算书及相关图纸:如模板及支撑系统,验算项目及计算内容包括模板、模板支撑系统的主要结构强度和截面特征及各项荷载设计值及荷载组合,梁、板模板支撑系统的强度和刚度计算,梁板下立杆稳定性计算,立杆基础承载力验算,支撑系统支撑层承载力验算,转换层下支撑层承载力验算等。每项计算列出计算简图和截面构造大样图,注明材料尺寸、规格、纵横支撑间距。附图包括支模区域立杆、纵横水平杆平面布置图,支撑系统立面图、剖面图,水平尖刀撑布置平面图及竖向剪刀撑布置投影图,梁板支模大样图,支撑体系监测平面布置图及连墙件布设位置及节点大样图等。

(9)雨季、台风、冬季和夏季高温季节等的施工措施。

3.1.4 专项施工方案的实施

(1)施工单位应当严格按照专项施工方案组织施工,不得擅自修改、调整专项施工方案。如因设计、结构、外部环境等因素发生变化,确需修改的,施工单位、监理单位应当重新组织审核。

(2)专项施工方案实施前,编制人员或项目技术负责人应当向项目施工、技术、安全、质量管理人员和作业人员进行安全技术交底。

(3)施工单位应当指定专职安全生产管理人员对专项施工方案实施情况进行现场监督,发现不按照专项施工方案施工的,应当要求其立即整改,整改合格的,方可进行下一道工序。

(4)施工单位技术负责人应当定期巡查专项施工方案实施情况。

(5)施工单位应当指定专人对危险性较大工程的实施过程进行监测,发现有危及人身安全紧急情况的,应当立即组织作业人员撤离危险区域。

子任务 3.2　陕建施工安全技术的交底

3.2.1 施工安全技术交底的要求

《建设工程安全生产管理条例》(中华人民共和国国务院令第 393 号)第二十七条规定,建设工程施工前,施工单位负责项目管理的技术人员应当对有关安全施工的技术要求向施工作业班组、作业人员作出详细说明,并由双方签字确认。

建设项目中，分部(分项)工程在施工前，项目部应按批准的施工组织设计或专项安全技术措施方案，向有关人员进行安全技术交底。安全技术交底主要包括两个方面的内容:一是在施工方案的基础上按照施工的要求，对施工方案进行细化和补充;二是要将操作者的安全注意事项讲清楚，保证作业人员的人身安全。

安全技术交底要全面、有针对性，符合有关安全技术操作规程的规定，内容全面准确。安全技术交底工作完毕后，所有参加交底的人员必须履行签字手续，交底字迹要清晰，必须本人签字，不得代签。班组、交底人、安全员三方各留执一份，并记录存档。

施工安全技术交底的作用:细化、优化施工方案，从施工技术方案选择上保证施工安全，让施工管理、技术人员从施工方案编制、审核上就将安全放到第一的位置;让一线作业人员了解和掌握该作业项目的安全技术操作规程和注意事项，减少因违章操作而导致事故的可能。

但是，依据《建设工程安全生产管理条例》(中华人民共和国国务院令第393号)第二十七条规定不难看出，安全技术交底应由项目技术负责人进行，而非安全管理人员。安全员只监督交底工作的执行情况，最多是参与交底工作，但是不能作为交底工作的负责人来签字。

3.2.2 陕建安全技术交底制度规定

(1)为贯彻落实国家安全生产方针、政策、规程、规范、行业标准及企业各种规章制度，及时对安全生产、工人职业健康进行有效预控，提高施工管理、操作人员的安全生产管理、操作技能，努力创造安全生产环境，根据《中华人民共和国安全生产法》《建设工程安全生产管理条例》《施工企业安全检查标准》等有关规定，结合企业实际，制定本制度。

(2)工程开工前，由公司安全生产部门进行安全生产管理首次交底。交底内容包括:①国家和地方有关安全生产的方针、政策、法律法规、标准、规范、规程和企业的安全规章制度;②项目安全管理目标、伤亡控制指标、安全目标和文明施工目标;③危险性较大的分部分项工程及危险源的控制、专项施工方案清单和方案编制的指导、要求;④施工现场安全质量标准化管理的一般要求;⑤公司部门对项目部安全生产管理的具体措施要求。

(3)项目部负责向施工队长或班组长进行书面安全交底。交底内容包括:①项目各项安全管理制度、办法、注意事项、安全技术操作规程;②每一分部、分项工程施工安全技术措施、施工生产中可能存在的不安全因素以及防范措施等，确保施工活动安全;③特殊工种的作业、机电设备的安拆与使用，安全防护设施的搭设等，项目技术负责人均要对操作班组安全技术交底;④两个以上工种配合施工时，项目技术负责人要按工程进度定期或不定期地向班组长进行交叉作业的安全交底。

(4)施工队长或班组长要根据交底要求，对操作工人进行针对性班前作业安全交底，操作人员必须严格执行安全交底的要求。交底内容包括:①本工种安全操作规程;②现场作业环境要求本工种操作的注意事项;③个人防护措施。

(5)安全交底后，项目技术负责人、安全员、班组长等要对安全交底的落实情况进行检查和监督，督促操作工人严格按照交底要求施工，制止违章作业现象发生。

陕建安全技术交底记录见表3-1。

表 3-1 安全交底记录

工程名称：

施工单位			建设单位	
分项工程名称			作业单位	
交底部门		交底人	施工期限	年 月 日至 年 月 日

接受交底班组或员工签名：

交底内容：

补充作业指导内容：

子任务 3.3 陕西建工集团总公司安全生产管理标准解读(第三部分)

5.5 岗位安全操作标准

5.5.1 项目经理必须由取得相应执业资格(建造师)的人员担任。

项目经理、专职安全生产管理人员必须经省级建设行政主管部门安全知识和安全管理能力考核,取得安全生产考核合格证书方可任职。其他管理人员亦应当由取得相应岗位证书的人员担任,并经企业安全教育培训合格。

5.5.2 作业人员必须具有相应的职业资格,特种作业人员必须取得建设行政主管部门颁发的操作资格证书。作业过程中,必须遵守安全施工的标准、规章制度和操作规程,正确使用安全防护用具、机械设备等。

作业人员有权了解其作业场所和岗位存在的危险因素、防范措施及事故应急措施,有权拒绝违章指挥和强令冒险作业。

5.5.3 参加工程施工的人员必须接受安全教育培训,并经考试或考核合格、佩戴胸牌上岗。项目安全教育由项目经理组织,项目安全管理人员具体负责实施,并填写安全教育记录。

5.5.4 作业前,项目经理部必须按照规定向作业人员配发安全帽等个人防护用品,对特殊岗位还应配发安全带、绝缘鞋、口罩、防护眼镜等。

5.6 现场安全标准

5.6.1 安全防护用具

5.6.1.1 安全帽应符合现行国家标准《安全帽》(GB 2811),取得特种劳动防护用品安全标志,并经有关部门检验合格后方准使用。使用时要系好帽带。不准将安全帽随便抛、扔或当坐垫,不准使用缺衬、缺带及破损的安全帽。样式按照集团总公司《企业品牌识别手册》B 1-11。

5.6.1.2 安全带应符合现行国家标准《安全带》(GB 6095),取得特种劳动防护用品安全标志,并经有关部门检验合格后方准使用,使用两年后,必须按规定抽检、查验一次:对于查验合格的,必须更换安全绳后才能使用,对于不合格的必须报废。安全带应高挂低用,不准将绳打结使用。安全带上的各种部件不准任意拆除,更换新绳时应加绳套。

5.6.1.3 安全网应符合现行国家标准《安全网》(GB 5725),取得特种劳动防护用品安全标志并经有关部门检验合格,项目在使用前应该查验。

5.6.2 基坑支护及脚手架

5.6.2.1 基坑支护应当严格执行现行行业标准《建筑基坑支护技术规程》(JGJ 120)及相关标准的规定,坚持"先支护、后开挖""边开挖、边支护"的原则。

基坑周边防护:基坑顶周边设防护栏杆,行人坡道须设扶手及防滑措施。

5.6.2.2 脚手架工程必须严格执行现行行业标准《建筑施工钢管扣件式脚手架安全技术规范》(JGJ 130)、《建筑施工碗扣式脚手架安全技术规范》(JGJ 166)、《建筑施工工具式脚手架安全技术规范》(JGJ 202)及相关标准的规定,架体外立面应采用密目式安全立网全封闭,临街立面在密目式安全立网的内侧还应加挂一道小孔安全立网。

操作层下方应设一道随施工层高度提升的安全平网,中间每隔不超过10 m设一道固定安全平网或其他封闭层,网内杂物应及时清理。

5.6.2.3 悬挑式脚手架的悬挑梁应采用对称截面的型钢(工字钢),具体选型应经设计计算确定,每一挑架体的高度不宜超过4层且不超过15 m。架体高度超过15 m的,专项施工方案应组织专家论证审查。

5.6.2.4 模板工程必须严格执行现行行业标准《建筑施工模板安全技术规范》(JGJ 162)及相关标准的规定,模板及支架应经设计计算确定。

高度3.0 m以上、跨度6 m以上的模板支撑架,不宜采用钢管扣件式脚手架。

5.6.3 高处作业

5.6.3.1 高处作业必须严格执行现行行业标准《建筑施工高处作业安全技术规范》(JGJ 80)及相关标准的规定,做好临边与洞口作业、攀登与悬空作业、操作平台与交叉作业的安全防护。

5.6.3.2 现场安全防护设施应当做到定型化、工具化、标准化,警示标识醒目。项目经理部必须对安全防护设施进行检查,发现不符合标准要求的,应当及时整改。

5.6.3.3 底层通道口防护:应搭设双层防护棚,棚宽沿建筑物纵向每边应伸出洞口不少于1 m,横向宽度不小于4 m且不小于根据建筑最高处所确定的坠落半径,棚顶必须满铺脚手板,上下两层脚手板应交错铺设,层间间距不小于60 cm。

5.6.3.4 地面作业区的木工、钢筋加工、混凝土搅拌站等应有牢固的固定工作棚,檐口及立柱悬挂具有针对性的标语、标识。布置样式按照集团总公司《企业品牌识别手册》B 2-20。

5.6.4　消防设施

5.6.4.1　施工现场必须建立消防安全责任制度，确定消防安全责任人，制定用火、用电、易燃易爆材料等各项消防安全管理制度和操作规程，设置消防通道、消防水源，配备消防设施和灭火器材，并在施工现场入口处设置明显标志。样式按照集团总公司《企业品牌识别手册》B 2-24～B 2-26。

5.6.4.2　消防器材配备应符合下列要求：

1　临建区域内，每100 m^2配备2只10 L灭火器。

2　大型临时设施总面积超过1 200 m^2，应备有专供消防用的积水桶(池)、黄砂池等设施，设施周围不得堆放物品。

3　临时木工间、油漆间和机具间等每25 m^2配备一只种类合适的灭火器，油库危险品仓库应配备足够数量、种类合适的灭火器。

4　24 m高度以上高层建筑施工现场，应设置具有足够扬程的高压水泵或其他防火设备或设施。

5.6.5　临时用电

5.6.5.1　临时用电必须执行现行行业标准《施工现场临时用电安全技术规范》(JGJ 46)及相关标准的规定，采用TN－S接零保护和"三级配电、两级保护"系统，所有用电设备必须做到"一机、一闸、一漏、一箱"，设备正常不带电的金属外壳接零保护可靠。

5.6.5.2　临时用电安装、巡查、维修或拆除临时用电设备和线路，必须由专业电工完成，建立临时用电档案。

5.6.5.3　项目经理部应及时淘汰性能落后或达不到安全用电要求的配电箱、柜及电器，更新用电设施。

5.6.6　机械设备

5.6.6.1　项目经理部应严格执行《建筑起重机械安全监督管理规定》(建设部令第166号)和现行行业标准《建筑机械使用安全技术规程》(JGJ 33)、《施工现场机械设备检查技术规程》(JGJ 160)等标准和企业设备管理制度，建立设备使用技术档案。

5.6.6.2　项目经理部应在工程开工初期，根据施工图纸、施工程序、施工工艺、施工工期和周围环境等现场实际情况，编制机械设备进退场使用计划，绘制施工现场机械设备平面布置图，确保各类设备分布有序、配备合理。

5.6.6.3　项目经理部不得租赁或使用国家明令淘汰、禁止使用或超过生产厂家规定使用年限的建筑起重机械设备。积极推广使用符合国家节能降耗、安全规定的新型起重机械设备。

5.6.6.4　各类机械设备应坚持先检测验收、后使用的原则，确保设备符合安全要求后方可投入使用。设备使用过程中，应加强维护保养，杜绝设备带病运转，保证设备的运行安全，做到"一机一牌、定人、定机、定岗"。布置样式按照集团总公司《企业品牌识别手册》B 2-22～B 2-23。

5.6.7　现场围挡及办公、生活设施

5.6.7.1　施工现场围挡及办公、生活设施应当严格执行现行行业标准《建筑施工现场环境与卫生标准》(JGJ 146)。

5.6.7.2 施工现场设置大门,门宽不宜小于4.5 m并标有企业名称,其色调及司徽应符合集团总公司《企业品牌识别手册》B 2-16的规定,做到规范统一。大门口应设置冲洗台和沉淀池,对出场带泥车辆进行冲洗。现场其他设置,各施工企业应有自己的特色。

规模较大的项目(施工面积符合省级文明工地验收条件),应悬挂国旗、司旗、项目旗,其色调、规格应符合集团总公司《企业品牌识别手册》B 2-01的规定。

施工现场实行封闭管理,沿工地四周设高度2.4 m的围墙,内外进行装饰,临城市道路做文化墙。

5.6.7.3 大门出入口设门卫室并张贴门卫管理制度,配专人进行24小时值班并对出入人员、车辆进行询问,检查登记。布置样式按照集团总公司《企业品牌识别手册》B2-18。

施工人员进入现场应佩戴工作卡以示证明,其规格及样式应符合集团总公司《企业品牌识别手册》B 2-03的规定。

安全帽应分色、标识规范统一。领导、来宾配置白色安全帽,项目管理人员配置黄色安全帽,专业分包人员、作业人员配置红色或蓝色安全帽。安全帽的标识应符合集团总公司《企业品牌识别手册》B 1-11的规定。

5.6.7.4 标识标牌及宣传栏:大门内设置“六牌一图”包括施工概况牌、施工项目岗位责任人牌、施工现场管理规定牌、施工现场纪律牌、施工十项安全技术措施牌、施工现场防火规定牌、施工现场平面布置图、企业简介。现场进出口设置醒目:进入工地现场请戴好安全帽、施工现场重大危险源警示牌。通道口设置安全通道提示牌。布置样式按照集团总公司《企业品牌识别手册》B 2-05 ~ B 2-07、B 2-21。

5.6.7.5 现场办公用房、职工宿舍应整洁、美观;施工现场使用的组装式活动房应有产品合格证,各种临建设施建成后都应组织检查验收,验收合格、经安全主管人员签字后方可使用。布置样式按照集团总公司《企业品牌识别手册》B 2-12 ~ B 2-15。

施工现场须配备电视监控,以便及时掌握安全生产情况。

施工现场须设农民工业余学校,对作业人员进行安全知识培训,增强其操作技能和安全意识。

5.6.7.6 市区和临街施工现场的临时建筑及围墙应采用轻质可周转材料制作,结构牢固、安全可靠。屋盖严禁搭设在围墙上,临时设施墙基附近应设排水沟,禁止堆放各种材料。布置样式按照集团总公司《企业品牌识别手册》B 2-20。

5.6.7.7 施工现场须设有茶水亭和茶水桶,做到有盖加锁、配杯子,有消毒设备。布置样式按照集团总公司《企业品牌识别手册》B 2-17。

5.6.7.8 施工现场设简易浴室,保证正常使用,保持清洁。

5.6.7.9 施工现场应设有食堂,食堂卫生符合《中华人民共和国食品卫生法》要求,做到环境及炊具清洁卫生,严防生熟食品交叉污染;应采取防鼠、防蝇措施,并设置无蝇间,确保清洁卫生。炊事人员必须定期体检,持健康证上岗。

5.6.7.10 厕所应按现场施工人数确定规模,设置水冲式设备,安排专人负责卫生保洁;高层建筑应每4层设置简易厕所,落实专人管理,保持清洁。

5.6.7.11 规模较大工地应设临时保健室或巡视医疗点,关心职工健康。

5.6.7.12　施工现场应设职工娱乐室，丰富职工的业余生活。

5.6.8　施工现场应执行的主要现行安全技术标准目录

1　建筑施工安全检查标准（JGJ 59—99）
2　建筑施工现场环境与卫生标准（JGJ 146—2004）
3　建筑施工高处作业安全技术规范（JGJ 80—91）
4　安全帽（GB 2811—2007）
5　安全带（GB 6095—2009）
6　安全网（GB 5725—2009）
7　安全标志及其使用导则（GB/T 2894—2008）
8　建筑施工临时用电安全技术规范（JGJ 46—2005）
9　剩余电流动作保护装置安装和运行（GB 13955—2005）
10　建筑施工钢管扣件式脚手架安全技术规范（JGJ 130—2011）
11　建筑施工门式钢管脚手架安全技术规范（JGJ 128—2010）
12　建筑施工碗扣式脚手架安全技术规范（JGJ 166—2008）
13　高处作业吊篮（GB 19155—2003）
14　建筑施工工具式脚手架安全技术规范（JGJ 202—2010）
15　建筑基坑支护技术规程（JGJ 120—99）
16　湿陷性黄土地区建筑基坑工程安全技术规范（JGJ 167—2009）
17　建筑施工土石方工程安全技术规程（JGJ/T 180—2009）
18　建筑施工模板安全技术规范（JGJ 162—2008）
19　建筑工程大模板技术规范（JGJ 74—2003）
20　建筑机械使用安全技术规程（JGJ 33—2001）
21　施工现场机械设备检查技术规程（JGJ 160—2008）
22　塔式起重机安全规程（GB 5144—2006）
23　塔式起重机操作使用规程（JG/T 100—99）
24　塔式起重机（GB/T 5031—2008）
25　建筑施工塔式起重机安装、使用、拆卸安全技术规程（JGJ 196—2010）
26　塔式起重机砼基础工程技术规程（JGJ/T 187—2009）
27　施工升降机（GB/T 10052—2005）
28　施工升降机安全规则（GB 10055—2007）
29　建筑施工升降机安装、使用、拆卸安全技术规程（JGJ 215—2010）
30　龙门架及井架物料提升机安全技术规范（JGJ 88—2010）
31　手持式电动工具的管理、使用、检查和维修安全技术规范（GB/T 3787—2006）
32　起重机用钢丝绳检验和报废实用规范（GB/T 5972—2006）
33　建筑拆除工程安全技术规范（JGJ 147—2004）
34　建筑施工作业劳动防护用品配备及使用标准（JGJ 184—2009）

H.3 施工现场常见危险源及控制措施

1 基坑支护与降水工程

1.1 常见危险源

(1)未按规定编制专项施工方案或方案没有针对性。

(2)开挖深度超过2 m以上的基坑,坑壁未按规定比例放坡,又没有防坍塌措施。

(3)基坑周边也没有设置安全防护栏杆,基坑边沿上方堆积重物。

(4)作业人员上下基坑的爬梯搭设不规范。

1.2 主要控制措施

(1)基坑开挖前,项目部必须按照勘察、设计单位对基坑支护和降水的要求,编制针对性的施工方案,经企业技术负责人和项目总监理工程师批准后方可实施。土方开挖坚持“开槽支撑,先撑后挖,分层开挖,严禁超挖”的原则,落实各项安全技术措施和监控措施。

(2)人工开挖时,两人操作间距应保持2~3 m,并应自上而下逐层挖掘;严禁采用掏洞的挖掘操作方法。

(3)用挖土机施工时,挖土机的作业范围内,不得进行其他作业,且至少保留0.3 m厚不挖,最后由人工修挖至设计标高。

(4)在坑边堆放弃土,材料和移动施工机械应与坑边保持一定的距离,当土质良好时,要距坑边1 m以外,堆放高度不能超过1.5 m。

(5)基坑(槽)的排水工作,应持续到基础工程施工完毕,并进行回填后方能停止。

(6)基坑周边设防护栏杆,防护栏杆上横杆高1.2 m,下横杆高0.6 m,底部加18 cm高踢脚板,距坑边50~100 cm处设18 cm高挡水墙。

(7)当深度超过2 m时,应为操作人员设置上下扶梯,爬梯坡高1:3,爬梯设防滑条,防滑条间距30 cm,爬梯宽1.2 m;搭设爬梯的立杆间距不超过1.2 m,必须加扫地杆、水平杆,爬梯应加设剪刀撑,并做好连墙拉接。

2 脚手架工程

2.1 落地式脚手架

2.1.1 常见危险源

(1)立杆基础不实,周围无排水沟。扫地杆搭设不符合要求,有的无扫地杆。

(2)钢管、扣件、脚手板的材质不符合要求。

(3)首层架板未满铺、绑扎不牢固,首层与作业层中间未按要求设封闭层。

(4)剪刀撑搭设不到位,未能与施工进度同步;有的剪刀撑下端悬空,未起到支撑作用。

(5)架体与建筑物拉接不符合规范要求。拉接点不足或未拉接,有的不能按规范将架体与主体结构进行拉接。

(6)立杆、纵向水平杆接头不符合要求,处于同步、同跨内。

(7)作业层脚手板未铺满,且有探头板;与墙间距大,无防护措施。

(8)模板支撑架,架体搭设前未按规定编制施工方案;搭设完毕未按规定组织验收就进行下道工序,或验收不认真。

(9)架体拆除时没有执行"先加固、后拆除"的原则。

2.1.2　主要控制措施

(1)搭拆脚手架,操作人员必须经过专门培训,持证上岗。

(2)根据工程实际,认真编制专项施工方案,并履行相应的审批程序;搭拆前应进行安全技术交底;架体搭设完毕,应经施工、监理验收,合格后方可使用。

(3)搭设脚手架的钢管、扣件、脚手板等材料及配件,应符合国家标准。

(4)脚手架搭设、验收和管理应符合现行行业标准《建筑施工钢管扣件式脚手架安全技术规范》(JGJ 130)、《建筑施工门式钢管脚手架安全技术规范》(JGJ 128)、《建筑施工模板安全技术规范》(JGJ 162)的要求。

(5)架体的基础必须按照施工方案要求施工,周围设排水沟。支撑立杆的地面应平整夯实,防止因地基下沉出现立杆悬空现象。

(6)脚手架必须设置纵、横向扫地杆。纵向扫地杆应采用直角扣件固定在距底座上皮不大于200 mm处的立杆上;横向扫地杆亦应采用直角扣件固定在紧靠纵向扫地杆下方的立杆上。

(7)立杆接长除顶层顶步可采用搭接处理,其余各层各步接头必须采用对接扣件连接。立杆上的对接扣件应交错布置。两根相邻立杆的接头不应设置在同步内,同步内隔一根立杆的两个相隔接头在高度方向错开的距离不宜小于500 mm;各接头中心至主节点的距离不宜大于步距的1/3。

(8)纵向水平杆的对接扣件应交错布置(见图3-1):两根相邻纵向水平样的接头不宜设置在同步或同跨内;不同步或不同跨两个相邻接头在水平方向错开的距离不应小于500 mm;各接头中心至最近主节点的距离不宜大于纵距的1/3。

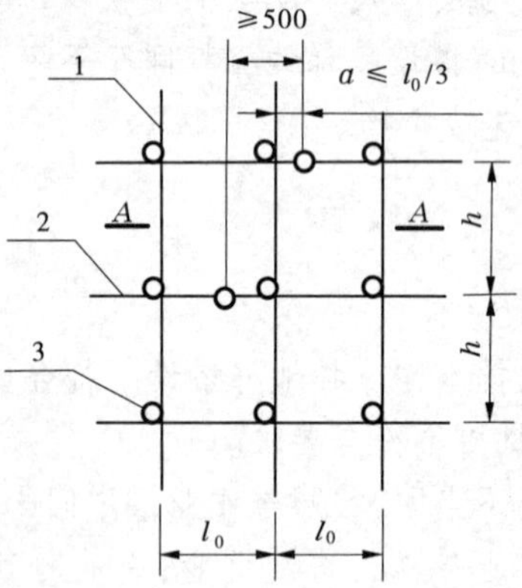

1—立杆;2—纵向水平杆;3—横向水平杆

图3-1　纵向水平杆对接接头布置

(9)首层脚手板应满铺,中间每隔3层应采用安全网或脚手板封闭。

(10)操作层脚手板应满铺、铺稳,严禁有探头板,架体与墙体间应用小孔安全网防护。

(11)剪刀撑设置:高度在24 m以下的单、双排脚手架,均必须在外侧立面的两端各设置一道剪刀撑,并应由底至顶连续设置;中间各道剪刀撑之间的净距不应大于15 m。高度在24 m以上的双排脚手架应在外侧立面整个长度和高度上连续设置剪刀撑。杆件接长应采用搭接,搭接长度不应小于1 m,应采用不少于3个旋转扣件固定,端部扣件盖板的边缘至杆端距离不应小于100 mm。

剪刀撑应随立杆和水平杆等同步搭设,其斜杆与地面的倾斜角宜控制在45°~60°,每道剪刀撑宽度不应小于4跨,且不应小于6 m。

(12)架体拉接点间垂直距离不大于4 m,水平距离不大于6 m,超过20 m必须进行刚性拉接。

(13)拆除脚手架必须由上而下逐层进行,严禁上下同时作业,并应设警戒区域。

(14)规范模板支撑系统的搭设和拆除,严格控制立杆和水平杆的间距,立杆接长应采用对接,禁止搭接;立杆下方不得垫砖,扫地杆必须加设到位。严格控制高大模板的搭设、验收,剪刀撑、纵横向水平杆搭设必须符合规范要求。使用过程中,应合理堆载、防止集中堆载和超载。

2.2 悬挑式脚手架

2.2.1 常见危险源

(1)施工方案未编制或未按施工方案进行操作。

(2)悬挑梁使用脚手钢管或型钢搭设不符合要求,立杆悬空。

(3)部分现场的悬挑式脚手架的悬挑梁用的是型钢,但后端的压实长度未达到悬挑梁总长的2/3,也未采取卸荷措施。

(4)卸荷钢丝绳绳头固定不符合要求。

(5)架体上杂物较多,增加了荷载。

(6)临边防护不到位。

2.2.2 主要控制措施

(1)搭设前应编制针对性的专项施工方案,经单位技术负责人和总监理工程师批准后实施。搭设过程应规范操作,严格控制。

(2)悬挑梁必须使用型钢。使每根立杆都位于悬挑梁上,当个别立杆悬空时,应采取加固措施;型钢搭设长度应符合要求,特别是阳台、阳角处应采取针对性的控制措施;悬挑部分与固定部分的长度一般按1:1.5的比例控制,并至少设2个Π型预埋环,将悬挑梁牢固固定支设于梁面或板面上,并用木楔由外向内加固、加紧。

(3)按照设计要求使用斜拉钢丝绳做部分卸荷装置,钢丝绳拉接处应经常检查,防止松动。

(4)及时清理架体上的杂物。

(5)加强临边防护和地面通道的防护,型钢之间用脚手板防护,并在墙体内用防护栏杆进行围挡。

(6)架体外立面满挂密目式安全立网,并在内侧加挂一道小孔安全立网加强防护。

2.3 悬挑式卸料平台

2.3.1 常见危险源

(1) 悬挑卸料平台采用钢管搭设,也没有限载标牌。

(2) 安装不符合要求,有的将卸料平台附着于脚手架上,将脚手架杆件压弯变形。

(3) 型钢挑梁长度不符合要求,且不在建筑主体结构上固定,有的将型钢安装在悬挑阳台处,有的无预埋环、无安全门。

(4) 卸料平台无限载标牌或标识不清楚,超载使用。

(5) 卸料平台与主体结构之间未铺脚手板,防护不到位。

2.3.2 主要控制措施

(1) 卸料平台应编制专项方案,进行设计计算。搭设或安装应符合要求,平台两侧的吊挂斜拉钢丝绳应与建筑物拉接,伸出脚手架外皮不大于3 m,主钢梁后端受力点应在楼面上,主钢梁前斜拉受力点应设置在上层主体结构的梁柱上。

(2) 卸料平台不得附着于脚手架、阳台上,必须独立设置。

(3) 卸料平台外侧应略高于内口,严禁阳台受力。

(4) 平台荷载应严格控制,防止超载。

(5) 应设有防滑脱装置,防止平台位移或侧翻。

3 施工现场临时用电

3.1 常见危险源

(1) 临时用电施工组织设计未编制或编制不规范。

①部分施工现场的临时用电组织设计由非专业电气工程技术人员编制,如由施工员、安全员或电工进行编制,根本不能用于指导现场施工。

②编制内容简单,针对性不强。《施工现场临时用电安全技术规范》(JGJ 46—2005)规定应包括8项内容,有的仅有2~3项;有的无机械设备台数统计,就直接计算出用电量;有的没有架空线路和外电防护;有的仍在引用已作废的标准JGJ 46—88。

(2) 安全技术档案不全。临时用电施工完成后,没有验收、运行过程的记录,电工没有巡检、维修工作记录。

(3) 外电线路及电气设备防护不到位。有的施工现场的外电线路和变压器与建筑物外脚手架的距离小于规定;有的就位于塔吊作业半径范围内,没有任何防护措施或防护不到位,极易发生触电事故。

(4) 接地与防雷不规范。有的项目部分设备做保护接零,另一部分设备做保护接地;重复接地的组数达不到要求(重复接地不少于3组);部分施工现场(特别是规模较小的项目)仅在总配电箱处做一组重复接地,更有个别工地在开关箱处做的重复接地接地体不是使用角钢、钢管或圆钢,而是错误地采用螺纹钢。

(5) 配电室:有的现场通往配电室道路不畅;有的配电箱设置高度不够,两侧间距不合要求,室内没有分别设置正常照明及应急照明;有的室内无通风设施,未铺设绝缘地板,无消防设施,利用配电室储存杂物。

(6) 配电线路:部分施工现场的电线、电缆乱拉、乱接或缠绕在钢管上或压在钢筋下方,接头包裹不严;现场使用花线、胶质线;民工宿舍用电不规范;塔吊电源线不用瓷瓶固定在塔身上等不安全因素。

(7) 配电箱及开关箱:有的施工现场开关箱安装高度及与用电设备的距离达不到规

范要求；移动机械如切割机、振动棒、手持电动工具等大部分未设移动开关箱；分配电箱、开关箱周围堆放钢筋、方木、模板、钢管等物料，违反了“配电箱、开关箱周围应有足够2人同时工作的空间和通道，不得堆放任何妨碍操作、维修的物品”的规定。开关箱内有的装有数个插头；有的仅安装漏电保护器，达不到“一机、一闸、一箱、一漏”的要求；有的开关箱内漏电保护器和隔离开关顺序倒置；有的电气参数选择不符合规范要求。

(8)手持电动工具使用不设移动开关箱，如作业面上使用的手持切割机、平刨、电钻、打磨机等仅用插座连接。

3.2 主要控制措施

(1)认真执行现行行业标准《施工现场临时用电安全技术规范》(JGJ 46—2005)。项目部经理要为相关人员和电工配发用电安全技术规范，电工应熟知和执行规范的内容和强制性标准条文的规定。

(2)方案编制、审查要严格。严格按规范规定的8项内容编制方案。

(3)搞好用电管理。除对施工现场制订安全用电措施外，还要针对办公区、生活区、民工宿舍等制定安全管理制度。在搭建民工宿舍时，要考虑房间用电量(照明、取暖、手机充电、电视)，留有适量的插座以供使用需要。夏季禁止使用简易的电风扇，冬季严禁使用电炉、土造电热毯取暖，电工应加强巡查。

(4)明确责任。一是施工现场临时用电安装、维修、更换到拆除均由专业电工负责，不经电工允许，其他人不得乱拉乱接电线，应赋予电工处罚权；另一方面，由项目部与各劳务公司、分包单位签订临时用电安全管理协议，约束其用电行为。

(5)重视配电室的规范设置。配电室的建筑物和构筑物的耐火等级不低于3级，室内配置砂箱和可用于扑灭电气火灾的灭火器；配电室的顶棚与地面的距离不低于3 m，配电装置的上端距顶棚不小于0.5 m；配电柜正面的操作通道宽度，单列布置或双列背对背布置不小于1.5 m，双列面对面布置不小于2 m；配电柜后面的维护通道宽度，单列布置或双列面对面布置不小于0.8 m，双列背对背布置不小于1.5 m，配电柜侧面的维护通道宽度不小于1 m；配电室的门向外开，并配锁；配电室的照明分别设置正常照明和事故照明；配电室和控制室应能自然通风，并应采取防止雨雪侵入和动物进入的措施。配电室应保持整洁，不得堆放任何妨碍操作、维修的杂物。

配电柜应装设电度表，并应装设电流、电压表。电流表与计费电度表不得共用一组电流互感器。配电柜应装设电源隔离开关及短路、过载、漏电保护电器。电源隔离开关分断时应有明显可见分断点。配电柜或配电线路停电维修时，应挂接地线，并应悬挂“禁止合闸，有人工作”停电标志牌。停送电必须由专人负责。配电室的墙上应布置供电各分路总平面图、系统图，临时用电操作规程，用电管理制度；应备有维修时使用的“禁止合闸，有人工作”停电标识牌，电工维修记录本；配电室地面应铺设绝缘板。

(6)重视漏电保护器参数的匹配，规范使用合格的标准配电箱。配电系统应设置配电柜或总配电箱、分配电箱、开关箱，实行三级配电。分配电箱应设在用电设备或负荷相对集中的区域，分配电箱与开关箱的距离不得超过30 m，开关箱与其控制的固定式用电设备的水平距离不宜超过3 m。

①配电箱、开关箱应装设端正、牢固。固定式配电箱、开关箱的中心点与地面的垂直

距离应为1.4~1.6 m。移动式配电箱、开关箱应装设在坚固、稳定的支架上。其中心点与地面的垂直距离宜为0.8~1.6 m。

②配电箱尽量使用省质监总站推荐的产品；配电箱的电器安装板上必须分设N线端子板和PE线端子板。N线端子板必须与金属电器安装板绝缘；PE线端子板必须与金属电器安装板做电气连接。进出线中的N线必须通过N线端子板连接；PE线必须通过PE线端子板连接。

③开关箱实行"一机、一箱、一闸、一漏"，严禁用同一个开关箱直接控制2台及2台以上用电设备(含插座)。

④送电操作顺序为：总配电箱→分配电箱→开关箱；停电操作顺序为：开关箱→分配电箱→总配电箱。但出现电气故障的紧急情况可除外。

⑤施工现场停止作业1小时以上时，应将动力开关箱断电上锁。

⑥配电箱、开关箱内不得放置任何杂物，并应保持整洁。配电箱、开关箱内不得随意挂接其他用电设备。

⑦总配电箱中漏电保护器的额定漏电动作电流应大于30 mA，额定漏电动作时间应大于0.1 s，但其额定漏电动作电流与额定漏电动作时间的乘积不应大于30 mA·s。开关箱中漏电保护器的额定漏电动作电流不应大于30 mA，额定漏电动作时间不应大于0.1 s。使用于潮湿或有腐蚀介质场所的漏电保护器应采用防溅型产品，其额定漏电动作电流不应大于15 mA，额定漏电动作时间不应大于0.1 s。

(7)规范现场配电线路。

①架空线必须采用绝缘导线，必须架设在专用电杆上，严禁架设在树木、脚手架及其他设施上。架空线在一个档距内，每层导线的接头数不得超过该层导线条数的50%，且一条导线应只有一个接头。架空线路的档距不得大于35 m，线路的线间距不得小于0.3 m，靠近电杆的两导线的间距不得小于0.5 m。

②电缆线路应采用埋地或架空敷设，严禁沿地面明设，并应避免机械损伤和介质腐蚀。埋地电缆路径应设方位标志。电缆直接埋地敷设的深度不应小于0.7 m，并应在电缆紧邻上、下、左、右侧均匀敷设不小于50 mm厚的细砂，然后覆盖砖或混凝土板等硬质保护层。埋地电缆与其附近外电电缆和管沟的平行间距不得小于2 m，交叉间距不得小于1 m。埋地电缆在穿越建筑物、构筑物、道路、易受机械损伤、介质腐蚀场所及引出地面从2.0 m高到地下0.2 m处，必须加设防护套管，防护套管内径不应小于电缆外径的1.5倍。

③架空电缆应沿电杆、支架或墙壁敷设，并采用绝缘子固定，绑扎线必须采用绝缘线，沿墙壁敷设时最大弧垂距地不得小于2.0 m。

④在建工程内的电缆线路必须采用电缆埋地引入，严禁穿越脚手架引入。电缆垂直敷设应充分利用在建工程的竖井、垂直孔洞等，并宜靠近用电负荷中心，固定点每楼层不得少于一处。电缆水平敷设宜沿墙或门口刚性固定，最大弧垂距地不得小于2.0 m。

⑤在混凝土浇筑作业中，为防止电源线在作业面摩擦产生破损、漏电，可在电源线外套一根塑料水管，防止电源线划伤。

(8)照明安全管理。

①室外220 V灯具距地面不得低于3 m,室内220 V灯具距地面不得低于2.5 m。

②一般场所的照明在电源侧装设漏电保护器,设分路隔离开关和熔断器;照明灯具的金属外壳和支架必须做保护接零。

③楼梯走道及地下室照明采用安全隔离变压器供电,采用36 V、24 V、12 V等安全电压。

④手持照明灯具必须实行安全电压供电。一般场所采用36 V,潮湿场所24 V,金属容器内12 V;手把、灯罩网应完好无损。

⑤一般电线严禁直接固定在金属架杆上,必须固定时应加绝缘材料隔离。

⑥普通灯具与易燃物距离不宜小于300 mm;聚光灯、碘钨灯等高热灯具与易燃物距离不宜小于500 mm,且不得直接照射易燃物。达不到规定安全距离时,应采取隔热措施。

(9)接地与防雷。

①在施工现场专用变压器的供电的TN-S接零保护系统中,电气设备的金属外壳必须与保护零线连接。保护零线应由工作接地线、配电室(总配电箱)电源侧零线或总漏电保护器电源侧零线处引出。

②当施工现场与外电线路共用同一供电系统时,电气设备的接地、接零保护应与原系统保持一致。不得一部分设备做保护接零,另一部分设备做保护接地。

③配电装置和电动机械相连接的PE线应为截面不小于2.5 mm^2的绝缘多股铜线。手持式电动工具的PE线应为截面不小于1.5 mm^2的绝缘多股铜线。PE线上严禁装设开关或熔断器,严禁通过工作电流,且严禁断线。PE线的绝缘颜色为绿/黄双色。

④TN系统中的保护零线除必须在配电室或总配电箱处做重复接地外,还必须在配电系统的中间处和末端处做重复接地。

在TN系统中,保护零线每一处重复接地装置的接地电阻值不应大于10 Ω。在工作接地电阻值允许达到10 Ω的电力系统中,所有重复接地的等效电阻值不应大于10 Ω。每一接地装置的接地线应采用2根及以上导体,在不同点与接地体做电气连接。不得采用铝导体做接地体或地下接地线。垂直接地体宜采用角钢、钢管或光面圆钢,不得采用螺纹钢。

⑤施工现场内的起重机、井字架、龙门架等机械设备,以及钢脚手架和正在施工的在建工程等的金属结构,当在相邻建筑物、构筑物等设施的防雷装置接闪器的保护范围以外时,应按规定安装防雷装置。机械设备上的避雷针(接闪器)长度应为1~2 m。塔式起重机可不另设避雷针(接闪器)。

(10)高度重视外电线路的防护,配备持证、合格电工。

①在建工程不得在外电架空线路正下方施工、搭设作业棚、建造生活设施或堆放构件、架具、材料及其他杂物等。

②在建工程(含脚手架)的周边与外电架空线路的边线之间的最小安全操作距离应符合表3-2规定。

表 3-2 在建工程(含脚手架)的周边与架空线路的边线之间的最小安全操作距离

外电线路电压等级(kV)	<1	1~10	35~110	220	330~500
最小安全操作距离(m)	4.0	6.0	8.0	10	15

注:上、下脚手架的斜道不宜设在有外电线路的一侧。

③在外电架空线路附近吊装时,起重机的任何部位或被吊物边缘在最大偏斜时与架空线路边线的最小安全距离应符合表 3-3 规定。

表 3-3 起重机与架空线路边线的最小安全距离

方向	电压(kV)						
	<1	10	35	110	220	330	500
	安全距离(m)						
沿垂直方向	1.5	3.0	4.0	5.0	6.0	7.0	8.5
沿水平方向	1.5	2.0	3.5	4.0	6.0	7.0	8.5

④施工现场开挖沟槽边缘与外电埋地电缆沟槽边缘之间的距离不得小于 0.5 m。

⑤电气设备现场周围不得存放易燃易爆物、污源和腐蚀介质,否则应予清除或做防护处置,其防护等级必须与环境条件相适应。

4 起重机械设备

4.1 塔吊

4.1.1 常见危险源

(1)地基基础施工管理不到位。有的未对塔吊基础下方的软土采取处理措施;有的对基础部位钢筋混凝土隐蔽工程缺乏必要的验收,钢筋绑扎和混凝土强度不符合设计要求,达不到塔吊承载力和抗倾覆要求;有的基础不平,未采取排水措施造成塔吊使用中因基础沉降发生倾斜;固定塔身预埋深度不够,有的露出的长度不够;有的甚至使用非专业厂家提供的螺栓。

(2)塔吊四周无挡水墙,造成底座积水。

(3)塔吊无专用线路和专用配电箱,有的将电箱挂在塔身上,塔吊在升标准节时易发生碰撞。

(4)塔吊或吊索钢丝绳磨损严重,未能及时更换。

(5)缺少限位和保险装置或装置失灵,吊钩传动滑轮损坏,紧固螺栓松动,固定塔身附墙或标准节螺栓松动。

(6)缺少定期检查、保养记录。

(7)指挥、操作人员无证上岗。多塔作业无防碰撞措施。

4.1.2 主要控制措施

(1)严格按产品使用说明书和现行国家标准《塔式起重机安全规程》(GB 5144)编制专项安装、拆卸施工方案,安拆队伍和人员必须具备相应的资格,安装完毕自检,并经检测机构检验合格后方可投入使用。

(2)处理好塔吊基础,底座不得积水,四周设挡水墙。

(3)按规定设置塔吊专用电箱。

(4)定期检查钢丝绳、吊索、吊具等的磨损情况和安全装置的动作情况,做好检查记录;发现问题,及时整改。

(5)操作人员和指挥应持证上岗。

(6)各种限位应保持完好无损,定期对设备进行维修保养,使其处于良好的工作状况。

(7)对多塔作业的应采取针对性的防碰撞措施。两台塔机之间的最小架设距离应保证处于低位塔机的起重臂端部与另一台塔机的塔身之间至少有2 m的距离;处于高位塔机的最低位置的部件(吊钩升至最高点或平衡重的最低部位)与低位塔机中处于最高位置部件之间的垂直距离不应少于2 m。

(8)不得违章指挥、违章操作。

4.2 施工升降机(施工电梯)

4.2.1 常见危险源

(1)未编制针对性的安装、拆卸方案或无安装拆卸方案。

(2)地基、基础施工不合格;安装后未经有关部门检测或检验合格后投入使用。

(3)电梯地面进口门、吊笼门及层门无机械自锁或电气自锁装置或装置失效。无停靠装置或停靠装置失效。

(4)违规操作,将吊笼的顶部做卸料平台使用。

(5)操作人员无证上岗。

(6)有的楼层无安全防护门;有的安全防护门不关闭,失去防护作用。

(7)维修保养不及时,设备带病运转。

4.2.2 主要控制措施

(1)严格按产品使用说明书和现行国家标准《施工升降机安全规则》(GB 10055)编制专项安装、拆卸施工方案,安拆队伍和人员必须具备相应的资格,安装完毕自检,并经检测机构检验合格后方可投入使用。

(2)操作人员应持证上岗,不得违章操作。

(3)各种保险装置应保持完好无损,经常检查保养,发现问题及时维修。

(4)对设备应进行经常性和定期的检查、维修和保养,确保设备处于良好的工作状况。

(5)地面进口门、吊笼门和层门应与吊笼实现电气联锁或机械联锁。

(6)严禁超载使用;吊笼的顶部不得作为运送物料的平台。

4.3 物料提升机

4.3.1 常见危险源

(1)有的施工现场提升机架体的连墙件不是与建筑主体相连而是与脚手架相连接。附墙件不符合要求,随意设置。

(2)有的钢丝绳压扁、局部断股或磨损断丝达到报废标准;有的在卷筒上留置长度少于3 圈或绳头固定不符合要求。

(3)楼层卸料平台口无安全门,操作无操作棚。

(4)操作人员无证上岗。

(5)无楼层停靠装置或无断绳保护装置等安全装置或装置失效。

4.3.2 主要控制措施

(1)严格执行产品使用说明书、现行行业标准《龙门架及井架物料提升机安全技术规范》(JGJ 88)和《建筑施工安全检查标准》(JGJ 59)的规定,编制针对性的安装、拆卸方案,明确基础、附墙等的具体做法并严格执行,安装完毕经自检,并经检测机构检测合格方可使用。

(2)操作人员必须持证上岗。

(3)架体必须设置附墙装置或缆风绳;对高架物料提升机(高度超过 30 m)必须采用附墙装置。

(4)超高、断绳保护、楼层停靠等安全装置必须齐全有效。

(5)滑轮、滚筒、钢丝绳应定期检查,发现达到报废条件的应及时更换。

(6)楼层卸料平台口应有安全门,两侧应设防护栏杆,平台应安全可靠。

(7)地面操作应设操作棚,并保证视线良好或采用监控装置。

4.4 施工机具

4.4.1 常见危险源

(1)木工圆盘锯无锯盘护罩,无防护挡板;锯片裂口、缺齿未及时更换。

(2)机械传动、转动部位缺少防护装置。

(3)氧气瓶、乙炔瓶在存放及使用时没有保持安全距离。

(4)电焊作业时,操作人员未能正确使用劳动防护用品。施焊区域内没有防火措施。

(5)手持电动工具绝缘损坏未及时更换。

4.4.2 主要控制措施

(1)严格执行现行行业标准《建筑机械使用安全技术规程》(JGJ 33)和《建筑机械设备检查技术规程》(JGJ 160)的规定,操作人员必须经过培训,了解机械的性能和安全使用要求。

(2)机械的传动、转动部位等各项安全装置应完好、有效。

(3)氧气瓶、乙炔瓶存放时间距不少于 2 m,使用时两者间距不得少于 5 m。

(4)焊割作业点与氧气瓶、乙炔瓶等危险物品的距离不得少于 10 m,与易燃物品的距离不得少于 30 m。

(5)木工加工区、施焊区域必须有防火措施。

(6)操作人员必须正确使用劳动防护用品。

(7)必须指定专人对设备进行定期和经常性的检查、维修和保养,确保设备处于良好的工作状况。

5 “三宝”“四口”及临边防护

5.1 “三宝”

5.1.1 常见危险源

(1)项目采购的安全帽、安全带和安全网的材质不合格。

(2)现场人员不正确佩戴安全帽、安全带。佩戴安全帽不系帽带、安全带使用做不到高挂低用或不将安全绳挂在可靠位置。

(3)安全网绑扎不符合要求,有漏绑现象或网上的杂物未及时清理。

5.1.2 主要控制措施

(1)现场使用的安全帽应符合现行国家标准《安全帽》(GB 2811),进入现场的人员必须正确佩戴。发现帽壳、帽衬破损或超过使用年限的,应立即报废。

(2)现场使用的安全带应符合现行国家标准《安全带》(GB 6095),悬空高处作业人员必须佩戴,并做到高挂低用,将安全绳挂在可靠的位置。不准将绳打结使用,也不准将钩直接挂在安全绳上使用,应挂在连接环上用。经常检查腰带、安全绳及其配件,发现异常和超过使用年限的应立即更换。

(3)安全网应符合现行国家标准《安全网》(GB 5725),应选用有国家认可的质量监督检验部门的检验合格报告、有生产单位质量检验合格证和安鉴证的安全网。旧安全网再次使用时必须经过耐冲击性能检验和耐贯穿性检验,无检验条件的单位可以到国家认可的质检部门检验,合格后方可使用。

(4)安装时网上的每个环扣都必须穿入符合规定的纤维绳,系绳绑在支撑物(或架)上,连接牢固。及时清理网内杂物,对损坏的应及时更换。

5.2 “四口”及临边防护

5.2.1 常见危险源

(1)楼梯梯段侧面、平台边及窗洞口没有设置防护栏杆。

(2)电梯井口未设防护门或设置的防护起不到作用。井内没有按“最多不超过10 m进行隔离防护”。

(3)预留洞口(包括楼层板面、墙面)无防护或防护措施不规范。

(4)通道口未搭设防护棚或防护棚搭设不规范。

(5)操作层临边、楼层临边、坑井临边等未设置防护栏杆或防护不规范。

5.2.2 主要控制措施

(1)严格执行行业标准《建筑施工高处作业安全技术规范》(JGJ 80)的规定,施工前项目应编制临边、洞口的防护措施,指导现场实施。

(2)防护设施做到工具化、定型化。

(3)应经常对现场的临边、洞口防护设施进行检查,发现问题及时整改。

(4)建立防护设施验收和拆除审批制度,不得随意拆除防护设施。

目前,随着国家基本建设规模的扩大,建设项目大量开工,施工安全形势将面临更加严峻的挑战,安全生产任务十分艰巨。面对部分施工现场在基坑支护、脚手架、模板支撑系统、卸料平台、临边洞口防护、施工临时用电、机械设备使用管理等方面做的不规范、不标准、管理不到位,存在事故隐患,甚至导致发生高处坠落、物体打击、机械伤害、触电、基坑及模板支撑系统坍塌等事故的实际情况我们必须采取切实有效的控制措施,消除人的不安全行为和物的不安全状态,加大安全生产投入,改善工作环境,积极推进建筑施工现场安全标准化工作,确保建筑施工安全生产形势的稳定好转。

子任务3.4 安全生产隐患防范

3.4.1 土方工程安全隐患防范

3.4.1.1 土方工程的主要施工特点

(1)工程量大,劳动强度高。

(2)施工时受地下水文、地质、气候和施工地区的地形等因素的影响较大,施工条件复杂。

(3)场地狭窄,土方的开挖与土方的堆置、存放往往都受到施工场地的限制。

(4)土方工程施工容易发生基坑坍塌、高处坠落、触电、机械伤害等类型的生产安全事故,坍塌事故尤为突出。

3.4.1.2 土方开挖的安全技术措施

(1)在施工组织设计中,要有单项土方工程施工方案,应根据有关规范要求对施工准备、开挖方法、放坡、排水、边坡支护进行设计,边坡支护要有设计计算书。

(2)土方开挖的顺序、方法必须与设计工况相一致,并遵循"开槽支撑、先撑后挖、分层开挖、严禁超挖"的原则。

(3)挖土方前对周围环境要认真检查,不能在危险岩石或建筑物下面进行作业。

(4)深基坑四周设防护栏杆,人员上下要有专用爬梯。

(5)运土道路的坡度、转弯半径要符合有关安全规定。

(6)弃土应及时运出,如需要临时堆土,或留作回填土,堆土坡脚至坑边距离应按挖坑深度、边坡坡度和土的类别确定,在边坡支护设计时应考虑堆土附加的侧压力。

(7)为防止基坑底的土被扰动,基坑挖好后要尽量减少暴露时间,及时进行下道工序的施工。如不能立即进行下一道工序,要预留15~30 cm厚的覆盖土层,待基础施工时再挖去。

3.4.1.3 人工开挖

(1)挖土前根据安全技术交底了解地下管线、人防及其他构筑物的情况和具体位置,地下构筑物外露时,必须进行加固保护。作业中应避开管线和构筑物,在现场电力、通信电缆2 m范围内和在现场燃气、热力、给水排水等管道1 m范围内挖土时,必须在其业主单位人员监护下采取人工开挖。

(2)开挖槽、坑、沟深度超过1.5 m时,必须根据土质和深度情况,按安全技术交底放坡或加可靠支撑;遇边坡不稳、有坍塌危险征兆时,必须立即撤离现场,并及时报告施工负责人,采取安全可靠排险措施后,方可继续挖土。

(3)槽、坑、沟必须设置人员上下坡道或安全梯。严禁攀登护壁支撑上下,或在沟、坑边壁上挖洞攀登爬上或跳下。施工间歇时,不得在槽、坑坡脚下休息。

(4)挖土过程中遇有古墓、地下管道、电缆或其他不能辨认的异物和液体、气体时,应立即停止挖土,并报告施工现场负责人,待查明处理后,再继续挖土。

(5)槽、坑、沟边1 m以内不得堆土、堆料、停放机具。堆土高度不得超过1.5 m。槽、坑、沟与建筑物、构筑物的距离不应小于1.5 m。开挖深度超过2 m时，必须在周边设两道牢固护身栏杆，并张挂密目式安全网。

(6)人工挖土，前后操作人员横向间距不应小于2～3 m，纵向间距不应小于3 m。严禁掏挖抠底挖槽。

(7)每日或雨后必须检查土壁及支撑稳定情况，在确保安全的情况下继续工作，并且不得将土和其他物件堆在支撑上，不得在支撑上行走或站立。混凝土支撑梁底面上的黏附物必须及时清除。

3.4.1.4 机械开挖

(1)施工机械进场前必须经过验收，合格后方能使用。

(2)机械挖土，应严格控制开挖面坡度和分层厚度，防止边坡和挖土机下的土体滑动。挖土机作业半径内不得有人进入。司机必须持证作业。

(3)机械挖土，启动前应检查离合器、液压系统及各铰接部分等，经空车试运转正常后再开始作业，机械操作中进铲不应过深、提升不应过猛，作业中不得碰撞基坑支撑。

(4)机械不得在输电线路一侧工作，不论在任何情况下，机械的任何部位与架空输电线路的最近距离应符合安全操作规程要求(根据现场输电线路的电压等级确定)。

(5)机械应停在坚实的地基上，如基础过差，应采取走道板等加固措施，不得将挖土机履带与挖空的基坑平行。运土汽车不宜靠近基坑平行行驶，防止塌方翻车。

(6)向汽车上卸土应在车子停稳定后进行，禁止铲斗从汽车驾驶室上越过。

(7)场内道路应及时整修，确保车辆安全畅通，各种车辆应有专人负责指挥引导。

(8)车辆进出门口的人行道下，如有地下管线(道)，必须铺设厚钢板，或浇筑混凝土加固。车辆出大门口前，应将轮胎冲洗干净，不污染道路。

3.4.1.5 关于土石方机械安全使用的强制性条文

1.土石方机械安全使用基本要求强制性条文

(1)作业前，应查明施工场地明、暗设置物(电线、地下电缆、管道、坑道等)的地点及走向，并采用明显记号表示。严禁在离电缆1 m距离以内作业。

(2)机械运行中，严禁接触转动部位和进行检修。在修理(焊、铆等)工作装置时，应使其降到最低位置，并应在悬空部位垫上垫木。

(3)在施工中遇下列情况之一时应立即停工，待符合作业安全条件时，方可继续施工：

①填挖区土体不稳定，有发生坍塌危险时。

②气候突变，发生暴雨、水位暴涨或山洪暴发时。

③在爆破警戒区内发出爆破信号时。

④地面涌水冒泥，出现陷车或因雨发生坡道打滑时。

⑤工作面净空不足以保证安全作业时。

⑥施工标志、防护设施损毁失效时。

⑦配合机械作业的清底、平地、修坡等人员，应在机械回转半径以外工作。当必须在回转半径以内工作时，应停止机械回转并制动好后，方可作业。

2. 关于挖掘装载机安全使用的强制性条文

在行驶或作业中，除驾驶室外，挖掘装载机任何地方均严禁乘坐或站立人员。

3. 关于推土机安全使用的强制性条文

推土机行驶前，严禁有人站在履带或刀片的支架上，机械四周应无障碍物，确认安全后，方可开动。

4. 关于拖式铲运机安全使用的强制性条文

(1)作业中，严禁任何人上下机械、传递物件，以及在铲斗内、拖把上或机架上坐立。

(2)非作业行驶时，铲斗必须用锁紧链条挂牢在运输行驶位置上，机上任何部位均不得载人或装载易燃、易爆物品。

5. 关于轮胎式装载机安全使用的强制性条文

装载机转向架未锁闭时，严禁站在前后车架之间进行检修保养。

6. 关于风动凿岩机安全使用的强制性条文

(1)严禁在座炮眼上钻孔和骑马式操作，钻孔时，钻杆与钻孔中心线应保持一致。

(2)在装完炸药的炮眼，5 m 以内严禁钻孔。

7. 关于电动凿岩机安全使用的强制性条文

电缆线不得敷设在水中或在金属管道上通过。施工现场应设标志，严禁机械、车辆等在电缆上通过。

3.4.1.6 土方工程绿色施工要求

(1)土石方工程在开挖前应进行挖、填方的平衡计算，综合考虑土石方最短运距和各个项目施工的工序衔接，减少重复挖填，并与城市规划和农田水利相结合，保护环境，减少资源浪费。

(2)粉尘控制应符合下列规定：

①土石方挖掘施工中，表层土和砂卵石覆盖层可以用一般常用的挖掘机械直接挖装，对岩石层的开挖宜采用凿裂法施工，或者采用凿裂法适当辅以钻爆法施工，凿裂和钻孔施工宜采用湿法作业。

②爆破施工前做好扬尘控制计划。应采用清理积尘、淋湿地面、外设高压喷雾状水系统、搭设防尘排栅和直升机投水弹等综合降尘。同时应选择风力小的天气进行爆破作业。

③土石方爆破要对爆破方案进行设计，对用药量进行准确计算，注意控制噪声和粉尘扩散。

④土石方作业采取洒水、覆盖等措施，达到作业区目测扬尘高度小于 1.5 m，不扩散到场区外。

⑤4 级以上大风天气，不应进行土石方工程的施工作业。

(3)土方作业对施工区域的所有障碍物，包括地下文物、树木、地上高压电线、电杆、塔架和地下管线、电缆、坟墓、沟渠以及原有旧房屋等，应按照以下要求采取保护措施：

①在文物保护区内进行土方作业时，应采用人工挖土，禁止机械作业。

②施工区域内有地下管线或电缆时，禁止用机械挖土，应采用人工挖土，并按施工方案对地下管线、电缆采取保护或加固措施。

③高压线塔周围 10 m 范围内，禁止机械土方作业。

④发现有土洞、地道(地窖)、废井时,要探明情况,制订专项措施方可施工。

(4)喷射混凝土施工防尘应遵照以下规定:

①喷射混凝土施工应采用湿喷或水泥裹砂喷射工艺。

②采用干法喷射混凝土施工时,宜采用下列综合防尘措施:

a. 在保证顺利喷射的条件下,增加骨料含水率。

b. 在距喷头 3 ~4 m 处增加一个水环,用双水环加水。

c. 在喷射机或混合料搅拌处,设置集尘器或除尘器。

d. 在粉尘浓度较高地段,设置除尘水幕。

e. 加强作业区的局部通风。

f. 采用增黏剂等外加剂。

③锚喷作业区的粉尘浓度不应大于 10 mg/m^3。

3.4.2 基础工程安全隐患防范

基础工程施工容易发生基坑坍塌、中毒、触电、机械伤害等类型生产安全事故,坍塌事故尤为突出。

3.4.2.1 基础工程施工安全隐患的主要表现形式

(1)挖土机械与基坑边缘无可靠的安全距离。

(2)没有按规定放坡或设置可靠的支撑。

(3)设计的考虑因素和安全可靠性不够。

(4)地下水没做到有效控制。

(5)土体出现渗水、开裂、剥落。

(6)在基础底部进行掏挖。

(7)沟槽内作业人员过多。

(8)施工时地面上无专人巡视监护。

(9)堆土离坑槽边过近、过高。

(10)临边的坑槽有影响土体稳定的施工作业。

(11)基础施工离现有建筑物过近,其间土体不稳定。

(12)防水施工无防火、防毒措施。

(13)灌注桩成孔后未覆盖孔口。

(14)人工挖孔桩施工前不进行有毒气体检测。

3.4.2.2 基坑发生坍塌以前的主要迹象

(1)周围地面出现裂缝并不断扩展。

(2)支撑系统发出挤压声等异常响声。

(3)环梁或排桩、挡墙的水平位移比较大,并持续发展。

(4)支护系统出现局部失稳。

(5)大量水土不断涌入基坑。

(6)相当数量的锚杆螺母松动,甚至有的槽钢松脱等。

3.4.2.3 基础施工安全控制的主要内容

(1)挖土机械作业安全。

(2)边坡与基坑支护安全。

(3)降水设施与临时用电安全。

(4)防水施工时的防火、防毒安全。

(5)桩基施工的安全防范。

3.4.2.4 基坑(槽)施工安全控制要点

1. 专项施工方案的编制

土方开挖之前要根据土质情况、基坑深度以及周边环境确定开挖方案和支护方案,深基坑或土层条件复杂的工程应委托具有岩土工程专业资质的单位进行边坡支护的专项设计。土方开挖专项施工方案的主要内容包括:放坡要求、支护结构设计、机械选择、开挖时间、开挖顺序、分层开挖深度、坡道位置、车辆进出道路降水措施及检测要求等。

编制专项方案的范围:开挖深度超过3 m(含3 m)或虽未超过3 m但地质条件和周边环境复杂的基坑(槽)支护、降水工程;开挖深度超过3 m(含3 m)的基坑(槽)的土方开挖工程。

编制专项方案且进行专家论证的范围:开挖深度超过5 m(含5 m)的基坑(槽)的土方开挖、支护、降水工程;开挖深度虽未超过5 m,但地质条件、周围环境和地下管线复杂,或影响毗邻建筑(构筑)物安全的基坑(槽)的土方开挖、支护、降水工程。深基坑工程专项方案还需进行专家论证。

2. 基坑(槽)开挖前的勘察内容

(1)详尽收集工程地质和水文地质资料。

(2)认真查明地上、地下各种管线(如上下水、电缆、煤气、污水、雨水、热力等管线或管道)的分布和性状、位置和运行状况。

(3)充分了解和查明周围建(构)筑物的状况。

(4)充分了解和查明周围道路交通状况。

(5)充分了解周围施工条件。

3. 基坑(槽)土方开挖与回填安全技术措施

(1)基坑(槽)土方开挖时,两人的操作间距应大于2.5 m。多台机械开挖,挖土机间距应大于10 m。在挖土机工作范围内,不允许进行其他作业。挖土应由上而下,逐层进行,严禁先挖坡脚或逆坡挖土。

(2)土方开挖不得在危岩、孤石的下边或贴近未加固的危险建筑物的下面进行。施工中在基坑周边应设排水沟,防止地面水流入或渗入坑内,以免发生边坡塌方。

(3)基坑周边严禁超堆荷载。在坑边堆放弃土、材料和移动施工机械时,应与坑边保持一定的距离,当土质良好时,要距坑边1 m以上,堆放高度不能超过1.5 m。

(4)基坑(槽)开挖应严格按要求进行放坡。施工时应注意土壁的变化情况,如发现有裂纹或部分坍塌现象,应及时进行加固支撑或放坡,并密切注意支撑的稳固和土壁的变化,同时对坡顶、坡面、坡脚采用降排水措施。当采取不放坡开挖时,应设置临时支护,各种支护方式应根据土质及基坑深度经计算确定。

(5)采用机械多台阶同时开挖时,应验算边坡的稳定;挖土机与边坡应保持一定安全距离,以防塌方,造成翻机事故。

(6)在有支撑的基坑(槽)中使用机械挖土时,应采取必要措施防止碰撞支护结构、工程桩或扰动基地原土。在坑槽边使用机械挖土时,应计算支护结构的整体稳定性,必要时应采取措施加强支护结构。

(7)开挖至坑底标高后,坑底应及时封闭并进行基础工程施工。

(8)地下结构工程施工过程中应及时进行夯实回填土施工。在进行基坑(槽)和管沟回填土时,其下方不得有人;所使用的打夯机等要检查电气线路,防止漏电、触电;停机时要切断电源。

(9)在拆除护壁支撑时,应按照回填顺序,从下而上逐步拆除。更换护壁支撑时,必须先安装新的,再拆除旧的。

4. 基坑开挖的监控

(1)基坑开挖前应作出系统的开挖监控方案,监控方案应包括监控目的、监测项目、监控报警值、监测方法及精度要求、监测点的布置、检测周期、下序管理和记录制度以及信息反馈系统等。

(2)基坑工作前的监测包括支护结构的监测和周围环境的监测。重点是做好支护结构水平位移、周围建筑物、地下管线变形、地下水位等的监测。

5. 地下水监控

(1)为保证基坑开挖安全,在支护结构设计时,应根据场地及周边工程地质条件、水文地质条件和环境条件,并结合基坑支护和基础施工方案综合确定地下水控制的设施和施工。

(2)地下水控制方法常分为集水明排、降水、截水和回灌等形式,各形式可单独或组合使用。

(3)当因降水而危及基坑及周边环境安全时,宜采用截水或回灌方法。如果截水后基坑中的水量或水压较大,宜采用基坑内降水。

(4)当基坑底为隔水层且层底作用有承压水时,应进行坑底突涌验算,必要时可采用水平封底隔渗或钻孔减压措施保证坑底土层稳定。

6. 基坑施工的安全应急措施

(1)在基坑开挖过程中,一旦出现了渗水或漏水,应根据水量大小,采用坑底设沟排水、引流修补、密实混凝土封堵、压密注浆、高压喷射注浆等方法及时进行处理。

(2)如果水泥土墙等重力式支护结构位移超过设计估计值时,应予以高度重视,同时做好位移监测,掌握发展趋势。如果位移持续发展,超过设计值较多,则应采用水泥土墙背后卸载、加快垫层施工及加大垫层厚度和加设支撑等方法及时进行处理。

(3)如果悬臂式支护结构位移超过设计值,应采取加设支撑或锚杆、支护墙背卸土等方法及时进行处理。如果悬臂式支护结构发生深层滑动,应及时浇筑垫层,必要时也可以加厚垫层,以形成下部水平支撑。

(4)如果支撑式支护结构发生墙背土体沉陷,应采取增设坑外回灌井、进行坑底加固、垫层随挖随浇、加厚垫层或采用配筋垫层、设置坑底支撑等方法及时进行处理。

(5)对于轻微的流砂现象,在基坑开挖后可采用加快垫层浇筑或加厚垫层的方法“压住”流砂。对于较为严重的流砂,应采取增加坑内降水措施进行处理。

(6)如果发生管涌,可以在支护墙前再打设一排钢板柱,在钢板柱与支护墙间进行注浆。

(7)对邻近建筑物沉降的控制,一般可以采用回灌井、跟踪注浆等方法。对于沉降很大,而压密注浆又不能控制的建筑,如果基础是钢筋混凝土,则可以考虑采用静力锚杆压桩的方法进行处理。

(8)对基坑周围管线保护的应急措施,一般包括增设回灌井、打设封闭桩或管线架空等方法。

3.4.2.5 打(沉)桩施工安全控制要点

(1)打(沉)桩施工前,应编制专项施工方案,对邻近的原有建筑物、地下管线等进行全面检查,对有影响的建筑物或地下管线等,应采取有效的加固措施或隔离措施,以确保施工安全。

(2)打桩机行走道路必须保持平整、坚实,保证桩机移动时的安全。场地的四周应挖排水沟,用于排水。

(3)施工前应对机械进行全面的检查,发现问题时及时解决。对机械全面检查后要进行试运转,严禁机械带病作业。

(4)吊装就位作业时,起吊速度要慢,并要拉住溜绳。打桩过程中遇有地坪隆起或下陷时,应随时调平机架及路轨。

(5)机械操作人员在施工时要注意机械运转情况,发现异常要及时进行纠正。要防止机械倾斜、倾倒、桩锤突然下落等事故、事件的发生。打桩时桩头垫料严禁用手进行拨正。

(6)钻孔灌注桩在钻成的孔尚未浇筑混凝土前,必须用盖板封严桩孔,钢管桩打桩后必须及时加盖临时桩帽。预制混凝土桩送桩入土后的桩孔,必须及时用砂子或其他材料填灌,以免发生人身伤害事故。

(7)在进行冲抓钻或冲孔锤操作时,任何人不准进入落锤区施工范围内。在进行成孔钻机操作时,钻机要安放平稳,要防止钻架突然倾倒或钻具突然下落而发生事故。

(8)施工现场临时用电设施的安装和拆卸必须由持证电工操作。机械设备电器必须按规定做好接零或接地,正确使用漏电保护装置。

3.4.2.6 灌注桩施工安全控制要点

(1)灌注桩施工前应编制专项施工方案,严格按方案规定的程序组织施工。

(2)灌注桩在已成孔未浇筑前,应用盖板封严或沿四周安装防护栏,以免掉土或发生人身安全事故。

(3)所有的设备电路应架空设置,不得使用不防水的电线或绝缘层有损坏的电线。电器必须有接地、接零和漏电保护装置。

(4)现场施工人员必须戴安全帽,拆除串筒时上空不得进行作业。严禁酒后操作机械和上岗作业。

(5)混凝土浇筑完毕后及时抽干空桩部分泥浆,立即用素土回填,以免发生人、物陷落事故。

3.4.2.7 人工挖孔桩施工安全控制要点

(1)人工挖孔桩施工前应编制专项施工方案,严格按方案规定的程序组织施工,开挖深度超过 16 m 的人工挖孔桩工程还要对专项施工方案进行专家论证。

(2)桩孔内必须设置应急软爬梯供人员上下井,使用的电葫芦、吊笼等应安全可靠,并配有自动卡紧保险装置。

(3)每日开工前必须对井下有毒有害气体成分和含量进行检测,并应采取可靠的安全防护措施。桩孔开挖深度超过 10 m 时,应配置专项向井下送风的设备。

(4)孔口四周必须挖出的土石方应及时运离孔口,不得堆放在孔口四周 1 m 范围内。机动车辆通行应远离孔口。

(5)挖孔桩各孔内用电严禁一闸多用。孔上电缆必须要架空 2.0 m 以上,严禁拖地和埋压土中,孔内电缆线必须有防磨损、防潮、防断等措施。照明应采用安全矿灯或配置 12 V 以下的电压。

3.4.2.8 桩基工程绿色施工规范

(1)工程施工中成桩工艺应根据工程设计,结合当地实际情况,并参照附表控制指标进行优选。综合常用桩基成桩工艺对绿色施工的影响,见表 3-4。

表 3-4 桩基成桩工艺对绿色施工的影响

桩基类型		绿色施工控制指标				
		环境保护	节材与材料资源利用	节水与水资源利用	节能与能源利用	节地与土地资源利用
混凝土灌注桩	人工挖孔	√	√	√	√	√
	干作业成孔	√	√	√	√	√
	泥浆护臂钻孔	√	√	√	√	√
	长螺旋或旋挖钻钻孔	√	√	√	√	√
	沉管和内夯沉管	√	√	√	√	○
混凝土预制桩与钢桩	锤击沉桩	√	○	√	√	○
	静压沉桩	○	○	√	√	○

注:"√"表明该类型桩基对对应绿色施工指标有重要影响;"○"表明该类型桩基对对应绿色施工指标有一定影响。

(2)混凝土预制桩和钢桩施工时,施工方案应充分考虑施工中的噪声、振动、地层扰动、废气、废油、烟火等对周边环境的影响,制订针对性措施。

(3)混凝土灌注桩施工:

①施工现场应设置专用泥浆池,用以存储沉淀施工中产生的泥浆,泥浆池应有效防止污水渗入土壤,污染土壤和地下水源;当泥浆池沉积泥浆厚度超过容量的 1/3 时,应及时清理。

②钻孔、冲孔、清孔时清出的残渣和泥浆,应及时装车运至泥浆池内处置。

③泥浆护壁正反循环成孔工艺施工现场应设置泥浆分离净化处理循环系统。循环系

统有泥浆池、沉淀池、循环槽、废浆池、泥浆泵、泥浆搅拌设备、钻渣分离装置,并配有排水、清渣、排废浆设施和钻渣运转通道等。施工时泥浆应集中搅拌,集中向钻孔输送。清出的钻渣应及时采用封闭容器运出。

④桩身钢筋笼进行焊接作业时,应采取遮挡措施,避免电焊弧光外泄,同时焊渣应随清理随装袋,待焊接完成后,及时将收集的焊渣运至指定地点处置。

⑤市区范围内严禁敲打导管和钻杆。

(4)人工挖孔灌注桩施工:

人工挖孔灌注桩施工时,开挖出的土方不得长时间在桩边堆放,应及时运至现场集中堆土处集中处置,并采取覆盖等防尘措施。

(5)混凝土预制桩:

①混凝土预制桩的预制场地必须平整、坚实,并设沉淀池、排水沟渠等设施。混凝土预制桩制作完成后,作为隔离桩使用的塑料薄膜、油毡等,不得随意丢弃,应收集并集中进行处理。

②现场制作预制桩用水泥、砂、石等物料的存放应满足混凝土工程中的材料储存要求。水泥应入库存放,成垛码放;砂石应表面覆盖,减少扬尘。

③沉淀池、排水沟渠应能防止污水溢出;当污水沉淀物超过容量的 1/3 时,应进行清掏;沉淀池中污水无悬浮物后方可排入市政污水管道或进行绿化降尘等循环利用。

(6)振动、振动冲击沉管灌注桩施工:控制振动箱振动频率,防止产生较大噪声,同时应避免对桩身造成破坏,浪费资源。

3.4.3 脚手架搭设安全隐患防范

脚手架作为建筑施工用临时设施,是为保证高处作业安全、顺利进行施工而搭设的工作平台和作业通道,贯穿施工全过程,其设计和搭设的质量直接影响操作人员的人身安全。脚手架可能发生的安全事故包括高处坠落、物体打击、触电、雷击。在结构施工、装修施工和设备管道的安装施工中,都需要按照操作要求搭设脚手架。

脚手架工程常用的安全技术规范有:

《建筑施工扣件式钢管脚手架安全技术规范》(JGJ 130)

《建筑施工碗扣式钢管脚手架安全技术规范》(JGJ 166)

《建筑施工门式钢管脚手架安全施工规范》(JGJ 128)

《建筑施工木脚手架安全技术规范》(JGJ 164)

《建筑施工工具式脚手架安全技术规范》(JGJ 202)

3.4.3.1 脚手架的施工准备工作

脚手架搭设之前,应根据工程的特点和施工工艺要求确定搭设(包括拆除)施工方案。

1. 施工方案的内容

施工方案的内容主要应包括:

(1)材料要求。

(2)基础要求。

(3)荷载计算、计算简图、计算结果、安全系数。

(4)立杆横距、立杆纵距、杆件连接、步距、允许搭设高度、连墙杆做法、门洞处理、剪刀撑要求以及脚手板、挡脚板、扫地杆等构造要求。

(5)脚手架搭设、拆除,安全技术措施及安全管理、维护、保养,平面图、剖面图、立面图、节点图要求反映杆件连接、拉结基础等情况。

(6)悬挑式脚手架有关悬挑梁、横梁等的加工节点图,悬挑梁与结构的连接节点,钢梁平面图,悬挑设计节点图。

2. 扣件式脚手架材料及构配件安全要求

1)钢管

(1)钢管材质应符合Q235A级标准,不得使用有明显变形、裂纹、严重锈蚀的材料。

(2)钢管规格宜采用直径$\phi48\times3.5$钢管,亦可采用管径$\phi51\times3.0$钢管,每根钢管的最大质量不应大于25 kg,横向水平杆的最大长度不超过2.2 m,其他杆的最大长度不超过6.5 m。

(3)钢管的尺寸和表面质量应符合验收规定。

(4)钢管上严禁打孔。

2)扣件

(1)应采用可锻铸铁制作的扣件,其材质应符合现行国家标准《钢管脚手架扣件》(GB 15831)的规定;采用其他材料制作的扣件,应经试验证明其质量符合该标准的规定后方可使用。

(2)脚手架采用的扣件,在螺栓拧紧扭力矩达65 N·m,不得发生破坏。

3)脚手板

(1)脚手板可采用钢、木、竹材料制作,每块质量不宜大于30 kg。

(2)冲压钢脚手板的材质应符合现行国家标准《碳素结构钢》(GB/T 700—88)中Q235A级钢的规定,其质量与尺寸允许偏差应符合验收规定,并应有防滑措施。

(3)木脚手板应采用杉木或松木制作,其材质应符合现行国家标准《木结构设计规范》(GBJ 5)中Ⅱ级材质的规定。脚手板厚度不应小于50 mm,两端应各设直径为4 mm的镀锌钢丝箍两道。

(4)竹脚手板宜采用由毛竹或楠竹制作的竹串片板、竹笆板。

4)连墙件

连墙杆的材质应符合现行国家标准《碳素结构钢》(GB/T 700—88)中Q235A级钢的规定。

3.4.3.2 脚手架的地基与基础施工

(1)脚手架地基与基础的施工,必须根据脚手架搭设高度、搭设场地土质情况与现行国家标准《地基与基础工程施工及验收规范》(GBJ 202—83)的有关规定进行。

(2)脚手架底面底座标高宜高于自然地坪50 mm。

(3)当脚手架基础下有设备基础、管沟时,在脚手架使用过程中不应开挖,否则必须采取加固措施。

(4)脚手架基础经验收合格后,应按施工组织设计的要求放线定位。

3.4.3.3 脚手架的搭设

(1)脚手架搭设人员必须是经过考核合格的专业架子工。上岗人员必须定期体检,合格者方可持证上岗。

(2)作业层上的施工荷载应符合作业要求,不得超载。不得将模板支架、缆风绳、泵送混凝土和砂浆的运输管等固定在脚手架上;严禁悬挂起重设备。

(3)单排脚手架不适用于下列情况:①墙体厚度不小于或等于 180 mm;②建筑物高度超过 24 m;③空斗砖墙、加气块墙等轻质墙体;④砌筑砂浆强度等级小于或等于 M10 的砖墙。

(4)脚手架必须配合施工进度搭设,一次搭设高度不应超过相邻连墙件两步。

(5)纵向水平杆应设置在立杆内侧,其长度不宜小于 3 跨。

(6)纵向水平杆接长宜采用对接扣件连接,也可采用搭接。纵向水平杆的对接扣件应交错布置,两根相邻纵向水平杆的接头不宜设置在同步或同跨内;不同步或不同跨两个相邻接头在水平方向错开的距离不应小于 500 mm;各接头中心至最近主节点的距离不宜大于纵距的 1/3。搭接长度不应小于 1 m,应等间距设置 3 个旋转扣件固定,端部扣件盖板边缘至搭接纵向水平杆杆端的距离不应小于 100 mm。

(7)主节点处必须设置一根横向水平杆,用直角扣件扣接且严禁拆除。主节点处的两个直角扣件的中心距不应大于 150 mm。在双排脚手架中,离墙一端的外伸长度不应大于 0.4 倍的两节点的中心长度,且不应大于 500 mm。作业层上非主节点处的横向水平杆,最大间距不应大于纵距的 1/2。

(8)冲压钢脚手板、木脚手板、竹串片脚手板等,应设置在三根横向水平杆上。当脚手板长度小于 2 m 时,可采用两根横向水平杆支撑,但应将脚手板两端与其可靠固定,严防倾翻。此三种脚手板的铺设可采用对接平铺,亦可采用搭接铺设。脚手板对接平铺时,接头处必须设两根横向水平杆,脚手板外伸长应采取 130 ~ 150 mm,两块脚手板外伸长度和不应大于 300 mm;脚手板搭接铺设时,接头必须支在横向水平杆上,搭接长度应大于 200 mm,其伸出横向水平杆的长度不应小于 100 mm。

(9)脚手架必须设置纵、横向扫地杆。纵向扫地杆应采用直角扣件固定在卧底座上皮不大于 200 mm 处的立杆上。横向扫地杆宜采用直角扣件固定在紧靠纵向扫地杆下方的立杆上。当立杆的基础不在同一高度上时,必须将高处的纵向扫地杆向低处延伸两跨与立杆固定,高低差不应大于 1 m。靠边坡上方的立杆轴线到边坡的距离不应小于 500 mm。

(10)立杆必须用连墙件与建筑物可靠连接,连墙件布置间距要符合规定。

(11)立杆接长除顶层顶步可采用搭接外,其余各层各步接头必须采用对接扣件连接,立杆上的对接扣件应交错布置,两根相邻立杆的接头不应设置在同步内,同步内每隔一段立杆的两个相邻接头在高度方向错开的距离不应小于 500 mm;各接头中心至主节点的距离不宜大于步距的 1/3。搭接长度不应小于 1 m,应采用不少于 2 个旋转扣件固定,端部扣件盖板的边缘至杆端距离不应小于 100 mm。

(12)一字形、开口形脚手架的两端必须设置连墙件,连墙件的垂直间距不应大于建筑物的层高,并不应大于 4 m(2 步)。

(13)对 24 m 以下的单、双排脚手架,宜采用刚性连墙件与建筑物可靠连接,宜可采用钢筋与顶撑配合使用的附墙连接方式。严禁使用只有钢筋的柔性连墙件。对 24 m 以上的双排脚手架,必须采用刚性连墙件与建筑物可靠连接。

(14)连墙件必须采用可承受拉力和压力的构造。采用拉筋必须配用顶撑,顶撑应可靠地顶在混凝土圈梁、柱等结构部位。拉筋应采用两根以上直径 4 mm 的钢丝拧成一股,使用时不应少于两股;也可采用直径不小于 6 mm 的钢筋。

(15)剪力撑应随立杆、纵向和横向水平杆等同步设置,各底层斜杆下端均必须支承在垫块或垫板上。高度在 24 m 以下的单、双排脚手架,均必须在外侧立面的两端各设置一道剪力撑,并应由底至顶连续设置;中间各道剪力撑之间的净距不应大于 15 m。一字形、开口形双排脚手架的两端均必须设置横向斜撑,中间宜每隔六跨设置一道。

3.4.3.4 脚手架的拆除

(1)拆除作业必须由上而下逐层进行,严禁上下同时作业。

(2)连墙件必须随脚手架逐层拆除,严禁将连墙件整层拆除后再拆脚手架;分段拆除高差不应大于 2 步,如果高差大于 2 步,应增设连墙件加固。

(3)各构配件严禁抛掷地面。

(4)当脚手架拆至下部最后一根挺立杆的高度(约 6.5m)时,应先在适当位置搭设临时抛撑加固后,再拆除连墙件。

(5)当脚手架采取分段、分立面拆除时,对不拆除的脚手架两端,应先按规定设置连墙件和横向斜撑加固。

(6)脚手架经单位工程负责人检查验证并确认不再需要时,方可拆除,并由单位工程负责人进行拆除安全技术交底;应清除脚手架上杂物及地面障碍物。

(7)拆除脚手架前,应清除脚手架上的材料、工具和杂物。

(8)拆除脚手架时,应设置警戒区和警戒标志,并由专职人员负责警戒。

3.4.3.5 脚手架的检查验收

脚手架在下列阶段应进行检查验收:

(1)脚手架基础完工后,架体搭设前。

(2)每搭设完 6 ~ 8 m 高度后。

(3)作业层上施加荷载前。

(4)达到设计高度后或遇有 6 级及以上风或大雨后,冻结地区解冻后。

(5)停用超过一个月。

脚手架定期检查的主要内容:

(1)杆件的设置与连接,连墙件、支撑、门洞桁架的构造是否符合要求。

(2)地基是否积水,底座是否悬空,扣件螺旋是否松动。

(3)高度在 24 m 以上的双排、满堂脚手架,高度在 20 m 以上的满堂脚手架撑架,其立杆的沉降与垂直度的偏差是否符合技术规范要求。

(4)架体安全的防护措施是否符合要求。

(5)是否有超载使用现象。

3.4.4 现浇混凝土工程安全隐患防范

现浇混凝土工程容易发生模板支撑系统整体垮塌、高空坠落、物体打击、触电等类型安全事故。在混凝土浇筑过程中,模板支撑系统整体坍塌事故尤为突出。

3.4.4.1 现浇混凝土工程安全隐患的主要表现形式

1.模板与支撑系统部分

(1)模板支撑架体地基、基础下沉。

(2)架体的干架间距或步距过大。

(3)架体未按规定设置斜杆、剪力撑和扫地杆。

(4)构架的节点构造和连接的紧固程度不符合要求。

(5)主梁和荷载显著加大部位的构架未加密、加强。

(6)高支撑架未设置一至数道加强的水平结构层。

(7)大荷载部位的扣件指标数值不够。

(8)架体整体或局部变形、倾斜,架体出现异常响声。

2.混凝土浇筑过程

(1)高处作业安全防护设施不到位。

(2)机械设备的安装、使用不符合安全要求。

(3)用电不符合安全要求。

(4)混凝土浇筑方案使支撑架受力不均衡,产生过大的集中荷载、偏心荷载、冲击荷载或侧压力。

(5)过早的拆除支撑和模板。

3.4.4.2 现浇混凝土工程安全控制的主要内容

(1)模板支撑系统设计。

(2)模板支拆施工安全。

(3)钢筋加工及绑扎、安装作业安全。

(4)混凝土浇筑高处作业安全。

(5)混凝土浇筑用电安全。

(6)混凝土浇筑设备使用安全。

3.4.4.3 现浇混凝土工程的安全控制要点

1.现浇混凝土工程施工方案的编制

(1)现浇混凝土工程施工应编制专项施工方案。

(2)施工方案的主要内容应包括模板支撑系统的设计、制作、安装和拆除的施工程序、作业条件、有关模板和支撑系统的设计计算、材料规格、接头方法、构造大样及剪力撑的设置要求等,均应详细说明,并绘制施工详图。

2.现浇混凝土工程模板支撑系统的选材及安装的安全技术措施

(1)支撑系统的选材及安装应按设计要求进行,支撑点应牢固平整,支撑在安装过程中应考虑必要的临时固定措施,以保证其稳定性。

(2)支撑系统的立柱材料可选用钢管、门型架、木杆,其材质和规格应符合设计和安全要求。

(3)立柱底部支承结构必须具有支承上层荷载的能力。为合理传递荷载,立柱底部应设置木垫板,禁止使用砖及脆性材料铺垫。当支承在地基上时,应对地基上的承载力进行验算。

(4)为保证立柱的整体稳定,在安装立柱的同时,应加设水平支撑和剪力撑。

(5)立柱的间距应经计算确定,按照施工方案的规定设置。若采用多层支撑,上下层立柱要垂直,并应在同一垂直线上。

3.模板工程专项方案的编制

模板工程及支撑体系施工前,要有有关规定编制专项方案,必要时进行专家论证。

(1)模板工程及支撑体系需编制专项方案的范围:

①各类工具式模板工程:包括大模板、滑模、爬模、飞模等工程。

②混凝土模板支撑工程:搭设高度5 m及以上;搭设跨度10 m及以上;施工总荷载10 kN/m^2 及以上;集中线荷载15 kN/m^2 及以上;高度大于支撑水平投影宽度且相对独立无联系构件的混凝土模板支撑工程。

③承重支撑体系:用于钢结构安装等满堂支撑体系。

(2)模板工程及支撑体系需编制专项方案,同时必须进行专家论证的范围:

①工具式滑模、爬模、飞模工程。

②混凝土模板支撑工程:搭设高度8 m及以上;搭设跨度18 m及以上;施工总荷载15 kN/m^2 及以上;集中线荷载20 kN/m^2 及以上。

③承重支撑体系:用于钢结构安装等满堂支撑体系,承受单点集中荷载700 kg以上。

4.保证模板安装施工安全的基本要求

(1)模板工程安装高度超过3.0 m,必须搭设脚手架,除操作人员外,脚手架下不得站人。支模应按规定的作业程序进行,模板未固定前不得进行下道工序。严禁在连接件和支撑件上攀登上下,并严禁在上下同一垂直面安装、拆卸模板。

(2)模板安装高度在2 m及以上时,应符合国家现行标准《建筑施工高处作业安全技术规范》(JGJ 80)的有关规定。

(3)施工人员上下通行必须借助马道、施工电梯或上人扶梯等设施,不允许攀登模板、斜撑杆、拉条或绳索等上下,不允许在高处的墙顶、独立梁或在其模板上行走。

(4)作业时,模板和配件不得随意堆放,模板应放平放稳,严防滑落。脚手架或操作平台上临时堆放的模板不宜超过3层,脚手架或操作平台上的施工总荷载不得超过其设计值。

(5)高处支模作业人员所用和连接件应放在箱盒或工具袋中,不得散放在脚手板上,以防坠落伤人。

(6)模板安装时,上下应有人接应,随装随运,严禁抛掷。不得将模板支搭在门窗框上,也不得将脚手架支搭在模板上,并严禁将模板与上料架及有车辆运行的脚手架或操作平台支成一体。

(7)当钢模板高度超过15 m时,应安设避雷设施,避雷设施的接地电阻不得大于4 Ω。大风地区或大风季节施工,模板应有抗风的临时加固措施。

(8)遇大风、大雾、沙尘、大雪或6级以上等恶劣天气时,应暂停露天高处作业。5级及以上风力时,应停止高空吊运作业。雨、雪停止后,应及时清除模板和地面上的积水及积雪。

(9)在架空输电线路下方应设专人负责安全检查,发现问题应报告有关人员处理。当遇险情时,应立即停工和采取应急措施;待修复或排除险情后,方可继续施工。

5. 保证模板拆除施工安全的基本要求

(1)现浇混凝土结构模板及其支架拆除时的混凝土强度应符合实际要求。当设计无要求时,应符合下列规定:

①不承重的侧模板,包括梁、柱、墙的侧模板,只要混凝土强度能保证其表面及棱角不因拆除模板而受损,即可进行拆除。

②承重模板,包括梁、柱、板等有水平结构构件的底模,应在与结构同条件养护的试块强度达到规定要求时,方可进行拆除。

③后张预应力混凝土结构或构件模板的拆除,侧模应在预应力张拉前拆除,其混凝土强度达到侧模拆除条件即可。进行预应力张拉,必须在混凝土强度达到试剂规定时进行,底模必须在预应力张拉完毕后方能拆除。

④在拆模过程中,如发现实际结构混凝土并未达到要求,有影响结构安全的质量问题,应暂停拆模,经妥当处理、实际强度达到要求后,方可继续拆除。

⑤对已拆除模板或预留孔的内模,应在混凝土强度达到设计要求后,才允许承受全部设计的使用荷载。

⑥拆除芯或预留孔的内模时,应在混凝土强度能保证不发生塌陷和裂缝时,方可进行拆除。

(2)拆模作业之前必须填写拆模申请,并在同条件养护试块强度记录达到规定要求时,技术负责人方可批准拆模。

(3)冬期施工的模板拆除应遵守冬期施工的有关规定,其中主要是考虑混凝土模板拆除后的保温养护,如果不能进行保温养护,必须暴露在大气中,要考虑混凝土受冻的临界强度。

(4)各类模板拆除的顺序和方法,应根据模板设计的要求进行。如果模板设计无要求,可按先支的后拆,后支的先拆;先拆非承重的模板,后拆承重模板及支架的顺序进行。

(5)拆模时下方不能有人,拆模区应设警戒线,以防有人误入。拆除的模板向下运送传递时,一定要做到上下呼应,协调一致。

(6)模板不能采取猛撬以致大片塌落的方法进行拆除。

(7)拆除的模板必须随时清理,以免钉子扎脚、阻碍通行。使用后的木模板应拔除钉子,分类进库,堆放整齐。露天堆放时,顶面应遮盖防雨篷布。

(8)使用后的钢模、钢构件应及时将黏结物清理干净,进行必要的维修、刷油、整理,合格后方可运往其他施工现场或入库。

(9)钢模板在装车运输时,不宜超出车栏杆,少量高出部分应拴牢,零配件应分类装箱,不得散装运输。装车时应轻搬轻放,不得互相碰撞。卸车时,严禁成捆从车上推下和拆散抛掷。

(10)模板及配件应在室内或敞棚内,当须露天堆方时,底部应垫高100 mm,顶面应遮盖防水篷布或塑料。

3.4.4.4 混凝土浇筑施工的安全技术措施

(1)混凝土浇筑作业人员的作业区内,应按高处作业的有关规定,设置临边、洞口安全的防护设施。

(2)混凝土浇筑时用的机械设备的接零(接地)保护、漏电保护装置应齐全有效,作业人员应正确使用安全防护用具。

(3)交叉作业应避免在同一垂直作业面上进行,否则应按规定设置隔离防护设施。

(4)用井架运输混凝土时,应设制动安全装置,升降应有明确信号,操作人员未离开提升台时,不得发起降信号。提升台内放的手推车不得伸出台外,车辆前后要挡牢。

(5)用料斗进行混凝土吊运时,料斗的斗门在装料吊运前一定要关好卡牢,以防止吊运过程被挤开抛卸。

(6)用溜槽及串筒下料时,溜槽和串筒应固定牢固,人员不得站在溜槽帮上操作。

(7)用混凝土输送泵泵送混凝土时,混凝土输送泵的管道应连接和支撑牢固,试送合格后才能正式输送,检修时必须卸压。

(8)有倾倒、掉落危险的浇筑作业应采取相应的安全防护措施。

3.4.5 吊装工程安全隐患防范

3.4.5.1 吊装工程的主要施工特点

(1)受预制构件的类型和质量影响大。

(2)正确选用起重机具是完成吊装任务的主导因素。

(3)构件的应力状态变化多。

(4)高空作业多,容易发生事故,必须加强安全教育,并采取可靠措施。

3.4.5.2 吊装作业

1.吊装机械作业常用的安全技术规程

吊装机械作业常用的安全技术规程有:《建筑施工塔式起重机安装、使用、拆卸安全技术规程》《建筑起重机械安全评估技术规程》。

2.起吊作业的人员及现场要求

1)起吊作业的人员要求

(1)起重吊装作业人员包括起重工、电工、司机、指挥等,属于特种作业人员,必须经有关部门培训考核合格,颁发《中华人民共和国特种作业操作证》方可操作。

(2)起重机司机所持《中华人民共和国特种作业操作证》的操作项目,必须与司机所驾驶起重机类型相符。汽车吊、轮胎吊必须由起重机司机驾驶,严禁同车的汽车司机与起重机司机相互替代(司机持有两种证的除外)。

(3)起重机的信号指挥人员应经特种作业安全技术培训考核并取得《中华人民共和国特种作业操作证》。其信号应符合《起重吊运指挥信号》(GB 5082—85)的规定。

(4)特种作业人员应按规定进行体检和复审。

2)起吊作业现场要求

起重吊装作业前,应根据施工组织设计要求划定危险作业区域,设置醒目的警示标志,防止无关人员进入。还应视现场作业环境专门设置监护人员,防止高处作业或交叉作业时造成的落物伤人事故。

3.起重设备的要求

(1)根据《危险性较大的分部分项工程安全管理方法》规定,下列起重工程属于超过一定规模的危险性较大的分部分项工程:

①采用非常规起重设备、方法,且单件起吊重量在100 kN及以上的起重吊装工程。

②起重量300 kN及以上的起重设备及安装工程;高度200 m及以上内爬起重设备的拆除工程。

③安装拆除环境复杂,与设备使用说明书安装拆卸工况不符的起重机械安装与拆卸工程。

(2)起重机械按施工方案要求选型,运到现场重新组装后,应进行试运转试验和验收,确认符合要求并记录、签字。起重机经检验后可持续使用并要持有市级有关部门定期核发的准用证。

(3)经检查确认安全装置包括超高限位器、力矩限制器、臂杆幅度指示器及吊钩保险装置均符合要求。当该机说明书中有其他安全装置时,应按说明书规定进行检查。

(4)起重机要做到"十不吊",即:超载或被吊物质量不清不吊;指挥信号不明确不吊;捆绑、吊挂不牢或不平衡,可能引起滑动时不吊;被吊物上有人或浮置物时不吊;工作场地昏暗,无法看清场地、被吊物和指挥信号时不吊;被吊物棱角处与捆绑钢绳间未加衬垫时不吊;歪拉斜吊重物时不吊;容器内装的物品过满时不吊;结构或零部件有影响安全工作的缺陷或损伤时不吊;遇有拉力不清的埋置物时不吊。

(5)起重机要避免带载行走,如需短距离带载行走,荷载不得超过允许起重机的70%,构件离地面不得大于50 cm,并使构件转至正前方,拉好溜绳,控制构件的摆动。确保起重臂应与履带平行,重物应拴拉绳缓行。不得带载行驶在坡道上,上坡时应将起重臂的仰角放小一些;而下坡行驶则应将起重臂的仰角加大一些,以此平衡起重机的重心,严禁下坡时空挡滑行。

(6)双机抬吊时,要根据起重机的起重能力进行合理的负载分配,单机负载不得超过该机额定起重量的80%,双机抬吊时不得超过两机额定起重量之和的75%。操作时要统一指挥,互相密切配合。在整个起吊过程中,两台起重机的吊滑车均应基本保持垂直状态。

(7)起重机的行驶道路必须平整、坚实可靠。一般情况下,纵向坡度不大于3‰,横向坡度不大于1‰。地耐力应符合进行吊装作业的起重机的使用说明书要求。当地面平整度与地耐力不能满足要求时,应采用路基箱、道木等铺垫,确保起重机的安全作业条件。

(8)起重机不得停置在斜坡上工作、回转,不允许起重机两边履带或轮胎一高一低。

(9)严禁超负荷使用起重设备;不准斜拉、斜吊;不得起吊埋于地下和粘在地面或其他物体上的重物。

(10)吊件升降时应平稳,尽量避免振动或摆动:起吊时应先将系物吊离地面200~

300 mm 后停住，检查起重机的工作状态，在确认起重机稳定、制动可靠、重物吊挂、平衡牢固后，方可继续起升。发现不正常情况，应立即放下重物，检查、调整正常后方可继续作业；不得悬吊重物过夜。

(11)禁止在6级以上大风、雾天、雨雪等恶劣天气条件下作业；夜晚作业应有足够的照明，且应经有关部门批准，并进行协调。

4. 起重扒杆

(1)起重扒杆的选用应符合作业工艺要求，其材料、截面以及组装形式，必须按照设计图纸要求进行，组装后经有关部门检验，确认符合要求。

(2)扒杆与钢丝绳、滑轮、卷扬机等组合后，应先经试吊确认。可按1.2倍额定荷载，调运离地面200～500 mm，使各缆风绳就位，起升钢丝绳逐渐绷紧，确定各部门滑车及钢丝绳受力良好，轻轻晃动吊物，检查扒杆、地锚及缆风绳情况，确认符合设计要求。

5. 钢丝绳及地锚

(1)钢丝绳断丝数在一个节距中超过10%、钢丝绳锈蚀或表面磨损达40%以及有死弯、结构变形绳芯挤出等情况时，应报废并停止使用。

(2)扒杆滑轮及地面导向滑轮的选用，应与钢丝绳的直径相适应，其直径比值不应小于15，各组滑轮必须用钢丝绳牢靠固定，滑轮出现翼缘破损等缺陷时应及时更换。

(3)缆风绳应使用钢丝绳，其安全系数$K=3.5$，规格应符合施工方案要求。

(4)地锚的埋设做法应经计算确定，地锚的位置及埋设应符合施工方案要求和扒杆作业时的实际角度。当移动扒杆时，必须使用经过计算的正式地锚，不准随意拴在电杆、树木和构件上。

6. 预制构件的运输

(1)工厂预制的构件需在吊装前运至工地，构件运输宜选用载重量较大的载重汽车和半拖式或全拖式的平板拖车，将构件直接运到工地构件堆放处。

(2)运输时混凝土预制构件的强度不低于设计混凝土强度的75%。在运输过程中构件的支撑位置和方法，应根据设置的吊(垫)点设置，不应引起超应力和使构件损伤。叠放运输构件之间必须用隔板或垫木隔开。上、下垫木应保持在同一垂直面上，支垫数量应符合设计要求以免构件受折。运输道路要有足够的宽度和转弯半径。

7. 构建堆放

(1)构件堆放平稳，底部按设计位置设计垫木。

(2)构件多层叠放时，柱子不超过2层；梁不超过3层；大型屋面板、多孔板6～8层；钢屋架不超过3层，各层的支撑垫木应在同一垂直线上，各堆放构件之间应留不小于0.7 m宽的通道。

(3)重心较大的构件(如屋架、大架等)，除在底部设垫木外还应在两侧架设支撑或将几榀大梁以方木铁丝将其连成一体，提高其稳定性，侧面支撑沿梁长度方向不得少于三道。墙板堆放架应经设计计算确定，并确保地面抗倾覆要求。

8. 吊点

(1)根据重物的外形、重心及工艺要求选择吊点，并在方案中进行规定。

(2)吊点是在重物起吊、翻转、位移等作业中都必须使用的，吊点选择应与重物的重心在同一垂直线上,且吊点应在重心之上(吊点与重物重心的连线和重物的横截面垂直)。使重物垂直起吊,严禁斜吊。

(3)当采用几个吊点起吊时,应使各吊点的合力在重物的重心之上。必须正确计算每根吊索长度,使重物在吊装过程中始终保持稳定位置。当构件无吊鼻,需用钢丝绳绑扎时,必须对棱角处采取保护措施,其安全系数为 $K=6\sim8$。

3.4.5.3 高空作业的安全控制要点

(1)起重吊装与高空作业时,应按规定设置安全措施防止高处坠落,包括各洞口盖严盖牢,临边作业应搭设防护栏杆、封挂密目网等。高处作业规范规定:"屋架吊装以前,应预先在下弦挂设安全网,吊装完毕后,即将安全网铺设固定"。

(2)吊车作业人员必须佩戴安全帽,在高空作业和移动时,必须系牢安全带。

(3)作业人员上下应有专用的爬梯或斜道,不允许攀爬脚手架或建筑物上下。

(4)遇有6级或6级上强风、浓雾等恶劣天气,不得从事露天高处吊车作业。暴风雨及台风、暴雨后,应对吊车作业安全设施逐一加以检查。

(5)在高处用气割或电焊切割物件时,应采取措施,防止火花飞落伤人。

3.4.5.4 触电事故的安全控制要点

(1)吊车作业起重机的任何部位与架空输电线路之间的距离要符合规定。

(2)吊车作业使用的电源线必须要架高,手把线绝缘要良好,在雨天或潮湿地点作业的人员,应戴绝缘手套,穿绝缘鞋。

(3)吊车作业使用行灯照明时,电压不得超过 36 V。

3.4.5.5 构件吊车和管道安装时的注意事项

(1)钢结构的吊装,构件应尽可能在地面组装,并应搭设进行临时固定、电焊、高强度螺栓连接等工序的高度安全设施,随构件同时上吊就位。拆卸时的安全措施,亦应一并考虑和落实。高空吊装预应力混凝土屋架、桁架等大型构件前,也应搭设悬空作业中所需的安全措施。

(2)悬空安装大模板、吊装第一块预制构件、吊装单独的大中型预制构件时,必须站在操作平台上操作。吊装中的大模板和预制构件以及石棉水泥板等屋面板上,严禁站人和行走。

(3)安装管道时必须有已完结构或操作平台为立足点,严禁在安装中的管道上站立行走。

3.4.6 高处作业安全隐患防范

高处作业是指凡在坠落高度基准面 2 m 以上(含 2 m),有可能坠落的高处进行的作业。高处作业易发生高处坠落、物体打击等安全事故。高处作业要严格遵守《建筑施工高处作业安全技术规范》(JGJ 80—1991)。

3.4.6.1 高处作业的安全隐患主要表现形式

(1)作业人员不正确佩戴安全帽,在无可靠安全措施的情况下不规定系挂安全带。

(2)作业人员患有不适宜高处作业的疾病。

(3)各种形式的临边无防护或防护不严密。

(4)违章酒后作业。

(5)各种类型的洞口无防护或防护不严密。

(6)攀登作业所使用的工具不牢固。

(7)设备、管道安装、临时构筑物模板支设、钢筋绑扎、安装钢筋骨架、框架、过梁、雨棚、小平台混凝土浇筑等作业无操作架,操作架搭设不稳固,防护不严密。

(8)构架式操作平台和预制钢平台的设计、安装、使用不符合安全要求。

(9)不按安全程序组织施工,地上地下并进,多层多工种交叉作业。

(10)安全设施无人监管,在施工中任意拆除、改变。

(11)高处作业的作业面材料、工具乱堆放。

(12)暑期施工无良好的防暑降温措施。

3.4.6.2 高处作业安全控制的主要内容

(1)临边作业安全。

(2)洞口作业安全。

(3)攀登与悬空作业安全。

(4)操作平台作业安全。

(5)交叉作业安全。

3.4.6.3 临边作业的安全防范措施

(1)基坑周边,尚未安装栏杆或栏板的阳台、料台与悬挑平台周边,雨棚与挑檐边,无外脚手的屋面与楼层周边及水箱与水塔周边等处,都必须设置防护栏杆。

(2)头层墙高度超过3.2 m的二层楼面周边,以及无外脚手的高度3.2 m的楼层周边,必须在外围架设安全平网一道。

(3)分层施工的楼梯口和梯段边,必须安装临时护栏。顶层楼梯口应随工程结构进度安装正式防护栏杆。

(4)井架与施工用电梯和脚手架等于建筑物通道的两侧边,必须设防护栏杆。地面通道上部应装设安全防护棚。双笼井架通道中间,应予分隔封闭。

(5)各种垂直运输接料平台,除两侧设防护栏杆外,平台口还应设置安全门或活动防护栏杆。

3.4.6.4 洞口作业的安全防范措施

(1)板与墙的洞口,必须设置牢固的盖板、防护栏杆、安全网或其他防坠落的防护设施。

(2)电梯井口必须设防护栏杆或固定栅门;电梯井内应每隔两层并最多隔10 m设一道安全网。

(3)钢管桩、钻孔桩等桩孔上口,杯形、条形基础上扣,未填土的坑槽,以及人孔、天窗、地板门等处,均应按洞口防护设置稳固的盖件。

(4)施工现场通道附近的各类洞口与坑槽等处,除设置防护设施与安全标志外,夜间还应设红灯示警。

(5)洞口根据具体情况采取设防护栏杆、架盖件、张挂安全网与装栅门等措施时,必须符合规范要求。

(6)垃圾井道和烟道,应随楼层的砌筑或安装而消除洞口,或参照预留洞口作防护。管道井施工时,还应加设明显的标志。如有临时性拆移,需经施工负责人核准,工作完毕后必须恢复防护设施。

(7)位于车辆行驶道旁的洞口、深沟与管道坑、槽所加盖板应能承受不小于当地额定卡车后轮有效承载力2倍的荷载。

(8)墙面等处的竖向洞口,凡落地的洞口应加装开关式、工具式或固定式的防护门,门栅网格的间距不应大于15 cm,也可采用防护栏杆,下设挡脚板(笆)。

(9)下边沿至楼板或底面低于80 cm的窗台等竖向洞口,如侧边落差大于2 m,应加设1.2 m高的临时防护栏。

3.4.6.5 攀登作业的安全隐患防护措施

(1)在施工组织设计中应确定用于现场施工的登高和攀登设施。

(2)攀登用具的结构构造必须牢固可靠。供人上下的踏板其使用荷载不应大于1 100 N。当梯面上有特殊作业,重量超过上述荷载时,应按实际情况加以验算。

(3)移动式梯子均应按现行的国家标准验收其质量。

(4)梯脚底部应坚实,不得垫高使用。

(5)梯子如需接长使用,必须有可靠的连接措施,且接头不得超过1处,连接后梯梁的强度不应低于单梯梯梁的强度。

(6)折梯使用时,上部夹角以35°~45°为宜,铰链必须牢固,并应有可靠的拉撑措施。

(7)固定式直爬梯应用金属材料制成,梯宽不应大于50 cm,支撑应采用不小于∟70×6的角钢,埋设与焊接必须牢固。梯子顶端的踏棍应与攀登的顶面齐平,并加设1~1.5 m高的扶手。使用直爬梯进行攀登作业时,攀登高以5 m为宜。超过2 m时应加设护笼。超过8 m时,必须加设梯间平台。

(8)作业人员应从规定的通道上下,不得在阳台之间等非规定通道攀登,也不得任意利用吊车臂架等施工设备进行攀登。

(9)钢柱安装登高时,应使用钢挂梯或设置在钢柱上的爬梯。钢柱的接柱应使用梯子或操作台。操作台横杆高度,当无电焊防风要求时,其高度不宜小于1 m;当有电焊防风要求时,其高度不宜小于1.8 m。

(10)登高安装钢架时,应视钢梁高度,在两端设置挂梯或搭设钢管脚手架。梁上面需行走时,其一侧的临时护栏横杆可以采用钢索;当改用扶手绳时,绳的自然下垂度不应大于1/20,并应控制在10 cm以内。

3.4.6.6 悬空作业的安全防范措施

(1)悬空作业处应有牢靠的立足处,并必须视具体情况,配置防护栏网、栏杆或其他安全措施。

(2)悬空作业所用的索具、脚手板、吊篮、吊笼、平台等设备,均需经过技术鉴定或检证合格后使用。

(3)模板支撑和拆卸时的悬空作业必须遵守下列规定:

①支模应按规定的作业程序进行,模板未固定前不得进行下一道程序。严禁在连接件和支撑件上攀登上下,并严禁在上下同一垂直面上装、拆模板。结构复杂的模板,装、拆

应严格按照施工组织设计的措施进行。

②支设高度在3 m以上的柱模板，四周应设斜撑，并应设立操作平台。低于3 m的可使用马凳操作。

③支设悬挑形式的模板时，应有稳固的立足点。支设临空构筑物模板时，应搭设支架或脚手架。模板上有预留洞时，应在安装后将洞盖没。混凝土板上拆模后形成的临边或洞口，应按《建筑施工高处作业安全技术规范》(JGJ 80—1991)有关章节进行防护。拆模高处作业，应配置登高用具或搭设支架。

(4)钢筋绑扎时的悬空作业必须遵守下列规定：

①绑扎钢筋和安装钢筋骨架时，必须搭设脚手架和马道。

②绑扎圈梁、挑梁、挑檐、外墙和边柱等钢筋时，应搭设操作平台架和张挂安全网。

③绑扎立柱和墙体钢筋时，不得站在钢筋骨架上或攀登骨架上下。3 m以内的柱钢筋，可在地面或楼面上绑扎，整体竖立；绑扎3 m以上的柱钢筋，必须搭设操作平台。

(5)混凝土浇筑时的悬空作业必须遵守下列规定：

①浇筑离地面2 m以上框架、过梁、雨篷和小平台时，应设操作平台，不得直接站在模板或支撑件上操作。

②浇筑拱形结构，应自两边拱脚对称地相向进行。浇筑储仓，下口应先行封闭，并搭设脚手架以防人员坠落。

③特殊情况下如无可靠的安全措施，必须系好安全带并扣好保险钩，或架设安全网。

(6)进行预应力张拉的悬空作业时必须遵守下列规定：

①进行预应力张拉时，应搭设站立操作人员和设置张拉设备用的牢固可靠的脚手架或操作平台；雨天张拉时，还应架设防雨篷。

②预应力张拉区域应标示明显的安全标志，禁止非操作人员进入，张拉钢筋的两端必须设置挡板，挡板应距所张拉钢筋的端部1.5～2 m，且应高出最上一组张拉钢筋0.5 m，其宽度应距张拉钢筋两外侧各不小于1 m。

③孔道灌浆应按预应力张拉安全设施的有关规定进行。

(7)悬空进行门窗作业时必须要遵守下列规定：

①安装门、窗，刷漆及安装玻璃时，严禁操作人员站在樘子、阳台栏板上操作。门、窗临时固定，封填材料未达到强度以及电焊时，严禁手拉门、窗进行攀登。

②在高处外墙安装门窗，无外扶手时，应张挂安全网。无安全网时，操作人员应系好安全带，其保险钩应挂在操作人员上方的可靠物件上。

③进行各项窗口作业时，操作人员的重心应位于室内，不得在窗台上站立，必要时应系好安全带进行操作。

3.4.6.7 操作平台的安全防范措施

(1)移动时操作平台必须符合下列规定：

①操作平台应由专业技术人员按现行的相应规范进行设计，计算书及图纸应编入施工组织设计。

②操作平台的面积不应超过20 m^2，高度不应超过5 m，还应进行稳定验算，并采取措施减少立柱的长细比。

③安装轮子的移动式操作平台,轮子与平台的结合处应牢固可靠,立柱底端离地面不得超过 80 mm。

④操作平台可用 ϕ(48 ~ 51) × 3.5 mm 钢管以扣件连接,亦可采用门架式或承插式钢管脚手架部件,按产品使用要求进行组装。平台的次梁间距不大于 40 cm;台面应满铺 3 cm 厚的木板或竹笆。

⑤操作平台四周必须按临边作业要求设置防护栏杆,并应布置登高扶梯。

(2)悬挑式钢平台必须符合下列规定:

①悬挑式钢平台应按现行的相应规范进行设计,其结构构造应能防止左右晃动,计算书及图纸应编入施工组织设计。

②悬挑式钢平台的搁支点与上部拉结点,必须位于建筑物上,不得设置在脚手架等施工设备上。

③斜拉杆或钢丝绳,构造上宜两边各设前后两道,其中的每一道均应作单道受力计算。

④应设置 4 个经过验算的吊环。吊运平台时应使用卡环,不得使吊钩直接钩挂吊环。吊环应用甲类 3 号沸腾钢制作。

⑤钢平台安装时,钢丝绳应采用专用的挂钩挂牢,采取其他方式时卡头的卡子不得少于 3 个,建筑物锐角利口维系钢丝绳处应加衬软垫物,钢平台外口应略高于内口。

⑥钢平台左右两侧必须设置固定的防护栏杆。

⑦钢平台吊装,需待横梁支撑点用电焊固定,接好钢丝绳,调整完毕,经过检查验收,方可松懈起重吊钩,上下操作。

⑧钢平台使用时,应有专人进行检查,发现钢丝绳有锈蚀损坏应及时调换,焊缝脱焊应及时修复。

(3)操作平台上应显著地标明容许荷载值。操作平台上人员和物料的总重,严禁超过设计的容许荷载,应配备专人加以监督。

3.4.7　拆除工程安全隐患防范

3.4.7.1　拆除工程的施工特点

拆除是建设的逆过程,具有如下主要特点:

(1)原始技术资料没有新建工程完善,特别是有些工程历史年代久远,资料散失不全,拆除人员难以全面掌握工程情况,如隐蔽工程的位置及有关技术参数等。

(2)拆除对象及其附属设施的材料性能、老化程度和抗拉抗压等有关技术参数难评价和检测,对确定拆除方法带来困难。

(3)拆除施工过程中,拆除对象的受力及平衡稳定状态很难掌握,危险程度辨识难度大。

(4)拆除工程的作业场地大都比较狭窄,相邻的建筑物及生产设备、设施密度大是拆除工程划定影响区域和制订危险区隔离措施的不利条件。

(5)具体从事拆除作业的大多是农民工队伍,缺乏拆除工程的安全管理经验,作业人员缺乏相应的安全知识,安全隐患多。

(6)拆除工程可能发生的安全事故有坍塌、物体打击、高处坠落、机械伤害、起重伤害、爆炸、中毒、火灾等。

3.4.7.2 拆除工程安全隐患的主要表现形式

(1)拆除工程施工方案和设计计算存在缺陷,未进行专家论证。

(2)拆除工程施工时,场内电线和市政管线未进行切断、迁移或加以保护。

(3)拆除工程施工时,未设安全警戒区和派专人监护。

(4)拆除施工中,在作业面上人员过度集中。

(5)采用掏挖根部推倒方式拆除工程时,掏挖过深,人员未退出安全距离以外。

(6)采用人工掏挖、拽拉、站在拆除物上猛砸等危险作业。

(7)拆除施工所使用的机械使工作面不稳定。

(8)被拆除物在未被完全分离的情况下,采用机械强行进行吊拉。

(9)在人口稠密和交通要道等地区采用火花起爆拆除建筑物。

(10)爆破实施操作的程序、爆破部位的防护及爆破器材的储存、运输、管理不到位。

3.4.7.3 拆除工程的安全控制要点

1. 拆除工程施工准备

(1)拆除工程施工前应全面了解拆除工程图纸和资料。进行现场勘查,根据工程特点、构造情况、工程量等编制专项施工方案。但涉及如下范围的工程编制的专项方案必须经过专家论证:

①采用爆破拆除的工程。

②码头、桥梁、高架、烟囱、水塔或拆除中容易引起有毒有害气(液)体或粉尘扩散、易燃易爆事故发生的特殊建、构筑物的拆除工程。

③可能影响行人,交通,电力设备,通信设施或其他建、构筑物安全的拆除工程。

④文物保护建筑、优秀历史建筑或历史文化风貌区控制范围内的拆除工程。

(2)拆除工程必须制订应急救援预案,采取严密防范措施,并配备应急救援的必要器材。制订生产安全事故应急预案,根据拆除工程施工现场作业环境,制订相应的消防安全措施。

(3)拆除施工前,应做好影响拆除工程安全施工的各种管线的切断、迁移工作。当外侧有架空线路或电缆线路时,应与有关部门联系,采取措施,确认安全后方可施工。

(4)当拆除工程对周围相邻建筑安全可能产生影响时,必须采取相应的保护措施,对建筑内的人员进行撤离安置。

(5)拆除工程施工区域应设置硬质封闭围挡及醒目的安全警示标志,非施工人员不得进入施工区。当临街的被拆除建筑与交通通道的安全距离不能满足要求时,必须采取相应的安全隔离措施。

(6)拆除工程应当由具备相应建筑业企业资质等级和安全生产许可证的施工企业承担,拆迁人应当与负责拆除工程的施工企业签订拆除合同。

(7)拆除工程合同应明确双方的安全施工、环境卫生、控制扬尘污染职责和施工企业项目负责人、技术负责人、安全负责人。

(8)拆除工程施工企业必须严格按照施工方案和安全技术规程对工程进行拆除。对作业人员要做好安全教育、安全技术交底,并做好书面记录。特种作业人员必须持证上岗。

(9)施工企业拆除工程时应确保拟拆除工程已停止供水、供电、供气,居住人员已全部安全撤离。

(10)施工企业实施拆除前应划定危险区域,设置警戒和明显的警示标志。在居民密集点、交通要道附近施工,必须采用全封闭维护,并搭设安全防护隔离网。

(11)拆除施工现场必须配备洒水设备,认真做好降尘措施。

2. 人工拆除作业的安全技术措施

(1)拆除的施工程序应从上至下,按板、非承重墙、柱等顺序依次进行,或依照先非承重结构后承重结构的原则来进行拆除。

(2)拆除施工应逐层进行拆除,分段进行,不得垂直交叉作业,作业面的孔洞应加以封闭。

(3)作业时,楼板上严禁多人聚集或集中堆放材料,作业人员应站在稳定的结构或脚手架上操作,被拆除的构件应有安全的放置场所。

(4)拆除构建的栏杆、楼梯、楼板等构件,应与建筑结构整体拆除进度配合,不得先行拆除。建筑的承重梁、柱,应在其所承载的全部构件拆除后,再进行拆除。

(5)人工拆除墙体建筑时,严禁采用掏掘或堆放的方法。

(6)拆除梁或悬挑构件时,应在采取有效的塌落控制措施后,方可切断两端的支撑。

(7)拆除柱子时,应沿柱子底部剔凿出钢筋,使用手动倒链进行方向牵引,再采用气焊切割柱子的三面钢筋,保留牵引方向的正面的钢筋。

(8)拆除原用于有毒有害、可燃气体的管道及容器时,必须查清其残留物的种类、化学性质及残留量,采取相应措施后,方可进行拆除工作,以确保拆除人员的安全。

(9)作业人员所使用的机具(包括风镐、水钻、冲击钻等),严禁超负荷使用或带故障运转。

3. 机械拆除作业的安全技术措施

(1)拆除施工时,应按照专项施工方案设计选定的机械设备及吊装方案进行施工,严禁超载作业或任意扩大使用范围。供机械设备使用的场地必须保证足够的承载力,确保机械设备具备不发生塌陷、倾覆的工作面。作业中,机械的回转和行走动作不得同时进行。

(2)拆除程序应从上至下、逐层逐段进行,应先拆除非承重结构,再拆除承重结构。对只进行部分拆除的建筑,必须先将保留部分进行加固,然后进行分离拆除。

(3)当进行高处拆除作业时,对较大尺寸的构件或沉重的材料,必须使用起重机具及时吊下。拆卸下来的各种材料应及时清理,分类堆放在指定的场所,严禁向下抛掷。

(4)在拆除钢屋架时,必须采用绳索将其拴牢,待起重机吊稳后方可进行气焊切割作业。在吊运过程中,应采取辅助措施使被吊物处于稳定状态。

(5)在拆除施工过程中,必须有专门人员负责随时监测被拆除建筑的结构状态,发现有不稳定状态的趋势时,应立即停止作业,并采取有效措施,消除隐患。

(6)拆除吊装作业的起重司机和信号指挥员必须持证上岗,并严格执行操作规程。

(7)操作规程"十不吊"是指:被吊物质量超过机械性能允许范围不吊;指挥信号不清不吊;被吊物下方有人不吊;被吊物上站人不吊;埋在地下的被吊物不吊;斜拉、斜牵的被吊物不吊;散物捆绑不牢的被吊物不吊;立式构件不用卡环的被吊物不吊;无容器的零碎被吊物不吊;质量不明的被吊物不吊。

4.爆破拆除作业的安全技术措施

(1)爆破拆除工程的设计必须按《爆破安全规程》规定级别做出安全评估,并经当地有关部门审核批准后方可实施。

(2)爆破拆除工程的实施应在工程所在地有关部门领导下成立爆破指挥部,应按照施工组织设计确定的安全距离设置警戒。

(3)爆破拆除单位必须持有所在地公安部门核发的《爆炸物品使用许可证》,承担相应等级的爆破拆除工程。爆破拆除工程的设计人员应具有爆破工程技术人员作业证,从事爆破拆除施工的作业人员应持证上岗。

(4)购买爆破器材,必须向工程所在地公安部门申请《爆破物品购买许可证》,到指定的供应点进行购买,爆破器材严禁赠送、转让、转卖、转借。

(5)运输爆破器材时,必须向所在地公安部门领取《爆破物品运输许可证》,并按照规定的路线运输,派专职的押运员押送。

(6)爆破器材的临时保管地点,必须经当地公安部门的批准,严禁同时保管与爆破器材无关的物品。

(7)爆破拆除的预拆除施工应确保建筑安全和稳定。预拆除施工可采用机械和人工方法拆除非承重的墙体或不影响结构稳定的构件。

(8)爆破拆除的预拆除是指爆破实施前有必要进行部分拆除的施工。预拆除施工可以减少钻孔和爆破装药量,清除下层障碍物(如非承重墙体)有利建筑塌落破碎解体,烟囱定向爆破时开凿定向窗口有利于倒塌方向准确。

(9)对烟囱、水塔类构筑物采用定向爆破拆除工程时,爆破拆除设计应控制建筑倒塌时的触地震动。必要时应在倒塌范围铺设缓冲材料和开挖防震沟。

(10)爆破拆除建筑施工时,应对爆破部位进行覆盖和遮挡保护,覆盖材料和遮挡设施应牢固可靠。

(11)爆破拆除工程的设计和施工,必须按照《爆破安全规程》(GB 6722—2011)有关爆破实施操作的规定进行。

5.静力破碎作业的安全技术措施

(1)进行建筑基础或局部块体拆除时,宜采用静力破碎的方法。

(2)采用具有腐蚀性的静力破碎剂作业时,灌浆人员必须佩戴防护手套和防护眼镜。

(3)孔内注入破碎剂后,作业人员应与注孔保持安全距离,严禁在注孔区域行走或停留。

(4)静力破碎剂严禁与其他材料混放。

(5)在相邻的两孔之间,严禁钻孔和破碎剂注入同时施工。

(6)在进行静力破碎时,如发生异常情况,必须停止作业,待查清原因并采取相应措施确保安全后,方可继续施工。

3.4.7.4 拆除工程绿色施工要求

1. 拆除工程施工准备

(1)拆除施工前应对周边 50 m 以内的建筑物及环境情况进行调查,对将受影响的区域予以界定;对周边建筑现状采用裂缝素描、摄影、摄像等方法予以记录。

(2)拆除施工前应对周边进行必要的围护。围护结构应以硬质板材为主,且应在围护结构上设置警示性标示。

(3)拆除施工前应制订应急救援方案。

(4)在拆除工程作业中,发现不明物体,应停止施工并采取相应的应急措施,保护现场,及时向有关部门报告。

(5)根据拆除工程施工现场作业环境,应制订消防安全措施。施工现场应设置消防车通道,保证充足的消防水源,配备足够的灭火器材。

2. 绿色拆除施工措施

(1)拆除工程按建筑构配件的破坏与否可分为保护性拆除和破坏性拆除;按施工方法可分为人工拆除、机械拆除和爆破拆除。

(2)保护性拆除。

①装配式结构、多层砖混结构和构配件直接利用价值高的建筑,应采用完好性拆除。

②可采用人工拆除或机械拆除,亦可两种方法配合拆除。

③拆除时应按建造施工顺序逆向拆除。

④为防粉尘,应对拆除部位用水淋洒,但淋洒后的水不应污染环境。

(3)对建筑构配件直接利用价值不高的建、构筑物可采用破坏性拆除。

①破坏性拆除可选用人工拆除、机械拆除或爆破拆除方法,亦可几种方法配合使用。

②在正式爆破之前,应进行小规模范围试爆,根据试爆结果修改原设计,采取必要的防护措施确保爆破飞石控制在有效范围内。

③当用钻机钻成爆破孔时,可采用钻杆带水作业或减少粉尘的措施。

④爆破拆除时,可采用悬挂塑料水袋于待爆破拆除建构物各爆点四周或多孔微量爆破方法。

⑤在爆破完成后,可及时用消防高压水枪进行高空喷洒水雾消尘。

⑥防护材料可选择铁丝网、草袋子和胶皮带等。

⑦对于需要重点防护的范围,应在其附近架设防护排架,其上挂金属网。

(4)当采用爆破拆除时,尽量采用噪声小、对环境影响小的措施,如静力破碎、线性切割等。

①采用具有腐蚀性的静力破碎剂作业时,灌浆人员必须戴防护手套和防护眼镜。孔内注入破碎剂后,作业人员应与注孔保持安全距离,严禁在注孔区域行走。

②静力破碎剂严禁与其他材料混放。

③在相邻的两孔之间严禁钻孔,严禁与注入破碎剂同步进行施工。

④使用静力破碎发生异常情况时,必须停止作业,查清原因并采取相应措施确保安全后,方可继续施工。

(5)对烟囱、水塔等高大建、构筑物进行爆破拆除时,爆破拆除设计应考虑控制建、构筑物倒塌时的触地震动,必要时应采取在倒塌范围内铺设缓冲垫层和开挖减震沟。

3. 拆除物的综合利用

(1)建筑拆除物处置单位应不得将建筑拆除物混入生活垃圾,不得将危险废弃物混入建筑拆除物。

(2)拆除的门窗、管材、电线等完好的材料应回收重新利用。

(3)拆除的砌体部分,能够直接利用的砖应回收重新利用,不能直接利用的宜运送统一的管理场地,可作为路基垫层的填料。

(4)拆除的混凝土经破碎筛分级,处理后,可作为再生骨料配制低强度等级再生骨料混凝土,用于地基加固、道路工程垫层、室内地坪及地坪垫层。

(5)拆除的钢筋和钢材(铝材):经分拣、集中、再生利用,经再加工制成各种规格的钢材(铝材)。

(6)拆除的木材或竹材可作为模板和建筑用材再生利用。亦可用于制造人造木材或将木材经破碎机粉碎,作为造纸原料或燃料使用。

4. 拆除场地的生态复原

(1)拆除工程的拆除场地应进行生态复原。

(2)拆除工程的生态复原贯彻生态性与景观性原则,安全性与经济性原则。

(3)当需要生态复原时,拆除施工单位应按拆除后的土地用途进行生态复原。

(4)建筑物拆除后应恢复地表环境,避免土壤被有害物质侵蚀、流失。

(5)建筑拆除场地内的沉淀池、隔油池、化粪池等不发生堵塞、渗漏、溢出等现象,并应有应急预案,避免因堵塞、渗漏、溢出等现象而导致对土壤、水等环境的污染。

3.4.8 装修装饰工程安全隐患防范

3.4.8.1 抹灰饰面工程

(1)脚手架上的施工荷载不得大于2 kN/m^2,当使用挂脚手架、吊篮等时,施工荷载不大于1 kN/m^2,挂脚手架每跨同时操作人数不超过2人。

(2)从事高层建筑外墙抹灰装饰作业时,应遵守高空作业安全技术规程,挂好安全带,配置水平安全网,同时应注意所使用的材料和工具不能乱丢或抛掷。

(3)不能随意拆除、斩断脚手架的附墙拉结,不得随意拆除脚手架的安全设施,如妨碍施工必须经施工负责人批准后,方能拆除妨碍部位。

(4)手持加工件时要注意不碰伤手指。

(5)对有毒、有刺激、有腐蚀的材料要注意了解其保管和使用方法,穿戴好防护用品及口罩和护目镜,保护眼睛、呼吸道及皮肤。

(6)易燃材料堆放处禁止吸烟,并配备相应的灭火器材。

(7)施工中尽量避免垂直立体交叉作业。

(8)加工切割板材时,不应两人面对面作业,尤其在使用切砖机、磨砖机、锯片机时,要防止锯片破碎、石渣飞溅伤害眼睛。

3.4.8.2 油漆涂刷施工的安全防护

(1)施工场地应有良好的通风条件,否则应安装通风设备。

(2)在涂刷或喷涂有毒涂料时特别是含铅、苯、乙烯、铝粉等的涂料,必须戴防毒口罩和密封式防护眼镜,穿好工作服,扎好领口、袖口、裤脚等处,防止中毒。

(3)在喷涂硝基漆或其他具有挥发性、易燃性溶剂稀释的涂料时,不准用明火,不准吸烟。罐体或喷漆作业机械应妥善接地,泄放静电。涂刷大面积场地(或室内)时,应采用防爆型电气、照明设备。

(4)使用钢丝刷、板锉及气动、电动工具清除铁锈、铁鳞时,须戴上防护眼镜和口罩。

(5)作业人员如果感到头痛、头昏、心悸或恶心,应立即离开工作现场到通风处换气,必要时送医院治疗。

(6)油漆及稀释剂应由专人保管。油漆涂料凝结时,不准用火烤。易燃性原材料应隔离贮存,易挥发性原料要用密封好的容器贮存。油漆仓库通风性能要良好,库内温度不得过高。仓库建筑要符合防火等级规定。

(7)在配料或提取易燃品时不得吸烟,浸擦过油漆、稀释剂的棉纱、擦手布不能随便乱丢,应全部收集存放在有盖的金属箱内,待不能使用时集中销毁。

(8)工人下班后应洗手和清洗皮肤裸露部分,未洗手之前不触摸其他皮肤或食品,以防刺激引起过敏反应和中毒。

3.4.8.3 玻璃工程的安全防护

(1)作业人员在搬运玻璃时应戴手套或用布、纸垫住边口锐利部分,以防被玻璃割伤。

(2)裁划玻璃时应在规定场所进行,边角料要集中堆放,并及时处理,以防扎伤他人。

(3)安装二层以上的窗户时要挂好安全带。

(4)安装窗扇玻璃时要按顺序依次进行,不得在垂直方向的上下两层同时作业,避免玻璃掉落伤人。

(5)安装或修理天窗玻璃时,应在天窗下满铺脚手板以防玻璃和工具掉落伤人,必要时设置防护区域,禁止人员通行。

3.4.8.4 装饰装修工程的注意事项

1.高空坠落和物体打击防范

防范措施包括:加强临边防护,预防坠落物伤人;加强从事高处作业人员的身体检查和高处作业安全教育,不断提高自我保护意识;科学合理地安排施工作业,尽量减少高处作业并为高处作业提供良好的作业条件;加强临边防护措施,并使其处于良好的防护状态;充分利用安全网、安全带、安全帽等防护用品,保障工人在有安全保障措施的情况下施工;“四口”临边应采用密目式安全网等预防落物伤人的措施。

2.触电伤害防范

防范措施包括:强化用电安全管理,制订并严格执行本企业电器规章制度和安全操作规程,严格执行特种作业上岗证制度;抓教育,提高职工素质;做好临时用电施工设计并组织使用前的验收交底工作;使用中做好用电保护及用电检查;推广电气安全新技术。

3.机具伤害的防范

防范措施包括:认真按标准做好机具使用前的验收工作,做好机具操作人员的培训教育,严把持证上岗关;作业前必须检查机具安全状态,使用时必须严格执行操作规程,定机定人,严禁无证上岗,违章操作;必须保证必要的机具维修保养时间,做到专人管理定期检查、例行保养,并做好维修保养记录;各种机具一经发现缺陷、损坏,必须立即维修,严禁机具带病运转。

4. 火灾的防范

防范措施包括:易燃材料施工前,制订相关的安全技术措施;明火作业前应履行批准手续;易挥发施工材料的使用场所采取必要的通风措施;对作业人员培训交底,及时制止违章作业;专业管理人员对作业环境进行检查和配备必要的消防器材等。

5. 使用有毒物品的防范

建筑装饰装修工程施工中,经常要使用有毒挥发物品,如胶漆、胶黏剂、防腐材料、环氧树脂以及各种稀释剂、添加剂等,高温气焊会形成金属烟尘和有害的金属蒸汽。这些也属于隐患的内容,也必须考虑必要的防范措施。

3.4.8.5 装饰装修工程绿色施工要求

1. 楼、地面工程

(1)楼、地面基层处理:

①基层粉尘清理应采用吸尘器,如没有防潮要求,可采用洒水降尘等措施。

②基层需要剔凿的,应采用噪声小的剔凿方式,如手钎、电铲等低噪声工具。

(2)楼、地面找平层、隔音层、隔热层、防水保护层、面层等使用的砂浆、轻骨料混凝土、混凝土等应采用预拌或干拌料,干拌料现场运输、仓储应采用袋装等措施。

(3)水泥砂浆、水泥混凝土、现制水磨石、铺贴板块材等楼、地面在养护期内严禁上人,地面养护用水,应采用喷洒方式,保持表面湿润为宜,严禁养护用水溢流。

(4)水磨石楼、地面磨制。

①应有污水回收措施,对污水进行集中处理。

②对楼、地面洞口、管线口进行封堵,防止泥浆等进入。

③高出楼、地面400 mm范围内的成品面层应采取贴膜等防护措施,避免污染。

④现制水磨石楼、地面房间装饰装修,宜先进行现制水磨石工序的作业。

(5)板块面层楼、地面。

①应进行排板设计,在保证质量和观感的前提下,应减少板块材的切割量。

②板块材宜采用工厂化下料加工(包括非标尺寸块材),需要现场切割时,对切割用水应有收集装置,室外机械切割应有隔声措施。

③采用水泥砂浆铺贴时,砂浆宜边用边拌。

④石材、水磨石等易渗透、易污染的材料,应在铺贴前作防腐处理。

⑤严禁采用电焊、火焰对板块材进行切割。

2. 抹灰工程

(1)墙体抹灰基层处理。

①基层粉尘清理应采用吸尘器,如没有防潮要求,可采用洒水降尘等措施。

②基层需要剔凿的,应采用噪声小的剔凿方式,如手钎、电铲等低噪声工具。

(2)落地灰应采取回收措施,经过处理后用于抹灰利用,抹灰砂浆损耗率不应大于5%;落地砂浆应全部回收利用。

(3)抹灰砂浆应严格按照设计要求控制抹灰厚度。

(4)采用的白灰宜选用白灰膏。如采用生石灰,必须采用袋装,熟化要有容器或熟化池。

(5)墙体抹灰砂浆养护用水,应保持表面湿润为宜,严禁养护用水溢流。

(6)混凝土面层抹灰,在混凝土施工工艺选择时,宜采用清水混凝土支模工艺,取消抹灰层。

3.饰面板(砖)工程

(1)饰面板应进行排板设计,宜采用工厂下料制作。

(2)饰面板(砖)粘贴剂应采用封闭容器存放,应严格计量配合比,应采用容器拌制。

(3)用于安装饰面块材的龙骨和连接件,宜采用标准件。

4.幕墙工程

(1)幕墙应进行安全计算和深化设计。

(2)用于安装饰面块材的龙骨和连接件,宜采用标准件。

(3)幕墙玻璃、石材、金属板材采用工厂加工,现场安装。

(4)幕墙与主体结构的连接件,宜采取预埋方式施工。幕墙构件宜采用标准件。

5.涂饰工程

(1)基层处理找平、打磨应进行扬尘控制。

(2)涂料应采用容器存放。

(3)涂料施工应采取措施,防止对周围设施的污染。

(4)涂料施涂宜采用涂刷或滚涂;采用喷涂工艺时,应采取有效遮挡。

(5)废弃涂料必须全部回收处理,严禁随意倾倒。

6.门窗工程

(1)外门窗宜采用断桥型、中空玻璃等密封、保温、隔音性能好的型材和玻璃等。

(2)门窗固定件、连接件等,宜选用标准件。

(3)门窗制作应采用工厂化加工。

(4)应进行门窗型材的优化设计,减少型材边角余料的剩余量。

(5)门窗洞口预留,应严格控制洞口尺寸。

(6)门窗制作尺寸应采用现场实际测量,进行核对,避免尺寸有误。

(7)门窗油漆应在工厂完成。

(8)木制门窗存放应做好防雨、防潮等措施,避免门窗损坏。

(9)木制门窗应用铁皮、木板或木架进行保护,塑钢或金属门窗口用贴膜或胶带贴严加保护;玻璃搬运应妥善运输,避免磕碰。

(10)外门窗安装操作应与外墙装修同步进行,宜同时使用外墙操作平台。

(11)门窗框与墙体之间的缝隙,不得采用含沥青的水泥砂浆、水泥麻刀灰等材料填嵌。

子任务3.5 建筑机具安全控制

建筑机具是建筑施工的重要组成部分,要根据实际情况合理选用施工机械。在施工机具的使用中常涉及的法律法规及安全技术规程有:《特种设备安全监察条例》、《建筑机械使用安全技术规程》(JGJ 33—2015)、《龙门架及井架物料提升机安全技术规范》(JGJ 88—2010)。

3.5.1 塔吊的安全控制

3.5.1.1 塔式起重机安全装置

为了确保塔机的安全作业,防止发生意外事故,塔机必须配备各类安全保护装置。

1. 起重力矩限制器

(1)起重力矩限制器是防止塔机超载的安全装置,避免塔机由于严重超载而引起塔机的倾覆或折臂等恶性事故。

(2)力矩限制器有机械式、电子式和复合式三种,多数采用机械电子联锁式的结构。

2. 起重量限制器(也称超载限位)

起重量限制器用以防止塔机的吊物重量超过最大额定荷载,避免发生机械损坏事故。当吊装超过额定起重量时,它能自动切断提升机构的电源或发出警报。

3. 起升高度限制器

起升高度限制器用来限制吊钩的行程,当吊钩接触到起重臂头部或载重小车之前,或是下降到最低点(地面或地面以下若干米)以前,它能使起升机构自动断电并停止工作。起升高度限制器一般都装在起重臂的头部。

4. 幅度限制器

动臂式塔机的幅度限制器是用来控制臂架的变幅角度的,当臂架变幅达到极限位置时,切断变幅机构的电源,使其停止工作,同时还设有机械止挡,以防臂架因起幅中的惯性而后翻。

小车运行变幅式塔机的幅度限制器用来防止运行小车超过最大或最小幅度的两个极限位置。一般小车变幅限位器是安装在臂架小车运行轨道的前后两端,用行程开关实现控制。

5. 塔机行走限制器

塔机行走限制器是行走式塔机的轨道两端尽头所设的止挡缓冲装置,利用安装在台车架或底架上的行程开关碰撞到轨道两端前的挡块切断电源来实现塔机停止行走,防止脱轨造成塔机倾覆事故。

6. 吊钩保险装置

吊钩保险装置是防止在吊钩上的吊索由钩头上自由脱落的保险装置,一般采用机械卡环式,用弹簧束控制挡板,阻止吊索滑钩。

7. 钢丝绳防脱槽装置

钢丝绳防脱槽装置主要用以防止钢丝绳在传动过程中,脱离滑轮槽而造成钢丝绳卡死和损伤。

8. 夹轨钳

夹轨钳装设在台车金属结构上，用以夹紧钢轨，防止塔机在大风情况下被风吹动而行走造成塔机出轨倾翻事故。

9. 回转限制器

有些上回转的塔机安装了回转不能超过270°和360°的限制器，防止电源线扭断，造成事故。

10. 风速仪

风速仪自动记录风速，当风速超过6级以上时自动报警，使操作司机及时采取必要的防范措施，如停止作业、放下吊物等。

11. 电气控制中的零位保护和紧急安全开关

零位保护是指塔机操纵开关与主令控制器联锁，只有在全部操纵杆处于零位时，电源开关才能接通，从而防止无意操作。紧急安全开关通常是一个能立即切断全部电源的开关。

12. 障碍指示灯

超过30 m的塔机，必须在其最高部位（臂架、塔帽或人字架顶端）安装红色障碍指示灯，并保证供电不受停机影响。

3.5.1.2 塔式起重机常见事故隐患

塔机事故主要有五大类：整机倾覆、起重臂折断或碰坏、塔身折断或底架碰坏、塔机出轨、机构损坏，其中塔机的倾覆和断臂等事故占了70%。引起这些事故发生的原因主要有：

(1)固定式塔机基础强度不足或失稳，导致整机倾覆，如地耐力不够；为了抢工期，在混凝土强度不够的情况下而草率安装；在基础附近开挖导致滑坡产生位移，或是由于积水而产生不均匀的沉降等。

(2)行走式塔机的路基、轨道铺设不坚实、不平实，致使路轨的高低差过大，塔机重心失去平衡而倾覆。

(3)超载起吊导致塔机失稳而倒塌。

(4)违章斜吊增加了张拉力矩，再加上原起重力矩，往往容易造成超载。

(5)没有正确地挂钩，盛放或捆绑吊物不妥，致使吊物坠落伤人。

(6)塔机在工作过程中，由于力矩限制器失灵或被司机有意关闭，造成司机在操作中盲目或超载起吊。

(7)起重指挥失误或与司机配合不当，造成失误。

(8)塔机装拆管理不严、人员未经过培训、企业无塔机装拆资质或无相应的资质擅自装拆塔机。

(9)在恶劣气候（大风、大雾、雷雨等）中起吊作业。

(10)设备缺乏定期检修保养。

3.5.1.3 塔吊的安全控制要点

(1)塔吊的轨道基础和混凝土基础必须经过设计验算，验收合格后方可使用；基础周围应建筑边坡和排水设施，并与基坑保持一定安全距离。

（2）塔吊的拆装必须配备下列人员：持有安全生产考核合格证书的项目负责人和安全负责人、机械管理人员；具有建筑施工特种作业操作资格证书的建筑起重机械安装拆卸工、起重司机、起重信号工、司索工等特殊作业操作人员。

（3）拆装人员应穿戴安全保护用品，高处作业时应系好安全带，熟悉并认真执行拆装工艺和操作规程。

（4）顶升前必须检查液压顶升系统各部件连接情况。顶升时严禁回转臂杆和其他作业。

（5）塔吊安装后，应进行整体技术检验和调整，经分阶段及整机检验合格后，方可交付使用。在无线荷载作用情况下，塔身与地面的垂直度偏差不得超过4/1 000。

（6）塔吊的金属结构、轨道及所有电气设备的可靠外壳应有可靠的接地装置，接地电阻不应大于4 Ω，并建立避雷装置。

（7）作业前，必须对工作现场周围环境、行驶道路、架空电线、建筑物以及构件重量和分布等情况进行全面了解。塔吊作业时，塔吊起重臂杆起落及回转半径内不得有障碍物。架空输电导线的安全距离应符合规定。

（8）塔吊的指挥人员、操作人员必须持证上岗，作业时应严格执行指挥人员的信号，如信号不清或错误，操作人员应拒绝执行。

（9）在进行塔吊回转、变幅、行走和吊钩升降等动作前，操作人员应检查电源电压须达到380 V，变动范围不得超过+20～-10 V，送电前启动控制开关应在零位，并应鸣声示意。

（10）塔吊的动臂变幅限制器、行走限位器、力矩限制器、吊钩高度限制器以及各种行程限位开关等安全保护装置，必须安全完整、灵敏可靠，不得随意调整和拆除。严禁用限位装置代替操作机构。

（11）塔吊机械不得超荷载和起吊不明质量的物件。特殊情况下使用时，必须经过验算，经企业技术负责人批准，且要有专人现场监护，但不可超过限载的10%。

（12）突然停电时，应立即把所有控制器拨到零位，断开电源开关，并采取措施将重物完全降到地面，严禁起吊重物长时间悬挂空中。

（13）起吊重物时应绑扎平稳、牢固，不得在重物上悬挂或堆放零星物件。零星材料和物件，必须用吊笼或钢丝绳绑扎牢固后，方可起吊。严禁使用塔吊进行歪拉、斜吊和起吊地下埋设或凝结在地面上的重物。

（14）遇有6级以上的大风或大雨、大雪、大雾等恶劣天气时，应停止塔吊露天作业。在雨雪过后或雨雪中作业时，应先进行试吊，确认制动器灵敏可靠后方可进行作业。

（15）在起吊荷载达到塔吊额定起重量的90%及以上时，应先将重物吊起离地面20～50 cm停止提升进行下列检查：起重机的稳定性、制动器的可靠性、重物的平稳性、绑扎的牢固性。

（16）重物提升和降落速度要均匀，严禁忽快忽慢和突然制动。左右回转速度要平稳，当回转未停稳前不得做反响动作。非重力下降式塔吊，严禁带载自由下降。

3.5.2 土石方机械的安全控制

(1)土石方机械作业前,应查明施工场地明、暗设置物(电线、地下电缆、管道、坑道等)的地点及走向,并采用明显记号表示。严禁在电缆1 m距离内作业。

(2)机械运行中,严禁接触转动部位和进行检修。在修理(焊、铆等)工作装置时,应使其降到最低位置,并应在悬空部位垫上垫木。

(3)在施工中遇下列情况之一时应立即停工,待符合作业安全条件时,方可继续施工:

①填挖区土体不稳定,又发生坍塌危险时。

②气候突变,发生暴雨、水位暴涨或山洪暴发时。

③在爆破警戒区内发出爆破信号时。

④地面涌水冒泥,出现陷车或因雨发生坡道打滑时。

⑤工作面净空不足以保证安全作业时。

⑥施工标志、防护设施损毁失效时。

(4)配合机械作业的清底、平底、修坡等人员,应在机械回转半径以外工作。当必须在回转半径以内工作时,应停止机械回转并制动好后,方可作业。

(5)推土机行驶前,严禁有人站在履带或刀片的支架上,机械四周应无障碍物,确认安全后方可开动。

(6)铲运机作业中,严禁任何人上下机械、传递物件,以及在铲斗内、拖把上或机架上坐立。非作业行驶时,铲斗必须用锁紧链条挂牢在运输行驶位置上,机上任何部位均不能载人或装易燃易爆物品。

(7)蛙式夯实机进行夯实机作业时,应一人扶夯,一人传递电缆线,且必须带绝缘手套和穿绝缘鞋。递线人员应跟随夯机后或两侧调顺电缆线,电缆线不得扭结或缠绕,且不得张拉过紧,应保持有3~4 m的余量。

(8)电动冲击夯应装有漏电保护装置,操作人员必须带绝缘手套,穿绝缘鞋。作业时,不应拉得过紧,应经常检查线头安装,不得松动及引起漏洞。严禁冒雨作业。

(9)风动凿岩机严禁在废炮眼上钻孔和骑马式作业,钻孔时,钻杆与钻孔中心线应保持一致。在装完炸药的炮眼5 m以内,严禁钻孔。

(10)电动凿岩机电缆线不得敷设在水中或在金属管道上通过。施工现场应设标志,严禁机械、车辆等在电缆上通过。

3.5.3 施工升降机的安全控制

3.5.3.1 施工升降机的安全装置

1. 限速器

限速器是为了防止施工升降机的吊笼超速或坠落而设置的一种安全装置,分为单向式和双向式两种,单向限速器只能沿吊笼下降方向起限速作用,双向限速器则可沿吊笼的上下两个方向起限速作用。限速器应按规定期限进行性能检测。

2. 缓冲弹簧

缓冲弹簧装在与基础架连接的弹簧座上，以便当吊笼发生坠落事故时，减轻吊笼的冲击，同时保证吊笼和配重下降着地时呈柔性接触，减缓吊笼和配重着地时的冲击。缓冲弹簧有圆锥卷弹簧和圆柱螺旋弹簧两种。通常，每个吊笼对应的底架上有两三个圆锥卷弹簧或四个圆柱螺旋弹簧。

3. 上、下限位器

上、下限位器是为防止吊笼上下时超过需停位置，或因司机误操作以及电气故障等原因继续上行或下降引发事故而设置的装置，安装在吊笼和导轨架上，限位装置由限位碰块和限位开关组成，设在吊笼顶部的最高限位装置，可防止冒顶；设在吊笼底部的最低限位装置，可准确停层，属于自动复位型。

4. 上、下极限限位器

上、下极限限位器是在上、下限位器不起作用时，当吊笼运行超过限位开关和越程（越程是指限位开关与极限限位开关之间所规定的安全距离）后，能及时切断电源使吊笼停车。极限限位是非自动复位型。动作后只能手动复位才能使吊笼重新启动。极限限位器安装在吊笼和导轨架上。

5. 安全钩

安全钩是为了防止吊笼到达预先设定位置，上限位器和上极限限位器因各种原因不能及时动作，吊笼继续向上运行，将导致吊笼冲击导轨架顶部面发生倾翻坠落事故而设置的钩状块，也是最后一道安全装置，它能使吊笼上行到轨架安全防护设施顶部时安全钩在导轨架上，防止吊笼出轨，保证吊笼不发生倾翻坠落事故。

6. 急停开关

当吊笼在运行过程中发生各种原因的紧急情况时，司机能在任何时候按下急停开关，使吊笼停止运行。急停开关必须是非自行复位的安全装置，一般安装在吊笼顶部。

7. 吊笼门、防护围栏门联锁装置

施工升降机的吊笼门、防护围栏门均装有电气联锁开关，它们能有效地防止因吊笼或防护围栏门未关闭就启动运行而造成人员和物料坠落，只有当吊笼门和防护围栏完全关闭后才能启动运行。

8. 楼层通道门

施工升降机与楼层之间设置了运料和人员进出的通道，在通道口与施工升降机结合部必须设置楼层通道门。楼层通道门的高度不低于1.8 m，门的下沿离通道面不应超过50 mm。此门在吊笼上下运行时处于常闭状态，只能在吊笼停靠时才能由吊笼内的人员打开。应做到楼层内的人员无法打开此门，以保证通道口处在常闭状态，避免出现危险。

9. 通信装置

由于司机的操作室位于吊笼内，无法知道各楼层的需求情况和分辨不清哪个楼层发出信号，因此必须安装一个闭路的双向电气通信装置。司机应能听到或看到每一层的需求信号。

10. 断绳保护装置

吊笼和配重的钢丝绳发生断绳时，断绳保护开关切断控制电路，制动器抱闸停车。

3.5.3.2　施工升降机的事故隐患

施工升降机是一种危险性较大的设备,易导致重大伤亡事故。

(1)施工升降机装拆的事故隐患:

①将施工升降机的装拆作业发包给无相应装拆资质的队伍或个人。

②不按施工升降机装拆方案施工或根本无装拆方案,即使有方案也无针对性,且缺乏必要的审批手续,拆装过程中也无专人统一指挥。

③施工升降机完成安装作业后即投入使用,不履行相关的验收手续和必须的试验程序,甚至不向当地建设行政主管部门指定的专业检测机构申报检测,以致发生机械、电气故障和各类事故。

④装拆人员未经专业培训即上岗作业。

⑤装拆作业前未进行详细的、有针对性的安全技术交底,作业时又缺乏必要的监护措施;现场违章作业随处可见,极易发生高处坠落、落物伤人等重大事故。

(2)安全装置装设不当甚至不装,使得吊笼在运行过程中发生故障时安全装置失效。

(3)楼层门设置不符要求,层门净高偏低,使有些运料人员把头伸出门外观察吊笼运行情况时,被正好落下的吊笼卡住脑袋发生恶性伤亡事故。楼层门设置不当,可从楼层内打开,使得通道口成为危险的临边口,造成人员坠落或物料坠落伤人事故。

(4)施工升降机的司机未持证上岗,或司机离开驾驶室时未关闭电源,使无证人员有机会擅自开动升降机,一旦遇到意外情况不知所措,酿成事故。

(5)不按升降机额定荷载控制人员数量和物料重量,使升降机长期处于超载运行的状态,导致吊笼及其他受力部件变形,给升降机的安全运行带来严重的安全隐患。

(6)未按设计要求配置配重,不利于升降机的安全运行。

(7)限速器未按规定每个月进行一次坠落试验,一旦发生吊笼下坠失速,限速器失灵,产生严重后果。

另外,金属结构和电气金属外壳不接地或接地不符安全要求、悬挂配重的钢索绳达不到8倍安全系数、电气装置不设置相序和断相保护器等都是施工升降机使用过程中常见的事故隐患。

3.5.3.3　施工电梯的安全控制要点

(1)凡建筑工程工地使用的施工电梯,必须是通过省、市、自治区以上主管部门鉴定合格和有许可证的制造厂家的合格产品。

(2)在施工电梯周围5 m内,不得堆放易燃、易爆物品及其他杂物,不得在此范围内挖沟开凿。电梯2.5 m范围内应搭设坚固的防护棚。

(3)严禁利用施工电梯的井架、横竖支撑和楼层站台,牵拉悬挂脚手架、施工管道、绳缆、标语旗帜及其他与电梯无关的物品。

(4)司机必须身体健康,经过专业培训,并且考核合格,取得主管部门颁发的机械操作合格证后方可独立操作。

(5)经常检查基础是否完好,是否有下沉现象,检查导轨架的垂直度是否符合出厂说明书要求,说明书无规定的就按80 m高度不大于25 mm,100 m高度不大于35 mm检查。

(6)检查各限位安全装置情况,经检查无误后先将梯笼升高至离地面1 m处停车检查制动是否符合要求,然后继续上行试验楼层站台,防护门,上限位和前、后门限位,并观察运转情况,确认正常后,方可正式投产。

(7)若载运熔化沥青、剧毒物品、强酸、溶液、笨重构件、易燃物品和其他特殊材料,必须由技术部门会同安全、机务和其他有关部门制订安全措施,并向操作人员交底后方可载运。

(8)运载货物应做到均匀分布,防止偏载,物料不得超出梯笼之外。

(9)凡遇有下列情况时应停止运行:天气恶劣,如雷雨、6级以上大风、大雾、导轨结冰等情况;灯光不明,信号不清;机械发生故障,未彻底排除;钢丝绳断丝磨损超过规定。

3.5.4 物料提升机(龙门架、井字架)的安全控制

《龙门架及井字架物料提升机安全技术规范》(JGJ 88—92)规定,此类物料提升机的额定起重量在2 000 kg以下,以地面卷扬机为动力,沿立柱上的导轨做升降运动,是仅作垂直运输物料的起重设备。物料提升机由架体、提升与传动机构、吊笼(吊篮)、稳定机构、安全保护装置和电气控制系统组成。

架设高度在30 m(含30 m)以下的物料提升机为低架物料提升机,架设高度在31~150 m的物料提升机为高架物料提升机。

3.5.4.1 物料提升机的一般规定

(1)制造提升机应先提出设计方案,并有图纸、计算书和质量保证措施。

(2)提升机应有产品标牌,标明额定起重量、最大提升速度、最大架设高度、制造单位、产品编号及出厂日期。

(3)提升机吊篮与架体的涂色应有明显区别。

(4)提升机出厂前,应按规定进行检验,并附产品合格证。

(5)安装提升机架体的人员,应按高处作业人员要求,经过培训持证上岗。

(6)提升机在安装完毕后,必须经正式验收,符合要求后方可投入使用。

(7)使用单位应根据提升机的类型制定操作规程,建立管理制度及检修制度。

(8)使用单位应对每台提升机建立设备技术档案,其内容应包括验收、检修、试验及事故情况。

(9)应配备经正式考试合格持有操作证的专职司机。

(10)结构设计与制造方面的相关规定:

①井架式提升机的架体,在与各楼层通道相接的开口处,应采取加强措施。

②提升机架体顶部的自由高度不得大于6 m。

③提升机宜选用可逆式卷扬机,高架提升机不得选用摩擦式卷扬机。

④提升钢丝绳不得接长使用。端头与卷筒应用压紧装置卡牢,在卷筒上应能按顺序整齐排列。当吊篮处于工作最低位置时,卷筒上的钢丝绳应不少于3圈。

⑤当钢丝绳端部的固定采用绳卡时,绳卡应与绳径匹配,其数量不得少于3个,间距不小于钢丝绳直径的6倍。绳卡滑鞍放在受力绳的一侧,不得正反交错设置绳卡。

(11)物料提升机电气方面的规定:

①提升机的电气系统(电源、设备、元器件、绝缘、防雷、接地等)应当满足《施工现场

临时用电安全技术规范》(JGJ 46—2005)以及相应的规范标准规定。

②提升机的总电源应设短路保护及漏电保护装置;电动机的主回路上,应同时装设短路、失压、过电流保护装置。

③工作照明的开关,应与主电源开关相互独立。当提升机电源被切断时,工作照明不应断电。各自的开关应有明显标志。

④禁止使用倒顺开关作为卷扬机的控制开关。

3.5.4.2 物料提升机的安全防护装置和稳定装置

1. 安全防护装置

(1)安全停靠装置。吊篮运行到位时,停靠装置将吊篮定位。该装置应能可靠地承担吊篮自重、额定载荷运料人员和装卸物料时的工作荷载。

(2)断绳保护装置。当吊篮悬挂或运行中发生断绳时,应能可靠地将其停住并固定在架体上;其滑落行程,在吊篮满载时,不得超过 1 m。

(3)楼层口停靠栏杆(门)。各楼层的通道口处,应设置常闭的停靠栏杆(门),宜采用联锁装置(吊篮运行到位时方可打开)。停靠栏杆可采用钢管制造,其强度应能承受 1 kN/m 水平荷载。

(4)吊篮安全门。吊篮的上料口处应装设安全门。安全门宜采用联锁开启装置,升降运行时安全门封闭吊篮的上料口,防止物料从吊篮中滚落。

(5)进料口防护棚。防护棚应设在提升机架体地面进料口上方,其宽度应大于提升机的最外部尺寸;其长度:低架提升机应大于 3 m,高架提升机应大于 5 m;其材料强度应能承受 10 kPa 的均布静荷载。也可采用 50 mm 厚木板架设或采用两层竹笆,上下竹笆层间距应不小于 600 mm。

(6)上极限限位器。该装置应安装在吊篮允许提升的最高工作位置。吊篮的越程(指从吊篮的最高位置与天梁最低处的距离)应不小于 3 m。当吊篮上升达到限定高度时,限位器即行动作,切断电源(指可逆式卷扬机)或自动报警(指摩擦式卷扬机)。

(7)紧急断电开关。紧急断电开关应设在便于司机操作的位置,在紧急情况下,应能及时切断提升机的总控制电源。

(8)信号装置。该装置是由司机控制的一种音响装置,其音量应能使各楼层使用提升机装卸物料人员清晰听到。

2. 稳定装置

物料提升机的稳定性能,主要取决于物料提升机的基础、附墙架、缆风绳及地锚。

1)基础

依据提升机的类型及土质情况确定基础的做法,应符合以下规定:

(1)高架提升机的基础应进行设计,基础应能可靠地承受作用在其上的全部荷载,基础的埋深与做法应符合设计和提升机出厂使用规定。

(2)当低架提升机的基础无设计要求时应符合下列要求:土层压实后的承载力应不小于 80 kPa;浇筑 C20 混凝土,厚度不小于 300 mm;基础表面应平整,水平度偏差不大于 10 mm。

(3)基础应有排水措施。距基础边缘 5 m 范围内开挖沟槽或有较大振动的施工时,必须有保证架体稳定的措施。

2)附墙架

附墙架用以增强提升机架体的稳定性,连接在物料提升机架体立柱与建筑物结构之间的钢构件。附墙架的设置应符合以下要求:

(1)附墙架与架体及建筑之间,均应采用刚性件连接,并形成稳定结构,不得连接在脚手架上。严禁使用铅丝绑扎。

(2)附墙架的材质应与架体的材质相同,不得使用木杆、竹杆等做附墙架与金属架体连接。

(3)附墙架的设置应符合设计要求,其间隔不宜大于9 m,且在建筑物的顶层宜设置1组,附墙后立柱顶部的自由高度不宜大于6 m。

3)缆风绳

缆风绳是为保证架体稳定而在其四个方向设置的拉结绳索,所用材料为钢丝绳。缆风绳的设置应当满足以下条件:

(1)提升机受到条件限制无法设置附墙架时,应采用缆风绳稳固架体。离架提升机在任何情况下均不得采用缆风绳。

(2)提升机的缆风绳应经计算确定(缆风绳的安全系数取3.5)。缆风绳应选用圆股钢丝绳,直径不得小于9.3 mm。提升机高度在20 m以下(含20 m)时,缆风绳不少于1组(4~8根);提升机高度在21~30 m时,不少于2组。

(3)缆风绳应在架体四角有横向缀件的同一水平面上对称设置,使其在结构上引起的水平分力处于平衡状态。缆风绳与架体的连接处应采取措施,防止架体钢材对缆风绳的剪切破坏。对连接处的架体焊缝及附件必须进行设计计算。

(4)龙门架的缆风绳应设在顶部。若中间设置临时缆风绳,应在此位置将架体两立柱做横向连接,不得分别牵拉立柱的单肢。

(5)缆风绳与地面的夹角不应大于60°,其下端应与地锚连接,不得拴在树木、电线杆或堆放构件等物体上。

(6)缆风绳与地锚之间,应采用与钢丝绳拉力相适应的花篮螺栓拉紧。

(7)当缆风绳需改变位置时,必须先做好预定位置的地锚,并加临时缆风绳确保提升机架体的稳定,方可移动原缆风绳的位置;待与地锚拴牢后,再拆除临时缆风绳。

(8)在安装、拆除以及使用提升机的过程中设置的临时缆风绳,其材料也必须使用钢丝绳,严禁使用铅丝、钢筋、麻绳等代替。

4)地锚

(1)缆风绳的地锚,根据土质情况及受力大小设置,应经计算确定。

(2)缆风绳的地锚,一般宜采用水平式地锚,当土质坚实,地锚受力小于15 kN时,也可选用桩式地锚。

(3)地锚的设置参数应符合规范规定,位置应满足对缆风绳的设置要求。

3.5.4.3 物料提升机常见事故隐患

1.设计制造方面

(1)擅自自行设计或制造龙门架或片架,未经设计计算和有关部门的验收便投入使用。

(2)盲目更改提升机或不按图纸的要求搭设、任意修改原设计参数、随意增加额定起重量、提高起升速度等。

2. 架体的安装与拆除

(1)架体的安装与拆除前未制订装拆方案和相应的安全技术措施。

(2)作业人员无证上岗。

(3)施工前未进行详尽的安全技术交底。

(4)违章操作等。

3. 安全装置不全或设置不当、失灵

(1)未按规范要求设置安全装置,或安全装置设置不当。

(2)平时对各类安全装置疏于检查和维修,安全装置功能失灵而未察觉,带病运行。

4. 使用和管理不当

(1)人员违章乘坐吊篮上下。

(2)严重超载导致架体变形、钢丝绳断裂、吊篮坠落等恶性事故的发生。

(3)无通信、联络装置或装置失灵,人员不知道吊篮运行情况,导致高坠、伤害事故。

(4)未经验收便投入使用,缺乏定期检查和维修保养,电气设备不符规范要求,卷扬机设置位置不合理等,都可能引发起安全事故。

3.5.4.4 物料提升机的安全控制要点

(1)提升机宜选用可逆式卷扬机,高架提升机不得选用摩擦式卷扬机。卷筒边缘必须设置防止钢丝绳脱出的防护装置。

(2)当钢丝绳端部的固定采用绳卡时,绳卡应与绳径匹配,其数量不得少于3个,间距不小于钢丝绳的6倍。

(3)提升机应具有下列安全防护装置并满足其要求:安全停靠装置、断绳保护装置、楼层口停靠栏杆(门)、吊篮安全门、上料口防护棚、上极限限位器、下极限限位器、紧急断开开关、信号装置、缓冲器、超载限制器、通信装置。

(4)提升机基础应有排水措施。距基础表边缘5 m范围内,开挖沟槽或有较大震动的施工时,必须有保证架体稳定的措施。

(5)附墙架与架体及建筑之间,均应采用刚性件连接,并形成稳定结构,不得连接在脚手架上,严禁使用钢丝绑扎。

(6)缆风绳应在架体四角有横向缀件的同一水平面上对称设置,使其在结构上引起的水平分力处于平衡状态。

(7)物料提升机经验收合格后方可使用,验收工作由机械设备部门组织现场施工工长、机械员、安装人员班组长、机操员、专职安全检查员参加,填写验收记录表,作出检查验收结论意见,检查验收人员签字,合格后方可使用。操作时应遵守有关安全技术标准、规范、规程和使用说明书中的有关规定进行。

3.5.5 桩工机械的安全控制要点

(1)打桩机类型应根据桩的类型、桩长、桩径、地质条件、施工工艺等综合考虑选择。

打桩机作业区内无高压线路。作业区应有明显的标志或围栏，非工作人员不得进入。桩锤在施打过程中，操作人员必须在距离桩锤中心5 m以外监视。

（2）严禁吊桩、吊锤、回转或行走等动作同时进行。打桩机在吊有桩和锤的情况下，操作人员不得离开岗位。

（3）悬挂震动桩锤的起重机，起吊钩上必须有放松托的保护装置。震动桩锤悬挂钢架的耳环上应加装保险钢丝绳。

（4）压桩时，非工作人员应离机10 m以外。起重机的起重臂下严禁站人。

（5）夯锤落下后，在吊钩尚未降至夯锤吊环附近前，操作人员不得提前下坑挂钩。从坑中提锤时，严禁挂钩人员站在锤上随锤提升。

3.5.6 混凝土机械的安全控制措施

混凝土机械可能发生的安全事故主要是机械伤害和触电。

3.5.6.1 混凝土机械安全使用一般要求

（1）作业场地应有良好的排水条件，机械附近应有水源，机棚内应有良好的通风、采光及防雨、防冻设施，且不得有积水。

（2）固定式机械应有可靠的基础，移动式机械应在平坦坚硬的地坪上用方木或撑架架牢，且保持水平。

（3）当气温降到5 ℃以下时，管道、水泵、机内均应采取防冻保温措施。

（4）作业后，应及时将机内、水箱内、管道内的存料、积水放尽，并应清洁、保养机械，清理工作场地，切断电源，锁好开关箱。

3.5.6.2 混凝土搅拌机

（1）固定式搅拌机应安装在牢固的台座上。当长期固定时，应埋置地脚螺栓；当短期使用时，应在机座上铺设木枕并找平放稳。

（2）固定式搅拌机的操纵台，应使操作人员能看到各部工作情况。电动搅拌机的操纵台，应垫上橡胶板或干燥木板。

（3）移动式搅拌机的停放位置应选择平整坚实的场地，周围应有良好的排水沟渠。就位后，应放下支盘腿将机架顶起达到水平位置，使轮胎离地。当使用期较长时，应将轮胎卸下妥善保管，轮轴端部用油布包扎好，并用枕木将机架垫起支牢。

（4）对需设置上料斗地坑的搅拌机，其坑口周围应垫高夯实，应防止地面水流入坑内。上料轨道架的底端支承面应夯实或铺砖，轨道架的后面应采用木料加以支承，应防止作业时轨道变形。

（5）料斗放到最低位置时，在料斗与地面之间，应加一层缓冲垫木。

（6）作业前重点检查项目应符合下列要求：

①电源电压升降幅度不超过额定值的5%。

②电动机和电气元件的接线牢固，保护接零或接地电阻符合规定。

③各传动机构、工作装置、制动器等均紧固可靠，开式齿轮、皮带轮等均有防护罩。

④齿轮箱的油质、油量符合规定。

（7）作业前，应先启动搅拌机空载运转。应确认搅拌筒或叶片旋转方向与筒体上箭头所示方向一致。对反转出料的搅拌机，应使搅拌筒正、反转运转数分钟，并应无冲击抖动现象和异常噪声。

(8)作业前，应进行料斗提升试验，应观察并确认离合器、制动器灵活可靠。

(9)应检查并校正供水系统的指示水量与实际水量的一致性；当误差超过2%时，应检查管路的漏水点，或应校正节流阀。

(10)应检查骨料规格并应与搅拌机性能相符，超出许可范围的不得使用。

(11)搅拌机启动后，应使搅拌筒达到正常转速后进行上料。上料时应及时加水。每次加入的拌和料不得超过搅拌机的额定容量并应减少物料粘罐现象，加料的次序为石子—水泥—砂子或砂子—水泥—石子。

(12)进料时，严禁将头或手伸入料斗与机架之间。运转中严禁用手或工具伸入搅拌筒内扒料、出料。

(13)搅拌机作业中，当料斗升起时，严禁任何人在料斗下停留或通过；当需要在料斗下检修或清理料坑时，应将料斗提升后用铁链或插入销锁住。

(14)向搅拌筒内加料应在运转中进行，添加新料应先将搅拌筒内原有的混凝土全部卸出后方可进行。

(15)作业中，应观察机械运转情况，当有异常或轴承温升过高等现象时，应停机检查；当需检修时，应将搅拌筒内的混凝土清除干净，然后进行检修。

(16)加入强制式搅拌机的骨料最大粒径不得超过允许值，并应防止卡料。每次搅拌时，加入搅拌筒的物料不应超过规定的进料容量。

(17)强制式搅拌机的搅拌叶片与搅拌筒底及侧壁的间隙，应经常检查并确认符合规定，当间隙超过标准时，应及时调整。当搅拌叶片磨损超过标准时，应及时修补或更换。

(18)作业后，应对搅拌机进行全面清理；当操作人员需进入筒内时，必须切断电源或卸下熔断器，锁好开关箱，挂上“禁止合闸”标牌，并应有专人在外监护。

(19)作业后，应将料斗降落到坑底，当需升起时，应用链条或插销扣牢。

(20)冬季作业后，应将水泵、放水开关、量水器中的积水排尽。

(21)搅拌机在场内移动或远距离运输时，应将进料斗提升到上止点，用保险铁链或插销锁住。

3.5.6.3 混凝土搅拌站

(1)混凝土搅拌站的安装，应由专业人员按出厂说明书规定进行，并应在技术人员主持下组织调试，在各项技术性能指标全部符合规定并经验收合格后，方可投产使用。

(2)与搅拌站配套的空气压缩机、皮带输送机及混凝土搅拌机等设备，应执行相应的安全使用规定。

(3)作业前检查项目应符合下列要求：

①搅拌筒内和各配套机构的传动、运动部位及仓门、斗门、轨道等均无异物卡住。

②各润滑油箱的油面高度符合规定。

③打开阀门排放气路系统中气水分离器的过多积水，打开贮气筒排污螺塞放出油水混合物。

④提升斗或拉铲的钢丝绳安装、卷筒缠绕均正确，钢丝绳及滑轮符合规定，提升料斗

及拉铲的制动器灵敏有效。

⑤各部螺栓已紧固，各进、排料阀门无超限磨损，各输送带的张紧度适当，不跑偏。

⑥称量装置的所有控制和显示部分工作正常，其精度符合规定。

⑦各电气装置能有效控制机械动作，各接触点和动、静触头无明显损伤。

(4)应按搅拌站的技术性能准备合格的砂、石骨料，粒径超出许可范围的不得使用。

(5)机组各部分应逐步启动。启动后，各部件运转情况和各仪表指示情况应正常，油、气、水的压力应符合要求，方可开始作业。

(6)作业过程中，在贮料区内和提升斗下，严禁人员进入。

(7)搅拌筒启动前应盖好仓盖。

(8)当拉铲被障碍物卡死时，不得强行起拉，不得进行回转操作。严禁将手、脚伸入料斗或搅拌筒探摸。

(9)搅拌机满载搅拌时不得停机，当发生故障或停电时，应立即切断电源，锁好开关箱，将搅拌筒内的混凝土清除干净，然后排除故障或等待电源恢复。

(10)搅拌站各机械不得超载作业；应检查电动机的运转情况，当发现运转声音异常或温升过高时，应立即停机检查；电压过低时不得强制运行。

(11)搅拌机停机前，应先卸载，然后按顺序关闭各部开关和管路。应将螺旋管内的水泥全部输送出来，管内不得残留任何物料。

(12)作业后，应清理搅拌筒、出料门及出料斗，并用水冲洗，同时冲洗附加剂及其供给系统。称量系统的刀座、刀口应清洗干净，并应确保称量精度。

(13)冰冻季节，应放尽水泵、附加剂泵、水箱及附加剂箱内的存水，并应启动水泵和附加剂泵运转1～2 min。

(14)当搅拌站转移或停用时，应将水箱、附加剂箱、水泥、砂、石贮存料斗，搜称量斗内的物料排净，并清洗干净。转移中，应将杆杠秤表头平衡砣秤杆固定，传感器应卸载。

3.5.6.4　混凝土泵

(1)混凝土泵应安放在平整、坚实的地面上，周围不得有障碍物，在放下支腿并调整后应使机身保持水平和稳定，轮胎应楔紧。

(2)泵送管道的敷设应符合下列要求：

①水平泵送管道宜直线敷设。

②垂直泵送管道不得直接装接在泵的输出口上，应在垂直管前端加装长度不小于20 m的水平管，并在水平管近泵处加装逆止阀。

③敷设向下倾斜的管道时，应在输出口上加装一段水平管，其长度不应小于倾斜管高低差的5倍。当倾斜度较大时，应在坡度上端装设排气活阀。

④泵送管道应有支承固定，在管道和固定物之间应设置木垫作缓冲，不得直接与钢筋或模板相连，管道与管道间应连接牢靠；管道接头和卡箍应扣牢密封，不得漏浆；不得将已磨损管道装在后端高压区。

⑤泵送管道敷设后，应进行耐压试验。

(3)砂石粒径、水泥强度等级及配合比应按出厂规定，满足泵机可泵性的要求。

(4)作业前应检查并确认泵机各部螺栓紧固，防护装置齐全可靠，各部位操纵开关、调整手柄、手轮、控制杆、旋塞等均在正确位置,液压系统正常无泄漏,液压油符合规定,搅拌斗内无杂物,上方的保护格网完好无损并盖严。

(5)输送管道的管壁厚度应与泵送压力匹配,近泵处应选用优质管道。管道接头、密封圈及弯头等应完好无损。高温烈日下应采用湿麻袋或湿草袋遮盖管路,并应及时浇水降温,寒冷季节应采取保温措施。

(6)应配备清洗管、清洗用品、接球器及有关装置。开泵前,无关人员应离开管道周围。

(7)启动后,应空载运转,观察各仪表的指示值、检查泵和搅拌装置的运转情况,确认一切正常后,方可作业。泵送前应向料斗加入10 L清水和0.3 m^3的水泥砂浆润滑泵及管道。

(8)泵送作业中,料斗中的混凝土平面应保持在搅拌轴线以上。料斗格网上不得堆满混凝土,应控制供料流量,及时清除超粒径的骨料及异物,不得随意移动格网。

(9)当进入料斗的混凝土有离析现象时应停泵,待搅拌均匀后再泵送;当骨料分离严重,料斗内灰浆明显不足时,应剔除部分骨料,另加砂浆重新搅拌。

(10)泵送混凝土应连续作业;当因供料中断被迫暂停时,停机时间不得超过30 min。暂停时间内应每隔5~10 min(冬季3~5 min)做2~3个冲程反泵—正泵运动,再次投料泵送前应先将料搅拌。当停泵时间超限时,应排空管道。

(11)垂直向上泵送中断后再次泵送时,应先进行反向推送,使分配阀内混凝土吸回料斗,经搅拌后再正向泵送。

(12)泵机运转时,严禁将手或铁锹伸入料斗或用手抓握分配阀。当需在料斗或分配阀上工作时,应先关闭电动机和消除蓄能器压力。

(13)不得随意调整液压系统压力。当油温超过70 ℃时,应停止泵送,但仍应使搅拌叶片和风机运转,待降温后再继续运行。

(14)水箱内应贮满清水,当水质混浊并有较多砂粒时,应及时检查处理。

(15)泵送时,不得开启任何输送管道和液压管道;不得调整、修理正在运转的部件。

(16)作业中,应对泵送设备和管路进行观察,发现隐患应及时处理。对磨损超过规定的管道、卡箍、密封圈等应及时更换。

(17)应防止管道堵塞。泵送混凝土应搅拌均匀,控制好坍落度;在泵送过程中,不得中途停泵。

(18)当出现输送管堵塞时,应进行反泵运转,使混凝土返回料斗;当反泵几次仍不能消除堵塞,应在泵机卸载情况下,拆管排除堵塞。

(19)作业后,应将料斗内和管道内的混凝土全部输出,然后对泵机、料斗、管道等进行冲洗。当用压缩空气冲洗管道时,进气阀不应立即开大,只有当混凝土排出时,方可将进气阀开至最大。在管道出口端前方10 m内严禁站人;应用金属网篮等收集冲出的清洗球和砂石粒。对凝固的混凝土,应采用刮刀清除。

(20)作业后,应将两侧活塞转到清洗的位置,并涂上润滑油。各部位操纵开关、调整手柄、手轮、控制杆、旋塞等均应复位,液压系统应卸载。

3.5.6.5 混凝土喷射机

(1)喷射机应采用下喷作业,应按出厂说明书规定的配合比配料,风源应是符合要求的稳压源,电源、水源、加料设备等均应配套。

(2)管道安装应正确,连接处应紧固密封。当管道通过道路时,应设置在地槽内并加盖保护。

(3)喷射机内部应保持干燥和清洁,加入的干料配合比及潮润程序,应符合喷射机性能要求,不得使用结块的水泥和未经筛选的砂石。

(4)作业前重点检查项目应符合下列要求:

①安全阀灵敏可靠。

②电源线无破裂现象,接线牢靠。

③各部密封件密封良好,对橡胶结合板和旋转板出现的明显沟槽及时修复。

④压力表指针在上、下限之间,根据输送距离,调整上限压力的极限值。

⑤喷枪水环(包括烈水环)的孔眼畅通。

(5)启动前,应先接通风、水、电,开启进气阀逐步达到额定压力,再启动电动机空载运转,确认一切正常后,方可投料作业。

(6)机械操作和喷射操作人员应有联系信号,送风、加料、停料、停风以及发生堵塞时,应及时联系,密切配合。

(7)在喷嘴前方严禁站人,操作人员应始终站在已喷射过的混凝土支护面以内。

(8)作业中,当暂停时间超过 1 h 时,应将仓内及输料管内的干混合料全部喷出。

(9)发生堵管时,应先停止喂料,对堵塞部位进行敲击,迫使物料松散,然后用挂缩空气吹通。此时,操作人员应紧握喷嘴,严禁甩动管道伤人。当管道中有压力时,不得拆卸管接头。

(10)转移作业面时,供风、供水系统液压随之移动,输送软管不得随地拖拉和折弯。

(11)停机时,应先停止加料,再关闭电动机和停送压缩空气。

(12)作业后,应将仓内和输料软管内的干混合料全部喷出,并应将喷嘴拆下清洗干净,清除机身内外附近的混凝土料及杂物。同时应清理输料管,并应使密封件处于放松状态。

3.5.6.6 插入式振动器

(1)插入式振动器的电动机电源上,应安装漏电保护装置,接地或接零应安全可靠。

(2)操作人员应经过用电教育,作业时应穿戴绝缘胶鞋和绝缘手套。

(3)电缆线应满足操作所需的长度。电缆线上不得堆压物品或让车辆挤压,严禁用电缆线拖拉或吊挂振动器。

(4)使用前,应检查各部并确认连接牢固,旋转方向正确。

(5)振动器不得在初凝的混凝土、地板、脚手架和干硬的地面上进行试振。在检修或作业间断时,应断开电源。

(6)作业时,振动棒软管的弯曲半径不得小于 500 mm,并不得多于两个弯,操作时应将振动棒垂直地沉入混凝土,不得用力硬插、斜推或让钢筋夹住棒头,也不得全部插入混凝土中,插入深度不应超过棒长的 3/4,不宜触及钢筋、芯管及预埋件。

(7)振动棒软管不得出现断裂,当软管使用过久使长度增长时,应及时修复或更换。

(8)作业停止需移动振动器时,应先关闭电动机,再切断电源。不得用软管拖拉电动机。

(9)作业完毕,应将电动机、软管、振动棒清理干净,并应按规定要求进行保养作业。振动器存放时,不得堆压软管,应平直放好,并应对电动机采取防潮措施。

3.5.6.7　附着式、平板式振动器

(1)附着式、平板式振动器轴承不应承受轴向力状态。

(2)在一个模板上同时使用多台附着式振动器时,横板面的振动器应错开安装。

(3)作业前,应对附着式振动器进行检查和试振运行。安装在搅拌站料仓上的振动器,应安置橡胶垫。

(4)安装时,振动器底板安装螺孔的位置应正确,应防止脚底螺栓安装扭斜而使机壳受损。底脚螺栓应紧固,各螺栓的紧固程度应一致。

(5)使用时,引出电缆线不得拉得过紧,更不得断裂。作业时,应随时观察电气设备的漏电保护器和接地或接零装置并确认合格。

(6)附着式振动器安装在混凝土模板上时,每次振动时间不应超过 1 min,当混凝土在模内泛浆流动或成水平状即可停振,不得在混凝土初凝状态时再振。

(7)装置振动器的构件模板应坚固牢靠,其面积应与振动器额定振动面积相适应。

(8)平板式振动器作业时,应使平板与混凝土保持接触,使振动有效地振实混凝土,待表面出浆,不再下沉后,即可缓慢向前移动,移动速度应能保证混凝土振实出浆。在振的振动器,不得搁置在已凝或初凝的混凝土上。

3.5.7　钢筋加工机械的安全控制要点

钢筋加工机械可能发生的安全事故主要是机械伤害(包括钢筋弹出伤人)和触电,高处进行作业可能发生高处坠落,液压设备可能发生高压液压油喷出伤人事故。

3.5.7.1　钢筋加工机械安全使用的基本要求

(1)机械的安装应坚实稳固,保持水平位置。固定式机械应有可靠的基础;移动式机械作业时应楔紧行走轮。

(2)室外作业应设置机棚,机旁应有堆放原料、半成品的场地。

(3)加工较长的钢筋时,应有专人帮扶,并听从操作人员指挥,不得任意推拉。

(4)作业后,应堆放好成品,清理场地,切断电源,锁好开关箱,做好润滑工作。

3.5.7.2　钢筋切断机

(1)接送料的工作台面和切刀下部保持水平,工作台的长度可根据加工材料长度确定。

(2)启动前,应检查并确认切刀无裂纹,刀架螺栓紧固,防护罩牢靠。然后用手转动皮带轮,检查齿轮啮合间隙,调整切刀间隙。

(3)启动后,应先空运转,检查各传动部分及轴承运转正常后,方可作业。

(4)机械未达到正常转速时,不得切料。切料时,应使用切刀的中、下部位,紧握钢筋对准刃口迅速投入,操作者应站在同定刀片一侧用力压住钢筋,应防止钢筋末端弹出伤人。严禁用两手分在刀片两边握住钢筋俯身送料。

(5)不得剪切直径及强度超过机械铭牌规定的钢筋和烧红的钢筋。一次切断多根钢筋时,其总截面面积应在规定范围内。

(6)剪切低合金钢时,应更换高硬度切刀,剪切直径应符合机械铭牌规定。

(7)切断短料时,手和切刀之间的距离应保持在 150 mm 以上,如手握端小于 400 mm,则应采用套管或夹具将钢筋短头压住或夹牢。

(8)运转中,严禁用手清除切刀附近的断头和杂物;钢筋摆动周围和切刀周围,不得停留非操作人员。

(9)当发现机械运转不正常、有异常响声或切刀歪斜时,应立即停机检修。

(10)作业后,应切断电源,用钢刷清除切刀口的杂物,进行整机清洁润滑。

(11)液压传动式切断机作业前,应检查并确认液压油位及电动机旋转方向符合要求。启动后,应空载运转,松开放油阀,排净液压缸体内的空气,方可进行切筋。

(12)手动液压式切断机使用前,应将放油阀按顺时针方向旋紧,切割完毕后,应立即按逆时针方向旋松。作业中,手应持稳切断机,并戴好绝缘手套。

3.5.7.3 钢筋弯曲机

(1)工作台和弯曲机台面保持水平,作业前应准备好各种芯轴及工具。

(2)应按加工钢筋的直径和弯曲半径的要求,装好相应规格的芯轴和成型轴、挡铁轴。挡铁轴应有轴套。

(3)挡铁轴的直径和强度不得小于被弯钢筋的直径和强度。不直的钢筋,不得在弯曲机上弯曲。

(4)应检查并确认芯轴、挡铁轴、转盘等无裂纹和损伤,防护罩坚固可靠,空载运转正常后,方可作业。

(5)作业时,应将钢筋需弯一端插入转盘固定销的间隙内,另一端紧靠机身固定销,并用手压紧;应检查机身固定销并确认安放在挡住钢筋的一侧,方可开动转盘。

(6)转盘转动过程中,严禁更换轴芯、销子、变换角度以及调速,也不得进行清扫和加油。

(7)对超过机械铭牌规定直径的钢筋严禁进行弯曲。在弯曲未经冷拉或带有锈皮的钢筋时,应戴护目镜。

(8)弯曲高强度或低合金钢筋时,应按机械铭牌的规定换算最大允许直径并应调换相应的芯轴。

(9)在弯曲钢筋的作业半径内和机身不设固定销的一侧严禁站人。弯曲好的半成品应堆放整齐,弯钩不得朝上。

(10)转盘换向时,应待停稳后进行。

(11)作业后,应停机及时清除转盘及插入座孔内的铁锈、杂物等。

3.5.7.4 钢筋冷拉机

(1)应根据冷拉钢筋的直径,合理选用卷扬机。卷扬钢丝绳应经封闭式导向滑轮并和被拉钢筋水平方向成直角。卷扬机的位置应使操作人员能见到全部冷拉场地,卷扬机与冷拉中线距离不得小于 5 m。

(2)冷拉场地应在两端地锚外侧设置警戒区,并应安装防护栏及警告标志。无关人员不得在此停留。操作人员在作业时必须离开钢筋 2 m 以外。

(3)用配重控制的设备应与滑轮匹配,并应有指示起落的记号,没有指示记号时应有专人指挥。配重框提起时高度应限制在离地面 300 mm 以内,配重架四周应有栏杆及警告标志。

(4)作业前,应检查冷拉夹具,夹齿应完好,滑轮、拖拉小车应润滑灵活,拉钩、地锚及防护装置均应齐全牢固。确认良好后,方可作业。

(5)卷扬机操作人员必须看到指挥人员发出信号,并待所有人员离开危险区后方可作业。冷拉应缓慢、均匀。当有停车信号或见到有人进入危险区时,应立即停拉,并稍稍放松卷扬钢丝绳。

(6)用延伸率控制的装置,应装设明显的限位标志,并应有专人负责指挥。

(7)夜间作业的照明设施,应装设在张拉危险区域外。当需要装设在场地上空时,其高度应超过 5 m。灯泡应加防护罩,导线严禁采用裸线。

(8)作业后,应放松卷扬钢丝绳,落下配重,切断电源,锁好开关箱。

3.5.7.5　预应力钢丝拉伸设备

(1)作业场地两端外侧应设有防护栏杆和警告标志。

(2)作业前,应检查被拉钢丝两端的镦头,当有裂纹或损伤时,应及时更换。

(3)固定钢丝镦头的端钢板上圆孔直径应较所拉钢丝的直径大 0.2 mm。

(4)高压油泵启动前,应将各油路调节阀松开,然后开动油泵,待空载运转正常后,再紧闭回油阀,逐渐拧开进油阀,待压力表指示值达到要求,油路无泄漏,确认正常后,方可作业。

(5)作业中,操作应平稳、均匀。张拉时,两端不得站人。拉伸机在有压力情况下,严禁拆卸液压系统的任何零件。

(6)高压油泵不得超载作业,安全阀应按设备额定油压调整,严禁任意调整。

(7)在测量钢丝的伸长时,应先停止拉伸,操作人员必须站在侧面操作。

(8)用电热张拉法带电操作时,应穿戴绝缘胶鞋和绝缘手套。

(9)张拉时,不得用手摸或脚踩钢丝。

(10)高压油泵停止作业时,应先断开电源,再将回油阀缓慢松开,待压力表退至零位时,方可卸开通往千斤顶的油管接头,使千斤顶全部卸荷。

3.5.7.6　钢筋冷挤压连接机

(1)有下列情况之一时,应对挤压机的挤压力进行标定:

①新挤压设备使用前。

②旧挤压设备大修后。

③油压表受损或强烈振动后。

④套筒压痕异常且查不出其他原因时。

⑤挤压设备使用超过一年。

⑥挤压的接头数超过 5 000 个。

(2)设备使用前后的拆装过程中,超高压油管两端的接头及压接钳、换向阀的进出油接头,应保持清洁,并应及时用专用防尘帽封好。超高压油管的弯曲半径不得小于250 mm,扣压接头处不得扭转,且不得有死弯。

(3)挤压机液压系统的使用,应符合液压装置安全使用的有关规定;高压胶管不得负重拖拉、弯折和受到尖利物体刻划。

(4)压模、套筒与钢筋应相互配套使用,压模上应有相对应的连接钢筋规格标记。

(5)挤压前的准备工作应符合下列要求:

①钢筋端头的锈、泥沙、油污等杂物应清理干净。

②钢筋与套筒应先进行试套,当钢筋有马碲、弯折或纵肋尺寸过大时,应预先进行矫正或用砂轮打磨;不同直径钢筋的套筒不得串用。

③钢筋端部应划出定位标记与检查标记,定位标记与钢筋端头的距离应为套筒长度的一半,检查标记与定位标记的距离宜为20 mm。

④检查挤压设备情况,应进行试压,符合要求后方可作业。

(6)挤压操作应符合下列要求:

①钢筋套筒连接宜先在地面上挤压一端套筒,在施工作业区插入待接钢筋后再挤压另一端套筒。

②压接钳就位时,应对准套筒压痕位置的标记,并应与钢筋轴线保持垂直。

③挤压顺序宜从套筒中部开始,并逐渐向端部挤压。

④挤压作业人员不得随意改变挤压力、压接道数或挤压顺序。

(7)作业后,应收拾好成品、套筒和压模,清理场地,切断电源,锁好开关箱,最后将挤压机和挤压钳放到指定地点。

3.5.7.7 其他钢筋加工机械作业

1.钢筋除锈机

(1)使用电动除锈机除锈,要先检查钢丝刷固定螺丝有无松动,检查封闭式防护罩装置及排尘设备的完好情况,防止发生机械伤害。

(2)使用移动式除锈机,要注意检查电气设备的绝缘及接地是否良好。

(3)操作人员要将袖口扎紧,并戴好口罩、手套、防护眼镜,防止圆盘钢丝刷上的钢丝甩出伤人。

(4)进料时,操作人员要侧身操作,严禁在除锈机的正前方站人,长料除锈需两人互相呼应,紧密配合。

2.人工调直安全要求

(1)用人工绞磨调直钢筋时,绞磨地锚必须牢固,严禁将地锚绳拴在树杆、下水井及其他不坚固的物体或建筑物上。

(2)人工推转绞磨时,要步调一致,稳步进行,严禁任意撒手。

(3)钢筋端头应用夹具夹牢,卡头不得小于100 mm。

(4)钢筋产生应力并调直到预定程度后,应缓慢回车卸下钢筋,防止机械伤人。手工调直钢筋,必须在牢固的操作台上进行。

3.钢筋手工弯曲成型

(1)用横口扳子弯曲粗钢筋时,要注意掌握操作要领,脚跟要站稳,两腿站成弓步,搭好扳子,注意扳距,扳口卡牢钢筋,起弯时用力要慢,不要用力过猛,防止扳子扳脱,人被甩倒。

(2)不允许在高处或脚手架上弯粗钢筋,避免因操作时脱扳造成高处坠落。

3.5.8　铆焊设备的安全控制要点

焊接设备可能发生的安全事故主要是机械伤害、火灾、触电、灼烫和中毒事故,高空焊接作业可能发生高处坠落。总体要求如下:

(1)焊接操作及配合人员必须按规定穿戴劳动防护用品,并必须采取防止触电、高空坠落、瓦斯中毒和火灾等事故的安全措施。

(2)对承压状态的压力容器及管道、带电设备、承载结构的受力部位和装有易燃、易爆物品的容器严禁进行焊接和切割。

(3)气焊电石起火时必须用干砂或二氧化碳灭火器,严禁用泡沫、四氯化碳灭火器或水灭火。电石粒末应在露天销毁。

(4)未安装减压器的氧气瓶严禁使用。

3.5.8.1　焊接设备安全使用基本要求

(1)焊接设备应有完整的防护外壳,一、二次接线柱处应有保护罩。

(2)焊接操作及配合人员必须按规定穿戴劳动防护用品,并必须采取防止触电、高空坠落、瓦斯中毒和火灾等事故的安全措施。

(3)现场使用的电焊机,应设有防雨、防潮、防晒的机棚,并应装设相应的消防器材。

(4)施焊现场10 m范围内,不得堆放油类、木材、氧气瓶、乙炔发生器等易燃、易爆物品。

(5)当长期停用的电焊机恢复使用时,其绝缘电阻不得小于0.5 MΩ,接线部分不得有腐蚀和受潮现象。

(6)电焊机导线应具有良好的绝缘,绝缘电阻不得小于1 MΩ,不得将电焊机导线放在高温物体附近。电焊机导线和接地线不得搭在易燃、易爆和带有热源的物品上,接地线不得接在管道、机械设备和建筑物金属构架或轨道上,接地电阻不得大于4 Ω。严禁利用建筑物的金属结构、管道、轨道或其他金属物体搭接起来形成焊接回路。

(7)电焊钳应有良好的绝缘和隔热能力。电焊钳握柄必须绝缘良好,握柄与导线连接应牢靠,接触良好,连接处应采用绝缘布包好并不得外露。操作人员不得用胳膊夹持电焊钳。

(8)电焊导线长度不宜大于30 m。当需要加长导线时,应相应增加导线的截面。当导线通过道路时,必须架高或穿入防护管内埋设在地下;当通过轨道时,必须从轨道下面通过。当导线绝缘受损或断股时,应立即更换。

(9)对承压状态的压力容器及管道、带电设备、承载结构的受力部位和装有易燃、易爆物品的容器严禁进行焊接和切割。

(10)焊接铜、铝、锌、锡等有色金属时,应通风良好,焊接人员应戴防毒面罩、呼吸滤清器或采取其他防毒措施。

(11)当需施焊受压容器、密封容器、油桶、管道、沾有可燃气体和溶液的工件时,应先清除容器及管道内压力，消除可燃气体和溶液，然后冲洗有毒、有害、易燃物质；对存有残余油脂的容器，应先用蒸汽、碱水冲洗，并打开盖口。确认容器清洗干净后，再灌满清水方可进行焊接。在容器内焊接应采取防止触电、中毒和窒息的措施。焊、割密封容器应留出气孔，必要时在进、出气口处装设通风设备；容器内照明电压不得超过 12 V，焊工与焊件间应绝缘；容器外应设专人监护。严禁在已喷涂过油漆和塑料的容器内焊接。

(12)当焊接预热焊件温度达 150～700 ℃时，应设挡板隔离焊件发出的辐射热，焊接人员应穿戴隔热的石棉服装和鞋、帽等。

(13)高空焊接或切割时，必须系好安全带，焊接周围和下方应采取防火措施，并应有专人监护。

(14)雨天不得在露天电焊。在潮湿地带作业时，操作人员应站在铺有绝缘物品的地方，并应穿绝缘鞋。

(15)应按电焊机额定焊接电流和暂载率操作，严禁过载。在载荷运行中，应经常检查电焊机的温升，当温升超过 A 级 60 ℃、B 级 80 ℃时，必须停止运转并采取降温措施。

(16)当清除焊缝焊渣时，应戴防护眼镜，头部应避开敲击焊渣飞溅方向。

3.5.8.2 手工弧焊机安全控制要点

1. 交流电焊机

(1)使用前，应检查并确认初、次级线接线正确，输入电压符合电焊机的铭牌规定，接通电源后，严禁接触初级线路的带电部分。

(2)次级抽头连接铜板应压紧，接线桩应有垫圈。合闸前，应详细检查接线螺帽、螺栓及其他部件并确认完好齐全、无松动或损坏。

(3)多台电焊机集中使用时，应分接在三相电源网络上，使二相负载平衡。多台焊机的接地装置，应分别由接地板处引接，不得串联。

(4)移动电焊机时，应切断电源，不得用拖拉电缆的方法移动焊机。当焊接中突然停电时，应立即切断电源。

2. 旋转式直流电焊机

(1)新机使用前，应将换向器上的污物擦干净，换向器与电刷接触应良好。

(2)启动时，应检查并确认转子的旋转方向符合焊机标志的箭头方向。

(3)启动后，应检查电刷和换向器，当有大量火花时，应停机查明原因，排除故障后方可使用。

(4)当数台焊机在同一场地作业时，应逐台启动。

(5)运行中，当需调节焊接电流和极性开关时，不得在负荷时进行。调节不得过快、过猛。

3. 硅整流直流焊机

(1)焊机应在出厂说明书要求的条件下作业。

(2)使用前，应检查并确认硅整流元件与散热片连接紧固，各接线端头紧固。

(3)使用时，应先开启风扇电机，电压表指示值应正常，风扇电机无异响。

(4)硅整流直流电焊机主变压器的次级线圈和控制变压器的次级线圈严禁用摇表测试。

(5)硅整流元件应进行保护和冷却。当发现整流元件损坏时,应查明原因,排除故障后,方可更换新件。

(6)整流元件和有关电子线路应保持清洁和干燥。启用长期停用的焊机时,应空载通电一定时间进行干燥处理。

(7)搬运出高导磁材料制成的磁放大铁芯时,应防止强烈震击引起磁能恶化。

(8)停机后,应清洁硅整流器及其他部件。

3.5.8.3 埋弧焊机安全控制要点

(1)作业前,应检查并确认各部分导线连接良好,控制箱的外壳和接线板上的罩壳盖好。

(2)应检查并确认送丝滚轮的沟槽及齿纹完好,滚轮、导电嘴(块)磨损或接触不良时应更换。

(3)作业前,应检查减速箱油槽中的润滑油,不足时应添加。

(4)软管式送丝机构的软管槽孔应保持清洁,并定期吹洗。

(5)作业时,应及时排走焊接中产生的有害气体,在通风不良的舱室或容器内作业时,应安装通风设备。

3.5.8.4 竖向钢筋电渣压力焊机安全控制要点

(1)应根据施焊钢筋直径选择具有足够输出电流的电焊机。电源电缆和控制电缆连接应正确、牢固。控制箱的外壳应牢靠接地。

(2)施焊前,应检查供电电压并确认正常,当一次电压降大于8%时,不宜焊接。焊接导线长度不得大于30 m,截面面积不得小于50 m^2。

(3)施焊前应检查并确认电源及控制电路正常,定时准确,误差不大于5%;机具的传动系统、夹装系统及焊钳的转动部分灵活自如,焊剂要干燥,所需附件齐全。

(4)施焊前,应按所焊钢筋的直径,根据参数表,标定好所需的电源和时间。一般情况下,时间(s)可为钢筋的直径数(mm),电流(A)可为钢筋直径的20倍数(mm)。

(5)起弧前,上、下钢筋应对齐,钢筋端头应接触良好。对锈蚀粘有水泥的钢筋,应用钢丝刷清除,并保证导电良好。

(6)施焊过程中,要随时检查焊接质量。当发现倾斜、偏心、未熔合、有气孔等现象时,应重新施焊。

(7)每个接头焊完后,应停留5~6 min保温,寒冷季节应适当延长。当拆下机具时,应扶住钢筋,过热的接头不得过于受力。焊渣应待完全冷却后清除。

3.5.8.5 对焊机安全控制要点

(1)对焊机应安置在室内,并应有可靠的接地或接零。当多台对焊机并列安装时,相互间距不得小于3 m,应分别接在电网的不同相位上,并应分别有各自的刀型开关。导线的截面不应小于表3-5的规定。

表3-5　导线截面

对焊机的额定功率(kVA)	25	50	75	100	150	200	500
一次电压为220 V时导线截面面积(mm^2)	10	25	35	45	—	—	—
一次电压为380 V的导线截面面积(mm^2)	6	16	25	35	50	70	150

（2）焊接前，应检查并确认对焊机的压力机构灵活，气压、液压系统无泄漏方可施焊。应根据所焊接钢筋截面，调整二次电压，不得焊接超过对焊机规定直径。

（3）断路器的接触点、电极应定期光磨，二次电路全部连接螺栓应定期紧固。冷却水温度不得超过 40 ℃；排水量应根据温度调节。

（4）焊接较长钢筋时，应设置托架，配合搬运钢筋的操作人员，在焊接时应防止火花烫伤。

（5）闪光区应设挡板，与焊接无关的人员不得入内。

（6）冬季施焊时，室内温度不应低于 8 ℃。作业后，应放尽机内冷却水。

3.5.8.6　点焊机安全控制要点

（1）作业前，应清除上、下两电极的油污。通电后，机体外壳应无漏电。

（2）启动前，应先接通控制线路的转向开关和焊接电流的小开关，调整好极数，再接通水源、气源，最后接通电源。

（3）焊机通电后，应检查电气设备、操作机构、冷却系统、气路系统及机体外壳有无漏电现象。电极触头应保持光洁。有漏电时，应立即更换。

（4）作业时，气路、水冷系统应畅通。气体应保持干燥。排水温度不得超过 40 ℃，排水量可根据气温调节。

（5）严禁在引燃电路中加大熔断器。当负载过小使引燃管内电弧不能发生时，不得闭合控制箱的引燃电路。

（6）当控制箱长期停用时，每月应通电加热 30 min。更换闸流管时应预热 30 min。正常工作的控制箱的预热时间不得小于 5 min。

3.5.8.7　气焊设备安全控制要点

1. 气焊设备的危险有害因素

气焊设备使用乙炔和氧气，因此存在火灾、爆炸、中毒危险性。

2. 气焊设备的安全使用技术

1）使用瓶装乙炔的气焊设备

（1）氧气瓶及软管、阀、表均应齐全有效，紧固牢靠，不得松动、破损和漏气。氧气瓶及其附件、胶管、工具不得沾染油污。软管接头不得采用铜质材料制作。

（2）氧气瓶和焊炬相互间的距离不得小于 10 m。当不满足上述要求时，应采取隔离措施。

（3）氧气橡胶软管应为红色，工作压力应为 1 500 kPa；乙炔橡胶软管应为黑色，工作压力应为 300 kPa。新橡胶软管应经压力试验，未经压力试验或代用品及变质、老化、脆裂、漏气及沾上油脂的胶管均不得使用。

（4）不得将橡胶软管放在高温管道和电线上，或将重物及热的物件压在软管上，且不得将软管与电焊用的导线敷设在一起。软管经过车行道时，应加护套或盖板。

（5）氧气瓶应与其他易燃气瓶、油脂以及其他易燃、易爆物品分别存放，且不得同车运输。氧气瓶应有防震圈和安全帽，不得倒置，不得在强烈日光下暴晒，不得用行车或吊车吊运氧气瓶。

（6）开启氧气瓶阀门时，应采用专用工具，动作应缓慢，不得面对减压器，压力表指针应灵敏、正常。氧气瓶中的氧气不得全部用尽,应留49 kPa以上的剩余压力。

(7)未安装减压器的氧气瓶严禁使用。

(8)安装减压器时,应先检查氧气瓶阀门接头,不得有油脂,并略开氧气瓶阀门吹除污垢,然后安装减压器,操作者不得正对氧气瓶阀门出气口,关闭氧气瓶阀门时,应先松开减压器的活门螺丝。

(9)点燃焊(割)炬时,应先开乙炔阀点火,再开氧气阀调整火;关闭时,应先关闭乙炔阀,再关闭氧气阀。

(10)在作业中,发现氧气瓶阀门失灵或损坏不能关闭时,应让瓶内的氧气自动放尽后,再进行拆卸修理。

乙炔软管、氧气软管不得错装。使用中,当氧气软管着火时,不得折弯软管断气,应迅速关闭氧气阀门,停止供氧。当乙炔软管着火时,应先关熄炬火。可采用弯折前面一段软管将火熄灭。

冬期在露天施工,当软管和回火防止器冻结时,可用热水或在暖气设备下化冻。严禁用火焰烘烤。

不得将橡胶软管背在背上操作。当焊枪内带有乙炔、氧气时不得放在金属管、槽、罐、箱内。氢氧并用时,应先开乙炔气,再开氢气,最后开氧气,再点燃。熄灭火时,应先关氧气,再关氢气,最后关乙炔气。

作业后,应卸下减压器,拧上气瓶安全帽,将软管卷起捆好,挂在室内某处。

2)使用乙炔发生器的气焊设备

(1)乙炔发生器所使用的电石是遇湿易燃类危险化学品,因此乙炔发生器具有火灾爆炸危险性。

(2)使用乙炔发生器的气焊设备应严格按《建筑机械使用安全技术规程》(JGJ 33 2001)中12.14的规定进行安全操作和检查。

3.气瓶的安全控制要点

(1)施工现场使用的气瓶应按标准色标涂刷。

(2)气瓶的放置地点,不得靠近热源和明火,可燃、助燃性气体气瓶;与明火的距离一般不小于10 m,应保证气瓶瓶底干燥;禁止敲击、碰撞;禁止在气瓶上进行电焊引弧;严禁用带油的手套开气瓶。

(3)氧气瓶和乙炔瓶在室温下,满瓶之间安全距离5 m,距点火源之间距离10 m。

(4)瓶阀冻结时,不得用火烘烤;夏季要有防日光暴晒的措施。

(5)气瓶内的气体不能用尽,必须留有剩余压力或重量。

(6)气瓶必须配有瓶帽、防震圈,旋紧瓶帽,轻装,轻卸,严禁抛、滑、滚动和撞击。

3.5.9 木工机械的安全控制要点

(1)按照有轮必有罩、有轴必有套和锯片有罩锯,安全器送料的要求,对各种木工机械配置相当的安全防护装备,尤其徒手操作接触危险部位的,一定要有安全防护措施。

(2)对产生噪声、木粉尘或挥发性有害气体的机械设备,要配置与其机械运转相连接的消声、吸尘或通风装置,以消除或减轻职业危害,维护职工的安全和健康。

(3)木工机械的刀轴与电气应有安全联控装置,在装卸或更换刀具及维修时,能切断电源并保持断开位置,以防误触电源开关或突然供电启动机械而造成人身伤害事故。

(4)针对木材加工作业中的木材反弹危险,应采用安全送料装置或设置分离刀、防反弹安全屏护装置,以保障人身安全。

(5)在装设正常启动和停机装置的同时,还应专门设置遇事故需紧急停机的安全控制装置。按此要求,对各种木工机械应制定与其配套的安全装置技术标准、国产定型的木工机械,在供货的同时,必须带有完备的安全装置,并供应维修时所需的安全配件,以便在安全防护装置失效后予以更新。对缺少安全装置或其失效的木工机械,应禁止或限制使用。

3.5.10 手持电动工具的安全控制要点

(1)使用刃具的机具,应保持刃磨利,完好无损,安装正确,牢固可靠。使用砂轮的机具,应检查砂轮接盘间的软垫并安装稳固,凡受潮、变形、裂纹、破碎,磕边缺口或接触过油、碱类的砂轮均不得使用,并不得将受潮的砂轮片自行烘干使用。

(2)在潮湿地区或在金属构架、压力容器、管道等导电良好的场所作业时,必须使用双重绝缘或加强绝缘的电动工具。

(3)非金属壳体的电动机、电器,在存放和使用时不应受压、受潮,并不得接触汽油等溶剂。

(4)机具启动后,应空载运转,并应检查确认机具联动灵活无阻。作业时,加力应平衡,不得用力过猛。

(5)严禁超载使用。作业中应注意音响及升温,发现异常立即停机检查。当作业时间过长,机具温升超过60 ℃时,应停机,自然冷却后再作业。

(6)作业中,不得用手触摸刃具、模具和砂轮,发现其有磨钝、破损情况时,应立即停机或更换,然后继续进行作业。机具转动时,不得撒手掌管。

子任务3.6 施工现场管理与文明工地的建立

××××××工程自中标伊始,根据工程的特点及其所处的重要位置,公司即确定本工程创建省级安全文明工地,并经过工程领导班子研究通过,拟订了创建方案,现将公司创建省级安全文明工地的一些具体措施作如下介绍。

3.6.1 工程概况

××××××工程,由××××××公司投资建设,××××××设计研究院设计,××××××公司承建,××××××公司监理。本工程位于九州大道西首,总建筑面积15 524.36 m^2,其中主楼地上建筑面积9 473.64 m^2,地下建筑面积1 038.28 m^2。服务楼建筑面积5 012.44 m^2。主楼地下为一层,地上设备夹层、1~12层;建筑高度为49.55 m。结构为框架剪力墙结构。

工程开工前,公司、项目部组织全部职工进行三级安全教育培训,培训合格后办理全员上岗证，并持证上岗。各班组每天召开班前会，由班组长传达当天的生产任务及安全注意事项，并做好详细的班前活动记录。

3.6.2　具体创建措施

3.6.2.1　领导重视、体系完善、建设手续齐全

公司高度重视安全生产工作，将从机构设置、人员配备、体系建立、交通工具到资金投入等方面进行重点管理。

3.6.2.2　安全生产管理确保“六转变”“七到位”“八突出”

公司推进安全生产工作“六转变”，在思想认识上从传统守旧向创新思维转变，解放思想，更新观念；从人治向法治转变，建立和完善安全生产法制秩序；从被动防范向源头管理转变，建立安全生产许可制度；从事后查处向强化基础转变，加强企业安全基础建设；从以控制伤亡事故为主向全面做好职业安全健康工作转变，把职工安全健康放在第一位。

3.6.2.3　健全体制、强化管理

完善安全文明管理体制、建立健全安全文明管理制度、安全文明管理机构和安全文明生产责任制是安全文明管理的重要内容，是实现安全文明生产目标管理的组织保证。

建立安全文明例会制度：工地每月定期召开会议，分析安全文明生产情况，掌握安全文明生产发展动态，研究解决安全文明生产中的突出问题，确保安全文明生产。

目标管理：本项目为公司制定的创建省安全文明的重点工程，项目部全体员工应紧紧围绕这一目标，严谨展开各自的工作。

实行安全文明生产与经济效益挂钩的管理办法，公开奖罚，定期张榜公告。

3.6.2.4　文明施工

工地入口处设立 1 个宽 6 m、高度 2.5 m 的封闭大门，大门上设置企业名称、标志及项目名称，大门采用铝塑板包边，文字采用亚克力材料制作，大门内部西侧，竖立含标准化施工要求的“九牌两图”。

工地封闭施工采用铁艺式围墙与外界隔离。大门口设门卫室一间，保安人员 2 名，分两班进行昼夜值班，一人看守，一人巡查。门卫制度上墙。实行人员出入登记和门卫交接班制度，现场人员持胸卡出入，严禁无关人员进入施工现场。

项目场地分别设置办公区、加工区、施工区，并用标识牌进行标识。施工区域安装 1.5 m 高的推拉门和 2.0 m 高的砖砌围墙封闭与办公区隔离，并且喷绘带有宣传企业特色的图案进行美化。办公区在醒目位置悬挂有针对性的人性化标牌，标牌按照公司统一规范，大小为 400 mm × 1 200 mm。加工区悬挂各工种、机械操作规程，大小为 500 mm × 700 mm。

施工现场内建筑物使用符合国家要求的密目式安全网实施封闭围挡。安全网封闭严密、牢固、美观、平整，高度高出操作层 1.5 m，用尼龙绳绑扎在脚手架内侧，并按规定将防护钢管刷红白油漆，外脚手架钢管刷黄油漆。建筑物周围在醒目位置悬挂安全警示标志。

办公区入口处设置阅报栏、宣告栏、危险作业每日告知牌及安全生产奖罚牌，设施牢固、美观、防雨，并进行亮化；宣传内容及时更换，深入的开展安全生产教育，使广大职工不断增强安全意识，真正认识安全生产的必要性、重要性，尽快掌握安全生产、文明施工的科

学知识,牢固竖立"安全第一"的思想,自觉遵守各项生产法规和制度,确保安全生产。

现场所有临建采用装配式彩钢板活动板房及砖砌板房,分别为门卫室、办公室、学习娱乐室、急救室及仓库,总建筑面积246 m^2。临建设施符合安全、卫生、保温、通风的要求,配有纱窗,按照"三级配电,两级保护"的用电标准进行用电管理,在项目部会同甲方、监理进行验收合格后进行使用。临建主要包括以下几个方面:

(1)设立会议室一间,面积50 m^2,配备会议桌、椅子、档案橱、计算机、空调、饮水机等。

(2)职工学习娱乐室一间,配备课桌、长凳、杂志、报纸等。

(3)急救室一间,配备担架、止血药、绷带以及其他一些常用药品,并配急救人员1名。

(4)办公室。

(5)生活设施(淋浴室、吸烟室、饮水室、宿舍及探亲房)。

(6)仓库一间,内设货架,均为角钢制作而成,库内工具、器件、物品分类集中放置。

(7)材料堆放:各类建筑材料、施工机具等,严格按照施工总平面图布置。材料堆放整齐并悬挂标识牌。

(8)设立男女厕所各一个,设置水箱自动冲洗,便池瓷瓦的镶贴高度1.2 m,地面均用地砖满铺,并留水龙头进行冲洗,厕所外设洗水盘两个。厕所外设化粪池,定期抽出外运到市政指定场所。厕所外悬挂厕所卫生管理制度。

临时设施主要包括以下几个方面:

(1)施工现场各办公区、生活区、作业区按照施工现场平面布置图设置,并用砌体围墙和彩钢瓦组合围挡进行区域划分。

(2)场区硬化、绿化:施工现场主要道路,从大门至材料场地用混凝土硬化,宽4.1 m,厚0.25 m,材料场地全部用混凝土硬化,场内其他区域全部铺设石屑地面,大门外进场道路为混凝土硬化道路,保证车辆畅通。办公区、生产区根据区域划分进行绿化。

(3)现场排水:在道路东侧硬化区做排水沟,上面覆盖铁篦。施工区排水沿建筑物四周设置排水沟,引致现场南侧,经由集水井流出场区。

(4)木工、钢筋加工棚各一个:使用需定型化、工具化,并悬挂各机械安全操作规程。

(5)安全通道:现场设有安全通道1处,设于建筑物东侧,宽度为3.5 m,高度为3.2 m,上部采用5 cm厚的木板及坡水板,作防雨防砸防护,入口处悬挂安全警示标志。

(6)配电箱防雨篷:采用工具式防护。

(7)现场临时用电由专人管理,不得有长明灯。

3.6.2.5 安全文明管理措施

建立安全文明施工责任制,划分区域,明确负责,做到现场清洁整齐。

进入施工现场前,对照衣帽镜,根据当日施工内容检查个人防护用品。进入施工现场必须戴好安全帽,佩戴胸卡。高空作业必须系好安全带。

对新入场员工进行安全文明施工教育,并进行考核,考核合格后方能进行上岗作业。分部分项施工作业前有针对性、指导性的安全技术交底。坚持安全检查制度,严格执行安全员日检查,项目部周检查,公司月检查,并将检查情况向上级报告,以便更好地指导安全生产工作。

3.6.2.6　**现场安全管理**

安全防护措施包括以下八个方面：

(1)脚手架：外墙脚手架严格按照《建筑施工安全检查标准》(JGJ 59—1999)和《建筑施工扣件式钢管脚手架安全技术规范》(JGJ 130—2001)要求搭设。首先制订出针对性及指导性较强的施工方案，并严格按此方案实施。

(2)"四口、五临边"防护：楼梯防护部分采用工具化防护，各临边采用工具式防护。"四口、五临边"防护严密，刷红白相间漆，警示明显。

(3)施工用电：采用 TN－S 保护系统，严格按《施工现场临电安全技术规范》(JGJ 46—2005)要求布设，达到三级配电二级保护，做到"一机、一闸、一箱、一漏"，电工每天进行巡视，并详细记录。

(4)施工机具：严格遵守建筑机械使用安全技术规程，手持式电动工具的管理、使用、检查和维修符合安全技术规程，各类安全防护装置灵敏可靠，保障作业人员安全。

(5)模板工程：根据施工现场的实际情况编制详细的模板施工方案，按施工方案的要求进行模板支设。严格标准，严格验收。

(6)塔吊：塔吊设置根据现场的实际情况，在安装前先编制切实可行的施工方案，经公司五部门审批后，方可安装。塔吊安装完毕，由市安监站、安装单位与施工单位进行检测、验收合格后方可使用。

(7)现场防火：每一层均设消防箱，保证消防水源的供应。

(8)安全资料：安全资料内容填写真实，量化内容正确。资料随工程的施工进度进行整理，使资料真实且能指导施工，起到针对性的作用。

实行定型工具式防护。根据上级及公司文件要求，项目部防护棚均采用工具式防护，使用方钢、钢管及角钢焊接而成。工具式防护棚具有稳固、美观、整洁、大方的优点。通过现场使用工具式防护棚，加大了防护棚的周转使用次数，从而大大降低了工程施工成本。

信息化、数字化管理。施工现场设置了 6 处电子监控设备，实现了对施工工程及现场设备、物料、进出车辆和人员的全天候、多角度的监控。LED 显示器每日更新施工的安全要点及安全防护知识。

举办职工业余学校。为更好地对职工进行定期安全教育，建设和谐工地，项目部在公司的安排和支持下，特意在施工现场开办了职工业余学校，定期组织安全培训班，有效地利用业余时间对职工进行安全教育，通过这种活动的开展有效地提高了职工的安全自我保护意识。

应急救援演练。为了增强员工的应急意识及遇到重大事故时的心理素质，检验救援组织反应速度、救援能力、协调配合、救援技能，项目部定期组织人员进行应急救援演练。

安全生产资金保障制度。为进一步加强施工现场安全管理，确保安全防护用品的及时购买、更换，保障工程的安全施工，公司设立专项安全保障基金账户，该基金由公司财务主管负责管理，确保专款专用，资金及时到位。

安全责任制度落实。为进一步落实"安全第一，预防为主，综合治理"的安全方针，施行"事前控制"的管理思路，项目部制定了各项规章制度，层次分解，责任落实到人，确保省级安全文明工地的创建。

子任务3.7　陕西建工集团总公司安全生产管理标准解读(第四部分)

H.1　申报文明工地备案应提供的资料目录

1)施工许可证

2)文明工地登记表

3)创建计划书

4)安全生产许可证

5)安全生产备案登记表

6)质量安全监督申报书

7)企业安全生产报表

8)意外伤害保险

9)安全贯标认证证书复印件

10)项目经理建造师注册证复印件

11)项目经理安全生产考核合格证(B)复印件

12)安全员安全生产考核合格证(C)复印件

H.2　文明工地验收汇报材料

××综合楼

文明工地建设情况汇报

(在建工程效果图)

××公司

×× 项目部

年　月　日

汇报内容主要包括:工程概况、工程管理目标、施工管理规范、施工安全达标、工程质量创优、办公生活设施整洁和营造良好文明氛围等八个部分。

一、工程概况

(略)

二、工程管理目标

质量管理目标:

文明施工目标:

安全管理目标:

三、创建文明工地的目的

1.通过创建文明工地,提高项目部管理人员的认识,由“要我创”转变成“我要创”文明工地,使项目现场管理、安全生产、质量创优、办公生活设施、创良好文明氛围等方面管理水平进一步提高,全体职工队伍整体素质得到提高。

2. 通过创建文明工地活动,建造出精品工程,打造企业品牌,树立企业形象,赢得用户满意。使企业能够做强做大,开拓创新,得到更大的发展。

四、施工现场管理规范

从工程开始,项目部成立由项目经理任组长的创建文明工地领导小组,高起点、高标准、统一规划、统一标准、统一要求,明确分工、落实责任,在认真策划的基础上扎扎实实地开展文明工地建设工作。

(附现场照片)

创建领导小组按照省创建文明工地标准经常与建设单位、监理单位保持紧密联系,及时了解信息、征求意见,学习先进经验,提高项目创建文明工地的整体水平。

1. 围挡及大门

工地四周围墙稳固美观,大门制作按企业统一要求执行,企业标牌清晰规范,门卫能按制度认真执行。

(1) 大门:施工现场设置大门一个,门宽 4.5 m 并标有企业名称,其色调按企业要求做到统一。大门口设置冲洗台和沉淀池,对出场带泥车辆进行冲洗。

(附现场布置照片)

(2) 围墙

施工现场实行封闭管理,沿工地四周用砖砌设高度 2.4 m 的围墙,内外进行抹灰并刷白色涂料,临城市道路做成文化墙。

(附现场布置照片)

(3) 建立严格的门卫制度

大门出入口设门卫室并张贴门卫管理制度,配专人进行 24 小时值班,并对出入人员、车辆进行询问、检查登记。施工人员进入现场要佩戴工作卡,以示证明。

(附现场布置照片)

2. 场容场貌

现场道路采用混凝土进行硬化,表面平坦,排水系统畅通无积水。构配件、材料及设施料分类堆放整齐,平面布局严格按布置图进行,布局合理;施工做到了工完场清;楼面材料分类堆放,不超载。

(1) 现场平面布置

施工前对施工现场进行统一规划,绘制施工平面布置图,做到施工区、生活区、办公区三区分开,道路与施工场地分开。施工现场布局合理,物料堆放整齐有序。

(附现场布置照片)

(2) 现场通道

现场设置宽 4.5 m 的主干道,路基用灰土夯实路面并用混凝土进行硬化,达到平整、坚实、排水畅通,满足运输、消防安全要求。施工道路与作业区、堆料区用钢管或钢筋焊制的活动围拦设置隔离栏,堆料不得占道,保证道路畅通。

(附现场布置照片)

(3)排水系统

施工现场主要场地及道路设排水暗管,间隔10 m左右设集水井一座。以1:3的水泥砂浆对表面进行粉刷,上部安装钢筋焊制的铁篦子。集水井及明沟末端均设沉淀池,池内定期清理。食堂设隔油池,厕所设化粪池。

(4)材料管理

大宗材料按施工平面布置图定点堆放,其他零星材料或临时性材料在周转材料场地短期堆放,及时使用或运走。楼层材料堆放整齐,重量不超标,废料及时清理。易燃易爆和有毒物品设专用库房严格管理。

(附现场布置照片)

(5)工完场清

各作业点均做到工完场清,作业面做到每天下班前清干净,加工场地和材料堆放场安排专人清扫,保持整个现场整洁卫生。项目部与班组、作业队签订合同中,明确凡不能做到每天清理或施工作业工完场不清者将进行批评教育,屡教不改者将进行经济处罚。

(附现场布置照片)

3. 标牌标识

大门内设置工程概况牌、安全生产牌、消防保卫牌、环境保护牌、岗位责任牌、文明施工牌和施工现场总平面布置图等六牌一图。

(附现场布置照片)

现场进出口设置醒目的“进入工地现场请戴好安全帽”警示牌。在建筑物周围及通道与建筑物隔离栏处,设置“防坠物伤人”“禁止靠近”“禁止攀登”等安全警示牌,在通道口设置“安全通道”提示牌。

在仓库、木工棚、配电房及危险品存放处设置“严禁烟火”标志牌。现场钢筋加工机械、木工机械、砂石搅拌机械和起重提升机械操作室设置“操作规程牌”“责任牌”。

(附现场布置照片)

临街外架上设置文明标语,现场及楼面设置文明标志。

现场管理人员挂牌上岗。

钢管、栏杆、踢脚板等防护设施色标清晰、一致,符合公司要求。

4. 作业环境及环境保护

地面固定作业均设防护棚,建筑垃圾、生活垃圾由专人管理,定点分类堆放并覆盖,及时清运。可回收废物及时回收,有害废物由专人管理,按规定渠道处理。

5. 防火、防爆、防毒

易燃易爆物品,库房单独设置,分类堆放,与建筑物现场保持一定距离,配备一定数量消防器材,并设专人发放管理。

施工现场建立防火、防爆、防毒管理制度和措施,管理人员分工负责,责任落实到人,措施到位,标志明显。

易燃、易爆和有毒材料分库存放,专人负责收发。有毒材料库房采取通风措施,施工中人员采取防毒面罩防护措施。动火实行审批登记,并针对材料性能分别配置相应的灭火器材。

工地设置吸烟室，严禁在施工区流动吸烟。

（附现场布置照片）

6. 施工组织设计与管理

本工程《施工组织设计》经公司总工审批签字，监理及建设单位审核确认，其较为详细地阐述了现场施工与管理的各个方面，切合实际，具有较强的指导性。管理人员均具有法定职业资格，持证上岗。

（附现场布置照片）

五、施工安全达标

1. 安全管理

(1) 开工前建立安全生产责任制，签订安全生产责任书，将安全职责分解并落实到人。制订详细的施工安全措施和事故预控措施，并办理人身意外伤害保险和安全生产备案登记手续。

(2) 配备3名专职安全管理人员，特殊作业岗位人员均持证上岗。

(3) 施工过程中由安全员认真落实安全施工措施，安全教育、安全检查、安全交底等制度严格按要求进行，并按月进行安全目标责任考核，将考核结果与个人收入挂钩。

2. 脚手架

本工程主楼施工外脚手架采用悬挑式脚手架，分别在三、七层安装16#工字钢，在工字钢上搭设双排脚手架，用于主体结构施工围护。

（附现场布置照片）

3. 施工用电

（附现场布置照片）

本工程施工用电采用TN－S配电系统，实行“三级配电，两级保护”“一机、一闸、一漏、一箱”。系统规范可靠，配电室设计布局合理，总配电柜安装位置符合要求，线路按照平面布置图要求进行敷设，电箱有防雨措施。

地下室施工照明使用36 V安全电压。配电室的建筑、线缆架、开关箱，电气元件质量，安装位置顺序，漏电保护器参数符合安全要求。

编制“施工用电组织设计”，对施工用电进行了详细设计、计算；绘制平面配电图，检查、验收记录齐全。对用电系统进行防雷接地设置，达到规范要求。

（附现场布置照片）

4.“三宝”与“四口”

施工现场统一配备安全帽，高处作业者均佩戴安全带。外脚手架、施工电梯围护架立面采用密目网封闭，作业层增设一道小孔安全网，架体底部、作业层挂水平兜网一道。水平洞口设置牢固的盖板，临边设置防护栏杆。

（附现场布置照片）

5. 模板支撑体系

本工程模板采用覆膜竹胶板或镜面多层板作为面材的竹木模板体系。制订了专项施工方案，模板体系安全可靠。

6. 施工机械管理

严格执行起重机械管理规定,定期检查,确保设备安全运转。塔吊作业设专人指挥,操作机械的特种作业人员做到持证上岗。

(附现场布置照片)

中小型机械进场需经过验收合格,安全防护装置齐全有效、无隐患,并定期维修、保养。

六、工程质量创优

本工程积极开展工程质量创优活动,项目部按照ISO 9001质量管理体系文件建立了质量保证体系,明确质量目标、制订主要施工方法及质量保证措施。通过公司、项目及施工班组三级管理体系,对施工全过程严格控制,落实责任,科学管理。施工中把握关键,抓住重点,保证优质工程。

1. 原材料把关

原材料进场严格落实考察评比制度,选择社会信誉好、质量稳定的生产供应商;材料进场时严格审查相关资料,并按要求取样检验,不合格材料不得用于施工。

2. 严把模板质量关

由于该工程为框架结构,需在模板工程上狠下功夫。地下室墙体模板采用镜面多层板配制成定型大模板,主体模板采用镜面多层板。所有木方经压刨规整,施工过程中严格执行质量否决制度。为清水混凝土表面平整、光洁打下了坚实的基础。

3. 钢筋质量控制

为了保证钢筋工程施工质量,采取了如下措施:(1)严格执行配料单审查制度,保证钢筋搭接、锚固等细部构造符合设计要求;(2)基础工程施工中,由于钢筋直径较大,在筏板构件中采用了直螺纹连接技术;(3)柱竖向钢筋全部采用直螺纹连接;(4)板类构件采用弹线控制间距,采用专用定位卡控制水平间距,梯子筋控制竖向间距,保证了钢筋位置准确;(5)基础筏板采用花岗石作为保护层垫块,其余构件采用定型塑料卡,保证钢筋保护层厚度符合设计要求。

(附现场布置照片)

4. 加强混凝土质量控制

商品混凝土进场严格进行坍落度检查,浇筑前用空压机对模板进行清理,模板下口采用水泥砂浆堵缝,混凝土浇筑时专人值班,严格进行分层下料,专人振捣。梁板混凝土浇筑采用二次抹面消除早期收缩裂缝,终凝后及时洒水养护,严格控制拆模时间,拆模后及时安装阳角护角,确保混凝土不粘模,不裂缝。

(附现场布置照片)

5. 积极采用新技术、新工艺

(1)基础和地下空间工程技术

复合土钉墙支护技术。

(2)高效钢筋应用技术

①高效钢筋应用技术:本工程梁、柱纵向钢筋均采用HRB400级钢筋。

②粗直径钢筋直螺纹机械连接技术:本工程Φ18及其以上纵向钢筋连接均采用直螺纹连接。

(3)新型模板及脚手架应用技术

①本工程模板采用覆膜竹胶板或镜面多层板作为面材的竹木模板体系。

②本工程主楼施工外脚手架采用悬挑式脚手架,分别在三、七层安装16#工字钢,在工字钢上搭设双排脚手架。

(4)安装工程应用技术

①本工程人防通风管道采用金属矩形风管薄钢板法兰连接技术;消火栓及自喷管道采用镀锌钢管卡箍连接技术。

②本工程应用了通信网络系统、计算机网络系统、建筑设备监控系统、火灾自动报警及联动系统、电源防雷与接地系统。

(5)建筑节能和环保应用技术

①本工程主体填充墙采用空心砖及加气混凝土砌块等新型墙体材料。

②本工程外墙内侧采用40 mm厚挤塑聚苯板保温,屋面采用45 mm厚挤塑聚苯板保温。

(6)建筑防水新技术

本工程地下防水和屋面防水采用4 mm厚SBS改性沥青防水卷材,楼地面防水采用聚氨酯防水涂膜。

(7)建筑企业管理信息化技术

本工程施工现场配备多媒体电脑及IP视频监控系统一套,并接入网络系统,利用计算机进行标书及施工组织设计编制、装饰排板、工程量清单计价、IP视频监控、技术资料整编、财会管理、计算机联网等。

(附现场布置照片)

七、办公生活环境

1. 办公环境

办公区与施工区隔离,采用装配式活动房搭建,室内配备空调,保证办公环境舒适。

2. 食堂

食堂建筑符合临时设施要求,管理制度健全,炊事员持健康证上岗,食堂及炊事员个人卫生均达标,生熟食物分案作业,夏季有冰柜保鲜措施,炊事机具采用煤气灶,安全可靠。

因夏季易发生食物中毒事故,因此项目部特制定食物中毒预防措施,以避免发生。

(附现场布置照片)

3. 宿舍

宿舍与在建工程施工区分开设置,所有宿舍均为活动房,实行单人单铺、单柜,设有架子床。每间宿舍按一门两窗,保持通风,采光良好,卫生每天有人值班打扫。

对治安、防火、卫生等建立宿舍管理制度。宿舍内公示宿舍负责人、住宿人员名单。

(附现场布置照片)

4. 厕所

在生活区建水冲厕所和化粪池各一座,选址合理,建筑符合临时设施要求,厕所内有照明并设隔离板,有卫生管理制度,安排专人负责清扫管理,厕所门悬挂门帘、窗户钉纱网,保持卫生干净。

(附现场布置照片)

5. 卫生与急救

生活区设浴室,建立管理制度、专人管理,每天正常开放,使用功能良好。

工地设有保健急救箱,配备有经培训过的专门急救人员。

生活区设置开水供应点一个,配备电热水器。

(附现场布置照片)

6. 生活环境

生活区设专人定期打扫卫生,环境卫生整洁,在生活区远离宿舍处设置专用垃圾台,对垃圾及时清运。

八、营造良好文明氛围

1. 文明教育

(1)项目部制定职工文明公约,积极开展文明教育活动,每周开展一次,教育内容包括安全知识教育、形象教育、职业道德教育、法制教育等。

(附现场布置照片)

(2)项目部文明施工员负责对职工文明行为进行督促检查,对说脏话、赤身、穿拖鞋等不文明行为进行批评指正,屡教不改的进行处罚,对乱涂乱画,乱扔垃圾、随地大小便等行为进行教育和处罚。

2. 综合治理

对入场人员建立劳务登记卡,做到人数清、情况明。

同主体劳务公司、建设单位和居民社区等有关单位签订了治安、防火、环保协议,并督促各方认真执行。我部对职工进行治安、消防、环保法规教育。开工后请有关部门专业人员对职工进行了多次治安消防环保法规讲座,提高职工的法治意识,增强全员遵纪守法的自觉性,本工程施工期间,无重大治安、火灾、扰民事件。

(附现场布置照片)

3. 宣传娱乐

(1)工地设娱乐室,室内配备电视机、报纸杂志、象棋、跳棋、扑克牌等用品,丰富职工业余文化生活。

(2)生活区设黑板报、宣传栏,内容及时更新,营造健康有益的宣传氛围。

(附现场布置照片)

4. 班组建设

(1)每天上班前以班组为单位,排好队伍,进行班前交底教育活动,提高班组凝聚力。

(附现场布置照片)

(2)在班组间开展劳动竞赛,定期举办职工业余文体知识竞赛,对突出的班组及个人进行表彰奖励,提高积极性及文明施工意识。

5. 确保农民工工资

自开工以来,项目部按月及时发放农民工工资,从不拖欠,维护农民工的合法权益,让农民工安心生产。

6. 知荣辱、除陋习、树新风

项目部在施工现场绘制“八荣八耻”宣传漫画，布置文明用语标语，教育广大职工知荣辱、除陋习、树新风，做文明公民。

7. 积极配合创卫工作

工地围墙设置文化墙，保证施工现场整洁，通过黑板报的形式宣传创卫知识，教育广大职工增强卫生意识，养成良好的卫生习惯。

九、已取得的成绩

1. 本工程获得公司。

2. 本工程已通过“市级文明工地”验收。

3. 本工程已通过市级“结构示范工程”验收。

总之，为创建省级文明工地，我们做了一些工作，尽了自己的努力，但由于我们经验不足，还存在一些不足之处。望各位领导专家批评指正，我们虚心接受，尽力完善。

××项目部

年　月　日

工作任务4　安全事故处理

【教学目标】

能力目标	1. 能对施工现场发生的生产事故进行类型及分析; 2. 能依据国家标准对施工现场发生的伤亡事故等级进行划分; 3. 能对伤亡事故进行报告、统计、调查和处理工作; 4. 能建立事故应急救援体系; 5. 能依据国家、行业相关的法律、程序编制安全事故应急救援预案; 6. 能组织应急救援预案的演练与培训; 7. 能对应急救援预案进行评审与改进
知识要点	1. 建筑安全生产事故的类型; 2. 建筑工程常见安全事故原因的分析; 3. 施工现场伤亡事故等级划分; 4. 伤亡事故进行报告、统计、调查和处理; 5. 事故应急救援体系的基本构成; 6. 安全事故应急救援预案编制的要求及特点; 7. 安全事故应急救援预案编制的步骤; 8. 应急演练的任务和目标; 9. 应急演练的类型及参与人员; 10. 应急救援预案评审的方法、内容及要求

【任务介绍】 本工作任务包括两个子任务,包括安全事故应急救援预案的编制和安全事故处理案例。通过本任务的学习,能对施工现场发生的生产事故进行分类及对常见安全事故原因进行分析;能对施工现场发生的伤亡事故等级进行划分,并依据程序对事故进行相应的处理;能依据国家、行业相关的法律、程序编制安全事故应急救援预案,并能对相关人员进行培训。

【任务分析】 本工作任务,让学生依据一定的规范对施工现场出现的安全事故进行分析,并能对施工现场出现的伤亡事故进行处理。

【任务实施】 在本学习任务中,主要是锻炼学生分析问题及解决问题的能力,把课堂活动与施工现场情况相结合,让学生具有一定的事故处理能力。

子任务4.1 安全事故应急救援预案的编制

4.1.1 事故应急救援体系的建立

4.1.1.1 事故应急救援的任务

事故应急救援系统是指通过事前计划和应急措施，充分利用一切可能的力量，在事故发生后迅速控制事故发展并尽可能排除事故，保护现场人员和场外人员的安全，将事故对人员、财产和环境造成的损失等降低至最小程度。

事故应急救援的总目标是通过有效的应急救援行动，尽可能地降低事故的后果，包括人员伤亡、财产损失和环境破坏等。

事故应急救援的主要任务是：

(1)立即组织营救受害人员，组织撤离或者采取其他措施保护危害区域内的其他人员。

(2)迅速控制危险源，并对事故造成的危害进行检验、监测，测定事故的危害区域、危害性质及危害程度。

(3)消除危害后果，做好现场恢复。

(4)查清事故原因，评估危害程度。

4.1.1.2 事故应急救援的管理

事故应急救援的管理主要包括：预防、准备、响应和恢复四个部分。

预防就是预防事故发生，是降低事故后果；准备包括应急机构的建立和职责落实、预案的编制、应急队伍的建设、应急设备、物资的准备和维护、预案的演练、与外部应急力量的衔接等；响应包括事故的报警与通报、人员疏散、急救与医疗、消防和工程抢险措施、信息收集与应急决策和外部救援等；恢复包括事故损失评估、原因调查、清理废墟等。例如应急救援器材的准备。

4.1.1.3 事故应急救援体系的基本构成

事故应急救援体系的基本构成如图4-1所示。

4.1.1.4 事故应急救援体系响应机制的建立

1. 响应的级别

典型的响应级别可分为3级：

(1)一级紧急情况。必须利用所有有关部门及一切资源的紧急情况，或者需要各个部门同外部机构联合处理的各种紧急情况，通常要宣布进入紧急状态。

(2)二级紧急情况。需要两个或更多个部门响应的紧急情况。

(3)三级紧急情况。能被一个部门正常可利用的资源处理的紧急情况。

2. 事故应急救援的响应程序

按过程分为接警与响应级别的确定、应急启动、救援行动、应急恢复和应急结束等几个过程，如图4-2所示。

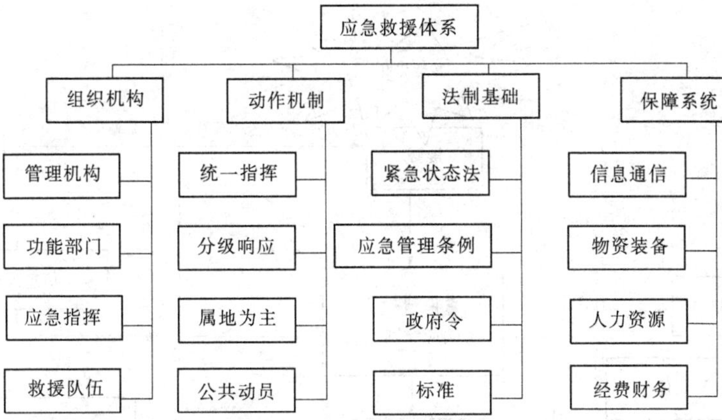

图4-1　事故应急救援体系

3. 事故应急救援的响应程序

1)警情与响应级别确定

接到事故报警后,按照工作程序,对警情作出判断,初步确定相应的响应级别。如果事故不足以启动应急救援体系的最低响应级别,响应关闭。

2)应急启动

应急响应级别确定后,按所确定的响应级别启动应急程序,如通知应急中心有关人员到位、开通信息与通信网络、通知调配救援所需的应急资源(包括应急队伍和物资、装备等)、成立现场指挥部等。

3)救援行动

有关应急队伍进入事故现场后,迅速开展事故侦测、警戒、疏散、人员救助、工程抢险等有关应急救援工作。专家组为救援决策提供建议和技术支持。当事态超出响应级别,无法得到有效控制时,向应急中心请求实施更高级别的应急响应。

4)应急恢复

救援行动结束后,进入临时应急恢复阶段。包括现场清理、人员清点、撤离、警戒解除、善后处理和事故调查等。

5)应急结束

执行应急关闭程序,由事故总指挥宣布应急结束。

4.1.2　安全事故应急救援预案的编制

依据我国制定应急救援预案的相关法律法规要求,《中华人民共和国安全生产法》第十七条规定:"生产经营单位的主要负责人员有组织制定并实施本单位的生产安全事故应急救援预案的职责"。

4.1.2.1　应急救援预案编制的要求

(1)符合有关法律、法规、规章和标准的规定。

(2)结合本地区、本部门、本单位的安全生产实际情况。

(3)结合本地区、本部门、本单位的危险性分析情况。

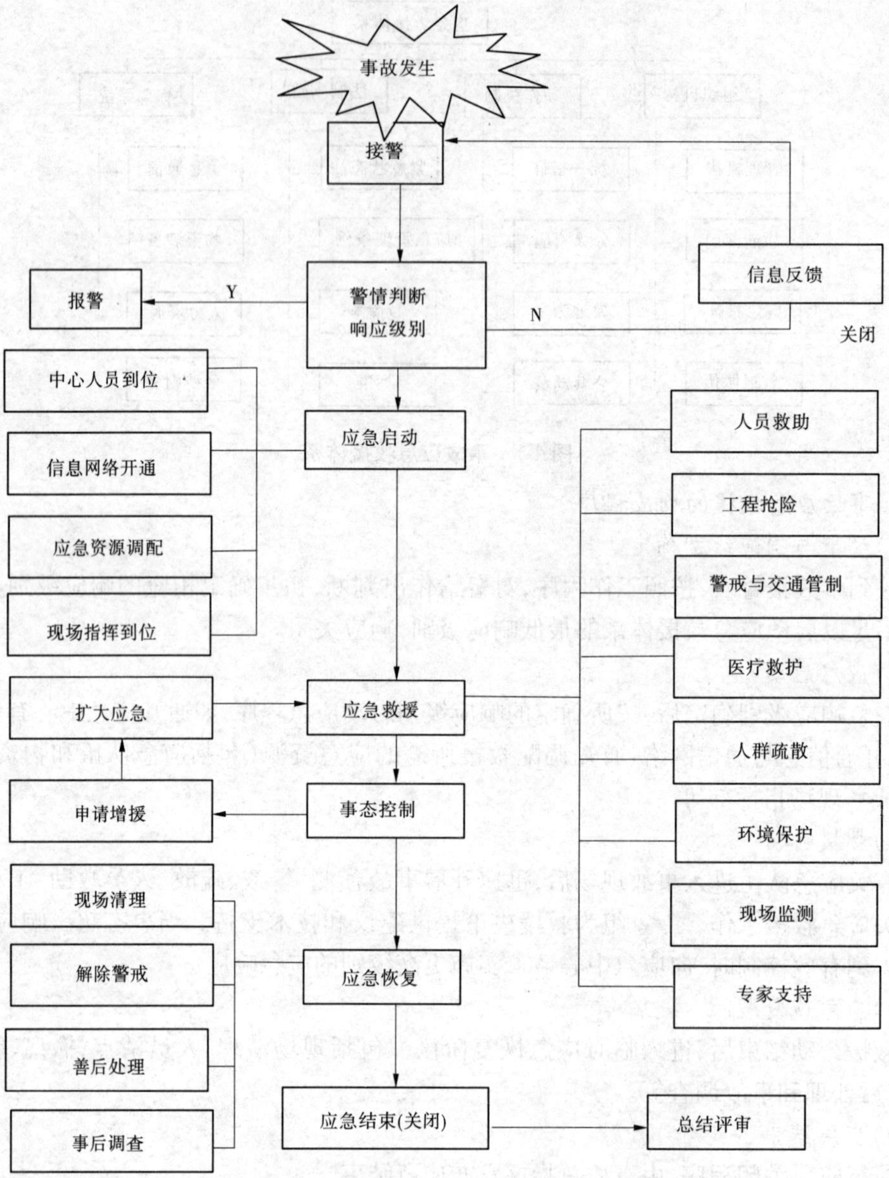

图 4-2 事故应急救援的响应程序

(4)应急组织和人员的职责分工明确,并有具体的落实措施。

(5)有明确、具体的事故预防措施和应急程序,并与其应急能力相适应。

(6)有明确的应急保障措施,并能满足本地区、本部门、本单位的应急工作要求。

(7)预案基本要素齐全、完整,预案附件提供的信息准确。

(8)预案内容与相关应急预案相互衔接。

4.1.2.2 应急救援预案编制的原则

(1)以人为本,安全第一原则。以落实实践科学发展观为准绳,把保障人民群众生命财产安全,最大限度地预防和减少突发事件所造成的损失作为首要任务。

(2)统一领导,分级负责原则。在本单位领导统一组织下,发挥各职能部门作用,逐级落实安全生产责任,建立完善的突发事件应急管理机制。

(3)依靠科学,依法规范原则。科学技术是第一生产力,利用现代科学技术,发挥专业技术人员作用,依照行业安全生产法规,规范应急救援工作。

(4)预防为主,平战结合原则。认真贯彻安全第一,预防为主,综合治理的基本方针,坚持突发事件应急与预防工作相结合,重点做好预防、预测、预警、预报和常态下风险评估、应急准备、应急队伍建设、应急演练等项工作。确保应急预案的科学性、权威性、规范性和可操作性。

4.1.2.3 应急救援预案编制的特点

1. 针对性

应急预案是针对可能发生的事故,为迅速、有序地开展应急行动而预先制订的行动方案,因此应急预案的制定应结合危险分析的结果。

(1)针对重大危险源。重大危险源是指长期地或是临时地生产、搬运、使用或贮存危险性物品,且危险物品的数据等于或超过临界量的单位。重大危险源历来就是生产经营单位监管重点对象。

(2)针对可能发生的各类事故,在编制应急预案之初需要对生产经营单位中可能发生的各类事故进行分析和编制,在此基础上编制预案,才能保证应急预案更广范围的覆盖性。

(3)针对关键的岗位和地点,不同的生产经营单位,同一生产经营单位不同生产岗位所存在的风险大小都往往不同,特别是在危险化学品、煤矿开采、建筑等高危行业,都存在一些特殊或关键的工作岗位和地点。

(4)针对薄弱环节。生产经营单位的薄弱环节主要是指生产经营单位为应对重大事故发生而存在的应急能力缺陷或不足方面。企业在编制预案过程中,必须针对生产经营在进行重大事故应急救援过程中,人力、物力、救援装备等资源是否可以满足要求而提出弥补措施。

(5)针对重要工程,重要工程的建设和管理单位应当编制预案。这些重要工程往往关系到国计民生的大局,一旦发生事故,其造成的影响或损失往往不可估量。因此,针对这些重要工程应当编制应急预案。

2. 科学性

应急救援工作是一项科学性很强的工作,编制应急预案必须以科学的态度,在全面调查研究的基础上,实行领导和专家结合的方式,开展科学分析和论证,制订出决策程序和处置方案、应急手段先进的应急反应方案,使应急预案真正地具有科学性。

3. 可操作性

应急预案应具有实用性和可操作性,即发生重大事故灾害时,有关应急组织、人员可以按照应急预案的规定迅速、有序、有效地开展应急救援行动,降低事故损失。

4. 完整性

(1)功能完整:应急预案中应说明有关部门应履行的应急准备、应急响应职能和灾后恢复职能,说明为确保履行这些职能而应履行的支持性职能。

(2)应急过程完整:包括应急管理工作中的预防、准备、响应、恢复四个阶段。

(3)适用范围完整:要阐明该预案的使用范围,即针对不同事故性质可能会对预案的适用范围进行扩展。

5. 合规性

应急预案的内容应符合国家法律、法规、标准和规范的要求。

6. 可读性

易于查询;语言简洁、通俗易懂;层次及结构清晰。

4.1.2.4 应急救援预案编制的步骤

企业对每一个重大危险源都有一套现场应急预案。现场应急预案应由企业管理部门准备并应包括对重大事故潜在后果的评估。

通常企业编制事故应急预案的步骤如下。

1. 应急预案编制工作组

结合本单位部门职能分工,成立以单位主要负责人为领导的应急预案编制工作组,明确编制任务、职责分工,制订工作计划。

2. 资料收集

收集应急预案编制所需的各种资料(相关法律法规、应急预案、技术标准、国内外同行业事故案例分析、本单位技术资料等)。

3. 危险源与风险分析

在危险因素分析及事故隐患排查、治理的基础上,确定本单位的危险源、可能发生事故的类型和后果,进行事故风险分析,并指出事故可能产生的次生、衍生事故,形成分析报告;分析结果作为应急预案的编制依据。

4. 应急能力评估

对本单位应急装备、应急队伍等应急能力进行评估,并结合本单位实际,加强应急能力建设。

5. 应急预案编制

针对可能发生的事故,按照有关规定和要求编制应急预案。应急预案编制过程中,应注重全体人员的参与和培训,使所有与事故有关人员均掌握危险源的危险性、应急处置方案和技能。应急预案应充分利用社会应急资源,与地方政府预案、上级主管单位以及相关部门的预案相衔接。

6. 应急预案评审与发布

应急预案编制完成后,应进行评审。评审由本单位主要负责人组织有关部门和人员进行。外部评审由上级主管部门或地方政府负责安全管理的部门组织审查。评审后,按规定报有关部门备案,并经生产经营单位主要负责人签署发布。

美国国家应急反应领导小组(NRT)建议社区(地方政府)制订应急预案的步骤如图4-3所示。

4.1.2.5 应急救援预案核心要素及基本内容分析

应急救援预案是针对可能发生的紧急事件所需的应急准备和应急响应行动而制定的指导性文件,其核心内容应包括生产经营单位的基本情况、应急救援机构及其职责、所面

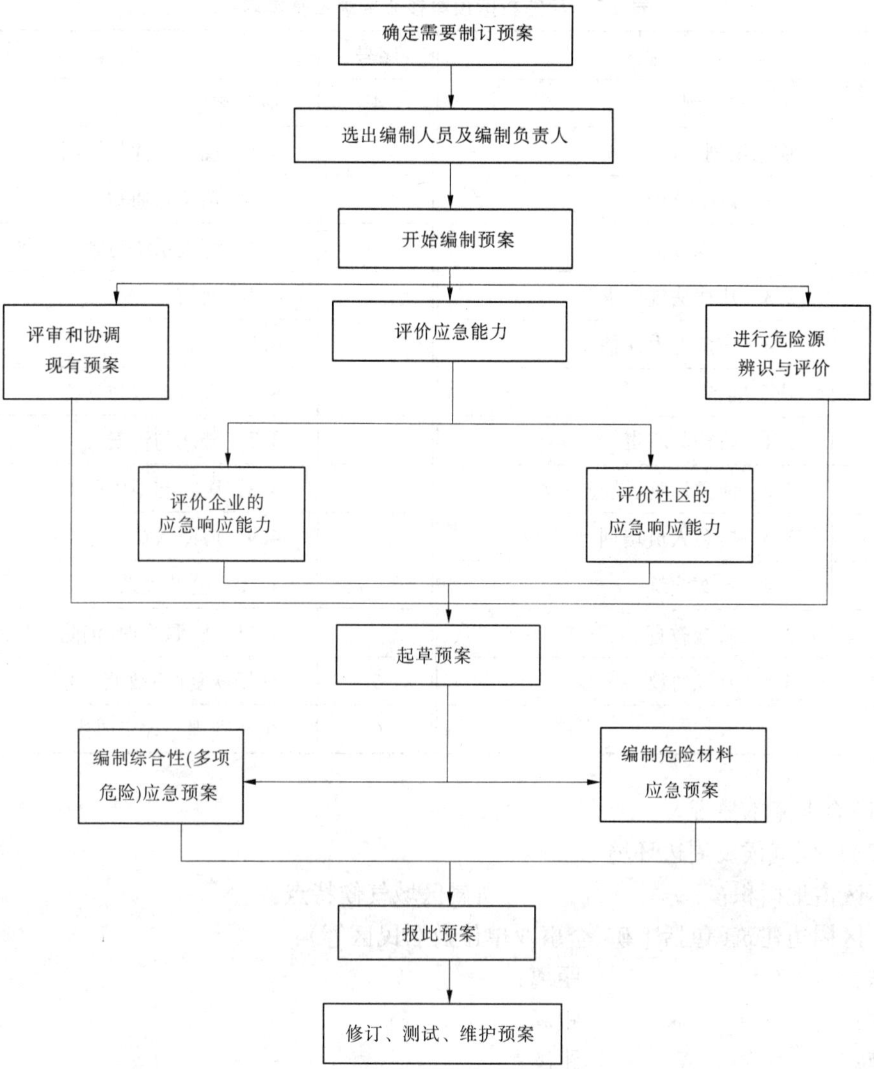

图 4-3 社区(地方政府)制定应急预案的步骤

临的危险事故类型、应急响应程序及预案的演练和更新维护等。应急救援预案核心要素及基本内容见表 4-1。

应急救援预案的编制必须遵循国家和地方相关的法律、法规和标准的要求。此外,预案编制时应充分收集和参阅已有的应急救援预案,避免应急救援预案的重复和交叉,确保与其他相关应急救援预案的协调一致。以下所罗列的项目,各生产经营单位在结合本单位实际情况分析、掌握后,再编制对本单位有针对性的应急救援预案。

1. 总则

简单地写出预案的要求、目的、依据、基本原则和适用范围等,生产经营单位基本情况及周围环境(各单位按实际情况填写)。

表4-1 应急救援预案核心要素及基本内容

序号	内容	序号	内容
1	方针与原则	4	应急响应
2	应急策划		4.1 现场指挥与控制
	2.1 危险分析		4.2 预警与通知
	2.2 资源分析		4.3 警报系统与紧急通告
	2.3 法律法规要求		4.4 通信
	2.4 应急能力评估		4.5 事态监测
3	应急准备		4.6 人员疏散与安置
	3.1 机构与职责		4.7 警戒与治安
	3.2 应急设备、设施与物质		4.8 医疗与卫生服务
	3.3 应急人员培训		4.9 应急人员安全
	3.4 预案演练		4.10 公共关系
	3.5 公众教育		4.11 资源管理(消防、泄漏处理)
	3.6 互助协议	5	现场恢复(事故调查)
		6	预案管理与评审改进

(1)企业基本概况

(2)厂区气候及周边环境

厂区占地面积: 所属区域气候特点:

厂区周边建筑(包括工矿、企事业单位及居民区等):

东: 距离:

西: 距离:

南: 距离:

北: 距离:

周围主要交通道路的分布:

2. 生产经营单位的危害辨识及风险评价

(1)根据各自企业的危险化学品种类、特性和可能导致重大人员伤亡、财产损失、环境破坏的各种危险因素,写出本单位可能发生的事故类型、地点(本单位容易发生什么样的事故,什么地方容易发生事故),还应说明本单位一旦发生危险事故,哪些地方或部位容易受到破坏和影响。

(2)划分出事故的严重程度(根据预想可能发生的事故所造成的人员伤亡、财产损失和对企业自身生产经营的影响程度等划分出事故响应级别(具体的响应级别可参考《国家生产安全事故灾难预案》并结合企业自身的实际制定))。

(3)具体到每一个企业,应当写清本企业有哪些危险部位,可能出现什么事故等内容。不同行业有不同的危险因素存在,要结合本企业的特点,在认真分析的基础上,充分预想到可能发生的各种事故。

3. 生产经营单位的组织机构及其职责

(1)应急救援相关职能部门的组成和职责。

明确写出本单位参与生产安全事故应急救援的相关职能部门名称,以及他们在应急工作中的具体职责(详细写出本单位中所有参加应急工作的部门的名称和每个部门负责什么,做什么工作)。

(2)应急救援指挥机构及成员构成。

列出应急救援指挥部组成情况(由什么人员、什么部门组成),同时详细说明应急救援指挥部总指挥、副总指挥由谁担任,他们的职责都是什么,以及指挥机构其他人员的组成情况和职责。另外,也要说明指挥机构是否下设相关应急救援部门,如果设立,还应说明应急救援部门的具体构成情况和职责。

(3)现场指挥机构及职责。

列出现场应急救援指挥部组成情况(由什么人员、什么部门组成),明确现场应急救援指挥部的总指挥、副总指挥都是谁和他们的具体职责都是什么(每人都负责什么,做什么工作)。救援小组中要有应急救援的专家参与(可以在本单位中指定应急专家),所有部门和人员的职责应当包括所有现场应急救援活动的应急功能。

4. 生产经营单位的应急设备与设施

写出本单位对于以下所列出的设备数量有多少,存放在什么地方和由什么人负责保管:①急救设备;②个体防护设备;③通信设备;④检测设备;⑤消防设备;⑥维修设备;⑦本单位现有的其他应急物质等。

5. 报警和通信联络

(1)写出24 h有效的内部联系方式(就是一旦发生事故时如何通知各部门人员,比如电话、广播、警报器等;如使用电话通知,应列出各部门、人员的联系电话等)。

(2)确定24 h有效的外部联络方式(如电话、警报等,就是发生事故时如何通知有关的政府和救援部门,向他们发出求救信息)。

(3)详细列出政府及各有关救援部门的联系方式(如安全生产监督管理部门、消防部门、急救部门、环保部门、交通部门、公安部门等)。

6. 响应措施程序

发现灾情后,应立即向生产总调度值班室(本单位负责生产安全的部门或是主要负责人)、电话总机或消防队报警,要求提供准确、简明的事故现场信息,并提供报警人的联系方式。企业发生化学事故很重要的是前期扑救工作,企业应积极展开自救工作,采取停工、启动安全保护、控制危险源、组织人员疏散等措施。

1)事故发生后应采取的紧急处理措施

根据单位实际的工艺流程、操作规程及现场实际情况的要求,确定需要采取什么样的紧急处理措施。

首先要确定事故的类型,如:火灾、爆炸、危险品泄漏、中毒等,对事故进行分析,分析事故的引发因素、事故源的部位等。然后确定事故处理的程序和具体应急对策,即第一步做什么,第二步做什么 ,都有明确的规定。

根据模拟事故的状态，制订出各种事故状态下的应急处置措施方案，具体救援的措施方案可以参照行业的要求。

例如，某化工厂发生“储罐泄漏事故”的紧急处置措施方案：发生泄漏时，开启备用储罐，尽可能将发生泄漏的储罐内的物料向备用储罐转移，以降低液位和压力；划出防火防爆警戒线；对储罐周围的其他储罐开启消防用水喷淋，做防火保护；命令有关人员准备好堵漏工具，做好堵漏准备；通知消防队；由储罐的操作人员控制进水阀门，注意液位和压力，严禁超压，配合消防队顶水作业；做好个人防护的堵漏人员携带相应工具进入现场堵漏。

2）人员紧急疏散、撤离

分析可能发生危险化学品事故的场所、设施及周围情况，确定以下内容：

规定发布疏散居民命令的负责人（在发生危化事故时，企业应在最短的时间内组织可能受到事故危害的所有人员进行撤离，包括本单位以外但事故可能影响到的人员，尽量避免人员伤亡。因此，企业在编写危化应急预案时，应明确写出在必要的情况下，由谁发布命令组织周围有关人员进行疏散）。

确定出避灾路线、临时避难场所及负责执行避灾疏散的机构和负责人等（根据气象情况、不同的事故，确定撤离疏散的方向和集中地点，总原则是疏散到当时的上风安全地点，并对事故现场人员进行清点。在发生危化事故时，要根据事故的实际情况进行疏散，所以企业在编制应急预案时，应明确写出由什么部门组织人员疏散，由谁负责）。

3）危险区的隔离

依据可能发生的危化事故类别（如泄漏、火灾、爆炸等）、危害程度的大小及事故的实际情况，划定出警戒范围，警戒危化事故所能涉及的区域、场所，禁止无关人员进入。如遇到泄漏事故，在警戒区内实行火源管制，禁止一切可能发生火灾或爆炸的作业；要控制泄漏物料的流向，特别是不要使泄漏出来的物料流散到明火、高温的地方或要害部位；要及时采取措施阻止物料继续泄漏。

7. 终止程序

（1）在确定危化事故消除后，结束应急救援工作。

（2）通知本单位相关部门、周边社区及人员，事故危险已解除。

8. 培训与演练

（1）组织人员制订每年培训、演练计划。

（2）培训演练目的：测试预案的有效性、检验应急设备、确保应急人员熟悉他们的职责和任务。

（3）培训内容：报警、疏散、防护、应急抢险等。

（4）培训要求：针对性、定期性、真实性、全员性。

（5）通过对应急人员培训，确保合格者上岗。

9. 应急预案的维护及更新

（1）规定出应急救援预案更新、维护的负责人（或部门）。

（2）根据演练、检测结果完善应急计划。

（3）预案修订的依据是：预案演练中发现的问题、危险设施和危险物质发生变化的情况。

(4)组织机构或人员发生的变化。

(5)救援技术的改进。

10. 记录与报告

(1)应急培训记录。

(2)应急演练记录。

(3)应急预案修订记录。

11. 附件

(1)组织机构名单。

(2)值班联系电话。

(3)应急救援有关人员联系电话。

(4)危险物品生产单位应急咨询服务电话。

(5)外部救援单位联系电话。

(6)政府有关部门联系电话。

(7)本单位平面布置图。

(8)消防设施配置图。

(9)周边区域道路交通示意图和疏散路线图。

(10)周边区域的单位、社区、重要基础设施分布图及有关联系方式,供水、供电单位的联系方式。

4.1.3 应急演练与培训

4.1.3.1 应急演练的任务和目标

应急演练过程可划分为演练准备、演练实施和演练总结三个阶段,共包括20项任务,依次是:

(1)确定演练日期。

(2)确定演练目标和演练范围。

(3)编写演练方案。

(4)确定演练现场规则。

(5)指定评价人员。

(6)安排后勤工作。

(7)准备和分发评价人员工作文件。

(8)培训评价人员。

(9)讲解演练方案与演练活动。

(10)记录应急组织演练表现。

(11)评价人员访谈演练参与人员。

(12)汇报与协商。

(13)编写书面评价报告。

(14)演练人员自我评价。

(15)举行公开会议。

(16)通报不足项。

(17)编写演练总结报告。

(18)评价和报告不足项补救措施。

(19)追踪整改项的纠正。

(20)追踪演练目标演练情况。

应急演练目标是指检查演练效果,评价应急组织、人员应急准备状态和能力的指标。主要包括18项:应急动员;指挥和控制;事态评估;资源管理;通信;应急设施、装备和信息显示;警报与紧急公告;公共信息;公众保护措施;应急响应人员安全;交通管制;人员登记、隔离与去污;人员安置;紧急医疗服务;24 h不间断应急;增援国家、省及其他地区;事故控制与现场恢复;文件化与调查。

4.1.3.2 应急演练的类型

应急演练的类型主要有桌面演练、功能演练、全面演练。

在确定应急演练方法时,应考虑如下因素:应急预案和应急响应程序制定工作的进展情况;本辖区面临风险的性质和大小;本辖区现有应急响应能力;应急演练成本及资金筹措状况;相关政府部门对应急演练工作的态度;应急组织投入的资源状况;国家及地方政府部门颁布的有关应急演练的规定。

4.1.3.3 应急演练参与人员

1. 演练人员

演练人员是指在应急组织中承担具体任务,并在演练过程中尽可能对演练情景或模拟事件作出其在真实情景下可能采取的响应行动的人员。

演练人员的主要任务是救助伤员或被困人员;保护财产或公众健康;获取并管理各类应急资源;与其他应急响应人员协同应对重大事故或紧急事件。

2. 控制人员

控制人员是指根据演练情景,控制应急演练进展的人员。

控制人员在演练过程中的任务包括:确保应急演练目标得到充分演练,以利于评价工作的开展;确保演练活动对于演练人员来说,既具有一定的工作量,又富有一定的挑战性;确保演练的进度;解答演练人员的疑问,解决演练过程中出现的问题;保障演练过程的安全。

3. 模拟人员

模拟人员是指演练过程中扮演、代替某些应急响应机构和服务部门,或模拟紧急事件、事态发展的人员。

模拟人员在演练过程中的主要任务包括:扮演、替代正常情况或响应实际紧急事件时,应与应急指挥中心、现场应急指挥所相互作用的机构或服务部门,由于各方面的原因,这些机构或服务部门并不参与此次演练;模拟事故的发生过程,如释放烟雾、模拟气象条件、模拟泄漏等。

4. 评价人员

评价人员是指负责观察演练进展情况并予以记录的人员。

评价人员的主要任务包括:观察演练人员的应急行动,并记录其观察结果;在不干扰演练人员工作的情况下,协助控制人员确保演练按计划进行。

5. 观摩人员

观摩人员是指旁观演练过程的人员。

观摩人员的主要任务包括:来自相关社区或邻近社区的观众;来自相关领导部门的领导;来自具有同类演练需求的部门;来自媒体或宣传部门的记者等。

4.1.4　应急演练准备

开展重大事故应急演练前应建立演练领导机构,即成立应急演练策划小组,或应急演练领导小组。策划小组在应急演练准备阶段应完成确定演练目标和范围,编写演练方案,制定演练现场规则,并进行人员培训等。

4.1.4.1　演练目标与演练范围选择

演练目标选择:在进行演练目标选择时,要进行演练需求分析。演练需求分析是指在评价以往重大事故和演练案例的基础上,分析本次演练需重点解决的问题、需检验的应急响应功能和演练的地理范围;确定演练目标组织方案。

演练范围确定与演练协议签订:全面参与还是部分参与。

4.1.4.2　演练方案编写

1. 演练情景设计

必须说明的内容:确定事件内容、确定控制消息(准备好的消息及自然产生的消息,包括来源、传递方式、内容、接受方、传递时间)。

设计时的注意事项:

(1)安全第一。

(2)熟悉演练地点及周边情况。

(3)尽可能结合实际的真实情况。

(4)情景事件的时间尺度可与真实事故的时间尺度相一致。

(5)设计演练情景时应详细地说明气象条件,必要时可以使用模拟的条件。

(6)设计演练情景时应慎重考虑公众卷入的问题。

(7)设计演练情景时应考虑通信故障问题,特别是通信饱和问题。

(8)设计演练情景时应确保交通执法人员展示管理交通的决策过程和能力。

(9)设计演练情景时应对为演练顺利进展而必须具备的条件加以说明。如通信保障、技术与生活保障、物资器材保障等。关于演练结束后仍需完成某些任务的单位或个人也必须在演练情景中予以明确。

(10)演练情景中不得包含任何可降低系统或设备实际性能、影响真实紧急情况检测和评估结果、减损真实紧急情况响应能力的行动或情景。

2. 演练方案

演练方案主要包括下述演练文件:

(1)情景说明书。

(2)演练计划:假设条件、人为事项和模拟行动。

(3)评价计划:人员及设备。

(4)情景事件总清单:时间序列、人员序列。

(5)演练控制指南。

(6)演练人员手册:不包含保密内容。

(7)通讯录。

4.1.4.3 评价人员的指定和培训

评价人员应来自重大事故应急管理部门或相关组织及单位,对应急演练和演练评价工作有一定的了解,并具备较好的语言和文字表达能力,必要的组织和分析能力,以及处理敏感事务的行政管理能力。人数按需要而定,一般要单数个,5~7人。

演练前,策划小组应专门为评价人员提供培训机会。培训内容包括演练目标、评价准则、演练范围、评价程序、评价方法及本次演练的评价计划,以及以下内容:

(1)应急预案及其执行程序,主要介绍其中有较大修订的部分。

(2)各应急组织之间的差异,主要介绍各应急组织在职责、保护措施决策及其他有关应急准备和响应方面的差异。

(3)评价人员承担某项任务所要求的特殊约定。

(4)演练评价、总结阶段有关评价人员与演练人员访谈工作的具体要求。

4.1.4.4 应急演练实施

应急演练实施阶段指从宣布初始事件起到演练结束的整个过程。虽然应急演练的类型、规模、持续时间、演练情景和演练目标等有所不同,但演练过程中均应包括演练控制和演练实施要点。

应急演练活动一般始于报警消息,在此过程中,参演应急组织和人员应尽可能按实际紧急事件发生时的响应要求进行演练,由参演应急组织和人员根据自己关于最佳解决办法的理解,对情景事件作出响应行动。过程中,需要解决矛盾,如果演练偏离正确方向,控制人员可以采取"刺激行动"以纠正错误。"刺激行动"包括终止演练过程,使用"刺激行动"时应尽可能平缓,以诱导方法纠偏,只有对背离演练目标的"自由演练"才使用强刺激的方法使其中断反应。

4.1.4.5 应急演练评价与总结

应急演练评价包括不足项、整改项、改进项。

演练结束后,进行总结与讲评是全面评价演练是否达到演练目标、应急准备水平以及是否需要改进的一个重要步骤,也是演练人员进行自我评价的机会。根据应急演练任务相关要求,演练总结与讲评可以通过访谈、汇报、协商、自我评价、公开会议和通报等形式完成。

策划小组负责人应在演练结束规定期限内,根据评价人员演练过程中收集和整理的资料,以及从演练人员和公开会议中获得的信息,编写演练报告并提交给有关政府部门。

演练报告中应包括如下内容:

(1)本次演练的背景信息,含演练地点、时间、气象条件等。

(2)参与演练的应急组织。

(3)演练情景与演练方案。

(4)演练目标、演练范围和签订的演练协议。

(5)应急情况的全面评价,含对前次演练不足项在本次演练中表现的描述。

(6)演练发现与纠正措施建议。

(7)对应急预案和有关执行程序的改进建议。

(8)对应急设施、设备维护与更新方面的建议。

(9)对应急组织、应急响应人员能力与培训方面的建议。

4.1.4.6 应急培训与教育

应急培训的范围应包括:政府主管部门的培训;社区居民培训;企业全员培训;专业应急救援队伍培训。

火灾应急培训:要求应急队员必须掌握必要的灭火技术以在着火初期迅速灭火,降低或减小导致灾难性事故的危险,掌握灭火器的识别、使用、保养、维修等基本技术。火灾应急培训与教育要也是针对应急人员开展。

不同水平应急者培训:

(1)初级意识水平应急者:发现灾情。

(2)初级操作水平应急者:处理普通灾情。

(3)危险物质专业水平应急者:危险物质应急。

(4)危险物质专家水平应急者:提供高水平决策支持。

(5)事故指挥者水平应急者:指挥者。

4.1.5 应急预案的评审与改进

4.1.5.1 应急预案的评审

1. 评审方法

应急预案评审采取形式评审和要素评审两种方法。形式评审主要用于应急预案备案时的评审,要素评审用于生产经营单位组织的应急预案评审工作。应急预案评审采用符合、基本符合、不符合三种意见进行判定。对于基本符合和不符合的项目,应给出具体修改意见或建议。

(1)形式评审。依据《生产经营单位生产安全事故应急预案编制导则》(GB/T 29639—2013)(简称《导则》)和有关行业规范,对应急预案的层次结构、内容格式、语言文字、附件项目以及编制程序等内容进行审查,重点审查应急预案的规范性和编制程序。应急预案形式评审的具体内容及要求,见表4-2。

(2)要素评审。依据国家有关法律法规、《导则》和有关行业规范,从合法性、完整性、针对性、实用性、科学性、操作性和衔接性等方面对应急预案进行评审。为细化评审,采用列表方式分别对应急预案的要素进行评审。评审时,将应急预案的要素内容与评审表中所列要素的内容进行对照,判断是否符合有关要求,指出存在问题及不足。应急预案要素分为关键要素和一般要素。应急预案要素评审的具体内容及要求,见表4-3 ~ 表4-6。

关键要素是指应急预案构成要素中必须规范的内容。这些要素涉及生产经营单位日常应急管理及应急救援的关键环节,具体包括危险源辨识与风险分析、组织机构及职责、信息报告与处置和应急响应程序与处置技术等要素。关键要素必须符合生产经营单位实际和有关规定要求。

一般要素是指应急预案构成要素中可简写或省略的内容。这些要素不涉及生产经营单位日常应急管理及应急救援的关键环节，具体包括应急预案中的编制目的、编制依据、适用范围、工作原则、单位概况等要素。

表4-2 应急预案形式评审表

评审项目	评审内容及要求	评审意见
封面	应急预案版本号、应急预案名称、生产经营单位名称、发布日期等内容	
批准页	1. 对应急预案实施提出具体要求。 2. 发布单位主要负责人签字或单位盖章	
目录	1. 页码标注准确（预案简单时目录可省略）。 2. 层次清晰，编号和标题编排合理	
正文	1. 文字通顺、语言精炼、通俗易懂。 2. 结构层次清晰，内容格式规范。 3. 图表、文字清楚，编排合理（名称、顺序、大小等）。 4. 无错别字，同类文字的字体、字号统一	
附件	1. 附件项目齐全，编排有序合理。 2. 多个附件应标明附件的对应序号。 3. 需要时，附件可以独立装订	
编制过程	1. 成立应急预案编制工作组。 2. 全面分析本单位危险因素，确定可能发生的事故类型及危害程度。 3. 针对危险源和事故危害程度，制订相应的防范措施。 4. 客观评价本单位应急能力，掌握可利用的社会应急资源情况。 5. 制订相关专项预案和现场处置方案，建立应急预案体系。 6. 充分征求相关部门和单位意见，并对意见及采纳情况进行记录。 7. 必要时与相关专业应急救援单位签订应急救援协议。 8. 应急预案经过评审或论证。 9. 重新修订后评审的，一并注明	

表4-3　综合应急预案要素评审表

评审项目		评审内容及要求	评审意见
总则	编制目的	目的明确，简明扼要	
	编制依据	1. 引用的法规标准合法有效。 2. 明确相衔接的上级预案，不得越级引用应急预案	
	应急预案体系*	1. 能够清晰表述本单位及所属单位应急预案组成和衔接关系（推荐使用图表）。 2. 能够覆盖本单位及所属单位可能发生的事故类型	
	应急工作原则	1. 符合国家有关规定和要求。 2. 结合本单位应急工作实际	
适用范围*		范围明确，适用的事故类型和响应级别合理	
危险性分析	生产经营单位概况	1. 明确有关设施、装置、设备以及重要目标场所的布局等情况。 2. 需要各方应急力量（包括外部应急力量）事先熟悉的有关基本情况和内容	
	危险源辨识与风险分析*	1. 能够客观分析本单位存在的危险源及危险程度。 2. 能够客观分析可能引发事故的诱因、影响范围及后果	
组织机构及职责*	应急组织体系	1. 能够清晰描述本单位的应急组织体系（推荐使用图表）。 2. 明确应急组织成员日常及应急状态下的工作职责	
	指挥机构及职责	1. 清晰表述本单位应急指挥体系。 2. 应急指挥部门职责明确。 3. 各应急救援小组设置合理，应急工作明确	
预防与预警	危险源管理	1. 明确技术性预防和管理措施。 2. 明确相应的应急处置措施	
	预警行动	1. 明确预警信息发布的方式、内容和流程。 2. 预警级别与采取的预警措施科学合理	
	信息报告与处置*	1. 明确本单位24 h应急值班电话。 2. 明确本单位内部信息报告的方式、要求与处置流程。 3. 明确事故信息上报的部门、通信方式和内容时限。 4. 明确向事故相关单位通告、报警的方式和内容。 5. 明确向有关单位发出请求支援的方式和内容。 6. 明确与外界新闻舆论信息沟通的责任人以及具体方式	

续表 4-3

评审项目		评审内容及要求	评审意见
应急响应	响应分级＊	1. 分级清晰，且与上级应急预案响应分级衔接。 2. 能够体现事故紧急和危害程度。 3. 明确紧急情况下应急响应决策的原则	
	响应程序＊	1. 立足于控制事态发展，减少事故损失。 2. 明确救援过程中各专项应急功能的实施程序。 3. 明确扩大应急的基本条件及原则。 4. 能够辅以图表直观表述应急响应程序	
	应急结束	1. 明确应急救援行动结束的条件和相关后续事宜。 2. 明确发布应急终止命令的组织机构和程序。 3. 明确事故应急救援结束后负责工作总结部门	
后期处置		1. 明确事故发生后，污染物处理、生产恢复、善后赔偿等内容。 2. 明确应急处置能力评估及应急预案的修订等要求	
保障措施＊		1. 明确相关单位或人员的通信方式，确保应急期间信息通畅。 2. 明确应急装备、设施和器材及其存放位置清单，以及保证其有效性的措施。 3. 明确各类应急资源，包括专业应急救援队伍、兼职应急队伍的组织机构以及联系方式。 4. 明确应急工作经费保障方案	
培训与演练＊		1. 明确本单位开展应急管理培训的计划和方式方法。 2. 如果应急预案涉及周边社区和居民，应明确相应的应急宣传教育工作。 3. 明确应急演练的方式、频次、范围、内容、组织、评估、总结等内容	
附则	应急预案备案	1. 明确本预案应报备的有关部门（上级主管部门及地方政府有关部门）和有关抄送单位。 2. 符合国家关于预案备案的相关要求	
	制定与修订	1. 明确负责制定与解释应急预案的部门。 2. 明确应急预案修订的具体条件和时限	

注："＊"代表应急预案的关键要素。

表4-4　专项应急预案要素评审表

评审项目		评审内容及要求	评审意见
事故类型和危险程度分析＊		1. 能够客观分析本单位存在的危险源及危险程度。 2. 能够客观分析可能引发事故的诱因、影响范围及后果。 3. 能够提出相应的事故预防和应急措施	
组织机构及职责＊	应急组织体系	1. 能够清晰描述本单位的应急组织体系(推荐使用图表)。 2. 明确应急组织成员日常及应急状态下的工作职责	
	指挥机构及职责	1. 清晰表述本单位应急指挥体系。 2. 应急指挥部门职责明确。 3. 各应急救援小组设置合理,应急工作明确	
预防与预警	危险源监控	1. 明确危险源的监测监控方式、方法。 2. 明确技术性预防和管理措施。 3. 明确采取的应急处置措施	
	预警行动	1. 明确预警信息发布的方式及流程。 2. 预警级别与采取的预警措施科学合理	
信息报告程序＊		1. 明确24 h应急值守电话。 2. 明确本单位内部信息报告的方式、要求与处置流程。 3. 明确事故信息上报的部门、通信方式和内容时限。 4. 明确向事故相关单位通告、报警的方式和内容。 5. 明确向有关单位发出请求支援的方式和内容	
应急响应＊	响应分级	1. 分级清晰合理,且与上级应急预案响应分级衔接。 2. 能够体现事故紧急和危害程度。 3. 明确紧急情况下应急响应决策的原则	
	响应程序	1. 明确具体的应急响应程序和保障措施。 2. 明确救援过程中各专项应急功能的实施程序。 3. 明确扩大应急的基本条件及原则。 4. 能够辅以图表直观表述应急响应程序	
	处置措施	1. 针对事故种类制订相应的应急处置措施。 2. 符合实际,科学合理。 3. 程序清晰,简单易行	
应急物资与装备保障＊		1. 明确对应急救援所需的物资和装备的要求。 2. 应急物资与装备保障符合单位实际,满足应急要求	

注:“＊”代表应急预案的关键要素。如果专项应急预案作为综合应急预案的附件,综合应急预案已经明确的要素,专项应急预案可省略。

表 4-5　现场处置方案要素评审表

评审项目	评审内容及要求	评审意见
事故特征＊	1. 明确可能发生事故的类型和危险程度，清晰描述作业现场风险。 2. 明确事故判断的基本征兆及条件	
应急组织及职责＊	1. 明确现场应急组织形式及人员。 2. 应急职责与工作职责紧密结合	
应急处置＊	1. 明确第一发现者进行事故初步判定的要点及报警时的必要信息。 2. 明确报警、应急措施启动、应急救护人员引导、扩大应急等程序。 3. 针对操作程序、工艺流程、现场处置、事故控制和人员救护等方面制订应急处置措施。 4. 明确报警方式、报告单位、基本内容和有关要求	
注意事项	1. 佩戴个人防护器具方面的注意事项。 2. 使用抢险救援器材方面的注意事项。 3. 有关救援措施实施方面的注意事项。 4. 现场自救与互救方面的注意事项。 5. 现场应急处置能力确认方面的注意事项。 6. 应急救援结束后续处置方面的注意事项。 7. 其他需要特别警示方面的注意事项	

注："＊"代表应急预案的关键要素。现场处置方案落实到岗位每个人，可以只保留应急处置。

表 4-6　应急预案附件要素评审表

评审项目	评审内容及要求	评审意见
有关部门、机构或人员的联系方式	1. 列出应急工作需要联系的部门、机构或人员至少两种以上联系方式，并保证准确有效。 2. 列出所有参与应急指挥、协调人员姓名、所在部门、职务和联系电话，并保证准确有效	
重要物资装备名录或清单	1. 以表格形式列出应急装备、设施和器材清单，清单应当包括种类、名称、数量以及存放位置、规格、性能、用途和用法等信息。 2. 定期检查和维护应急装备，保证准确有效	
规范化格式文本	给出信息接报、处理、上报等规范化格式文本，要求规范、清晰、简洁	

续表 4-6

评审项目	评审内容及要求	评审意见
关键的路线、标识和图纸	1. 警报系统分布及覆盖范围。 2. 重要防护目标一览表、分布图。 3. 应急救援指挥位置及救援队伍行动路线。 4. 疏散路线、重要地点等标识。 5. 相关平面布置图纸、救援力量分布图等	
相关应急预案名录、协议或备忘录	列出与本应急预案相关的或相衔接的应急预案名称、以及与相关应急救援部门签订的应急支援协议或备忘录	

注:附件根据应急工作需要而设置,部分项目可省略。

2. 评审程序

应急预案编制完成后,生产经营单位应在广泛征求意见的基础上,对应急预案进行评审。

(1)评审准备。

成立应急预案评审工作组,落实参加评审的单位或人员,将应急预案及有关资料在评审前送达参加评审的单位或人员。

(2)组织评审。

评审工作应由生产经营单位主要负责人或主管安全生产工作的负责人主持,参加应急预案评审人员应符合《生产安全事故应急预案管理办法》要求。生产经营规模小、人员少的单位,可以采取演练的方式对应急预案进行论证,必要时应邀请相关主管部门或安全管理人员参加。应急预案评审工作组讨论并提出会议评审意见。

(3)修订完善。

生产经营单位应认真分析研究评审意见,按照评审意见对应急预案进行修订和完善。评审意见要求重新组织评审的,生产经营单位应组织有关部门对应急预案重新进行评审。

(4)批准印发。

生产经营单位的应急预案经评审或论证,符合要求的,由生产经营单位主要负责人签发。

3. 评审要点

应急预案评审应坚持实事求是的工作原则,结合生产经营单位工作实际,按照《导则》和有关行业规范,从以下七个方面进行评审:

(1)合法性。符合有关法律、法规、规章和标准,以及有关部门和上级单位规范性文件要求。

(2)完整性。具备《导则》所规定的各项要素。

(3)针对性。紧密结合本单位危险源辨识与风险分析。

(4)实用性。切合本单位工作实际,与生产安全事故应急处置能力相适应。

(5)科学性。组织体系、信息报送和处置方案等内容科学合理。

(6)操作性。应急响应程序和保障措施等内容切实可行。

(7)衔接性。综合、专项应急预案和现场处置方案形成体系,并与相关部门或单位应急预案相互衔接。

4.1.5.2 应急预案的改进

1. 改进行动

对演练中暴露出来的问题,演练组织单位和参与单位应按照改进计划中规定的责任和时限要求,及时采取措施予以改进。

应急预案的改进内容包括修改完善应急预案、有针对性地加强应急人员的教育和培训、对应急物资装备有计划地更新等。

2. 跟踪检查与反馈

演练总结与讲评过程结束之后,演练组织单位和参与单位应指派专人,按规定时间对改进情况进行监督检查,确保本单位对自身暴露出的问题做出改进。

4.1.6 应急预案的备案

地方各级安全生产监督管理部门的应急预案,应当报同级人民政府和上一级安全生产监督管理部门备案。其他负有安全生产监督管理职责的部门的应急预案,应当抄送同级安全生产监督管理部门。

中央管理的总公司(总厂、集团公司、上市公司)的综合应急预案和专项应急预案,报国务院国有资产监督管理部门、国务院安全生产监督管理部门和国务院有关主管部门备案;其所属单位的应急预案分别抄送所在地的省、自治区、直辖市或者设区的市人民政府安全生产监督管理部门和有关主管部门备案。

煤矿企业的综合应急预案和专项应急预案除按照本条第一款、第二款的规定报安全生产监督管理部门和有关主管部门备案外,还应当抄报所在地的煤矿安全监察机构。

生产经营单位申请应急预案备案,应当提交以下材料:①应急预案备案申请表;②应急预案评审或者论证意见;③应急预案文本及电子文档。

受理备案登记的安全生产监督管理部门应当对应急预案进行形式审查,经审查符合要求的,予以备案并出具应急预案备案登记表;不符合要求的,不予备案并说明理由。对于实行安全生产许可的生产经营单位,已经进行应急预案备案登记的,在申请安全生产许可证时,可以不提供相应的应急预案,仅提供应急预案备案登记表。各级安全生产监督管理部门应当指导、督促检查生产经营单位做好应急预案的备案登记工作,建立应急预案备案登记建档制度。

子任务 4.2 安全事故处理案例

4.2.1 土方坍塌事故

4.2.1.1 事故简介

2001 年 8 月 20 日,上海某建筑公司土建主承包、某土方公司分包(监理单位为某工程咨询公司)的上海某地铁车站工程地上,正在进行深基坑土方挖掘工作业。18 点 30 分,土方分包项目经理陈某将 11 名普工交于领班稽某,19 点左右,稽某向 11 名工人交代了任务。11 人就下基坑开始在 4 轴至 15 轴处平台上施工(稽某未下去,电工贺某后下基坑未下去)。20 点左右,16 轴处土方突然开始发生滑坡,当即有 2 人被土方所掩埋,另有 2 人埋置腰部以上,其他人迅速逃离至基坑上,现场项目部接到报告后,立即准备组织抢险营救。20 时 10 分,16 轴至 18 轴处,发生第二次大面积土方滑坡。滑坡土方由 18 轴开始冲至 12 轴,将另外 2 人也淹没,并冲断了基坑内钢支撑 16 根。事故发生后,虽经项目部极力抢救,但被土方掩埋的 4 人因窒息时间过长而死亡。

4.2.1.2　事故原因分析

1. 直接原因

该工程所处地基软弱,开挖范围内基本上均为淤泥质土,其中淤泥质黏土平均厚度达到 9.65 m。土体抗剪强度低,灵敏度高达 5.9,这种饱和软土受扰动后,极易发生触变现象,且施工期间遭百年一遇特大暴雨影响,造成长达 171 m 基坑纵向留坡困难。而在执行小坡处置方案时未严格执行有关规定,造成小坡坡度过陡,是造成本次事故的直接原因。

2. 间接原因

目前,在狭长形地铁车站深基坑施工中,对纵向挖土和边坡留置的动态控制过程,尚无比较成熟的量化控制标准。设计、施工单位对复杂地质地层情况和类似基坑情况估计不足,对地铁施工的风险意识不强和施工经验不足,尤其对采用纵向开挖横向支撑的施工方法,纵向留坡与支撑安装到位之间合理匹配的重要性认识不足。该工程分包土方施工的项目部技术管理力量薄弱,在基坑施工中,采取分层开挖横向支撑及时安装到位的同时,对处置纵向小坡的留设方法和措施不力。监理单位、土建施工单位对基坑施工中的动态管理不严,是造成本次事故的重要原因,也是造成本次事故的间接原因。

3. 主要原因

地基软弱,开挖范围内淤泥质黏土平均较厚,土体抗剪强度低,灵敏度高,受扰动后极易发生触变。施工期间遭百年一遇特大暴雨,造成长达 171 m 基坑纵向留坡困难。未严格执行有关规定,造成小坡坡度过陡,是造成本次事故的主要原因。

4.2.2　高处坠落事故

4.2.2.1　事情经过

2006 年 11 月 24 日 10 时 30 分美联公司施工人员在退火炉跨高空作业时,发生了一起高空坠落事故。24 日 9 时许,美联公司施工人员安装扎制跨内顶板与气楼交接处收边,因原操作平台塔设在卫华行车上,但卫华行车经常出现跳闸现象无法正常使用,故决定将操作平台转搭在科尼 20 t 行车上施工。10 时许,两名施工人员开始施工,其中一人拆除平台钢管,一人(当事人张康柱)站在平台上转移钢管。10 时 30 分,当事人在转移钢管时不慎失足从 9 m 高的作业面上坠落,摔在沙土地上。事故发生后目击者及各单位施工人员共同协助用六冶公司的面包车及时将伤者送往最近处医院——管城中心医院救治,经医院初步检查,伤者口腔内出血,头部轻微脑震荡,但神志清醒,目前各项生命指标基本正常。

4.2.2.2　**事故原因**

在5 m高的行车梁上转移钢管的施工人员必须按《建筑施工高处作业安全技术规范》(JGJ 80—91)标准。在特殊情况下,如无可靠的安全设施,必须系好安全带并扣好保险钩,或架设安全网。但该施工队在没有任何防范措施的情况下,既没有架设安全网也没有设置安全绳,导致高空作业人员在施工时系了安全带而没有地方挂保险钩,所以才失足坠落。这起事故的一个突出特点是,明知道行车梁上部没有地方挂安全带,却并没有引起该施工队管理人员及施工人员的足够重视,没有采取任何防范措施,属于典型的违规操作,因此造成失足高空坠落事故。

4.2.2.3　**防范措施**

要利用多种形式对施工人员进行安全常识和职业安全知识宣传教育,让大家了解高空作业的危险源,知道哪些地方容易发生危害,如何预防这些危险源的伤害,提高施工人员的自我防范意识。

各施工单位要建立、健全高空作业操作规程,为从事高空作业人员配设有效的防护用品,如安全网、安全绳等。

各施工单位要定期对高空作业施工区进行安全检查,及时发现事故隐患,采取必要有效的防范措施,严禁在无安全防护的情况下冒险作业。

牢固树立"以人为本抓安全,一切事故都是可以控制和避免的""安全源于责任心,源于防范"的观念。每次作业前,都要严格按照《建筑施工高处作业安全技术规范》(JGJ 80—1991)标准,由专职人员对现场进行勘查,根据天气、设备及人员身体状况进行危害识别,制订出严密的施工方案,对员工进行安全措施交底,明确现场安全监护人,指挥人员对高处作业予以全程监督。

4.2.2.4　**事故教训**

(1)管理不善,措施不力。

施工现场安全管理制度形同虚设,安全生产责任制没有得到具体落实,安全生产意识比较淡薄,安全检查和防护措施流于形式。

(2)违章作业。

施工现场高空作业,违反《建筑施工高处作业安全技术规范》(JGJ 80—1991)规定。在特殊情况下无可靠的安全设施。工程负责人为了降低成本违反施工程序,违反施工安全规定,在不具备安全生产的条件下仍然让工人作业。

4.2.2.5　**高空作业安全防护措施**

(1)施工前必须逐级进行安全技术教育及交底,落实所有安全技术措施和人身防护用品,未经落实时不得进行施工。

(2)高处作业中的设备、设施,必须在施工前进行检查,确认其完好,方可投入使用。

(3)施工中对高处作业的安全技术设施,发现有缺陷和隐患时,必须及时解决;危及人身安全时,必须停止作业。

(4)施工作业场所所有可能坠落的物件,应一律先进行撤除或加以固定;高处作业中所有的物料均应堆放平稳,不防碍通行和装卸;随手用工具应放在工具袋内;作业中的走道内余料应及时清理干净,不得任意乱掷或向下丢弃;传递物件禁止抛递。

(5)风雨天进行高空作业时,必须采取可靠的防滑措施。

(6)高空作业前,应进行安全防护设施的逐项检查和验收,验收合格后,方可进行高处作业。

(7)所有参加高空作业人员必须先进行体格检验,年老体弱,患有高血压、心脏病、癫痫病等患者不得从事高空作业。

(8)所有参加高空作业人员必须熟知工种的安全技术操作规程。严禁酒后操作。

(9)天车驾驶人员必须经过专门训练、考试合格发给操作证,方准独立操作,没有天车司机操作证,任何人不准动用天车。

(10)进入施工现场,必须戴好安全帽,在没有防护设施的情况下高空作业,必须正确佩戴安全带,不正确佩戴安全带的人员,不允许进入高空作业。

(11)没有安全防护措施,禁止在屋架的上弦、支撑桁条、挑架的挑梁和半固定的构件上行走或作业。

(12)高空作业时,地面必须有专人负责进行监控。

4.2.3 物体打击事故

4.2.3.1 事故经过

周某系某建筑工程公司辅助工,2008 年 3 月 5 日上午周某在某锅炉改扩建工程施工工地清理现场时,未听安全监护人员劝告,擅自进入红白带禁区内清理夹头。此时,该队另一普工曹某正在 10 m 高的平台上寻找工具,不慎碰动一块小铜模板从 10 m 高平台的预留孔中滑下,正好击中周某斜戴着安全帽的头部,经抢救无效,周某于 3 月 12 日死亡。

4.2.3.2 事故主要原因

(1)作业人员进入施工现场没有按照要求佩戴安全帽。

(2)没有在规定的安全通道内活动。

(3)脚手板不满铺,物料堆放在临边及洞口附近。

(4)平网、密目网防护不严,不能很好地去封住坠落物体。

4.2.3.3 处理结果

(1)事故主要责任者周某因已死亡,不作处理。

(2)劳动监察部门责令建筑工程总公司及建筑工程公司认真吸取教训,进一步加强甲、乙双方在项目承包过程中的安全生产责任制,并根据当地劳动保护监察暂行条例有关条款规定,分别处以 2 000 元及 6 000 元罚款。

4.2.3.4 经验教训

(1)必须加强对职工进行安全纪律和安全操作规程的教育,提高职工遵章守纪的自觉性,在施工中做到“四不伤害”(不伤害自己、不伤害他人、不被他人伤害、保护他人不受伤害),杜绝冒险作业,违章操作。

(2)加强安全生产岗位责任制,建立班组安全管理制度,危险作业区域必须指定专人严格管理,对违章行为严肃处理。

(3)强化对外包工程队的安全教育,安全管理和督促检查,并指派专人对口负责,落实安全责任制。

4.2.4 触电事故

4.2.4.1 事故简介

2002年7月21日，在上海某建设实业发展中心承包的某学林苑4#房工地上，水电班班长朱某、副班长蔡某，安排普工朱某、郭某二人为一组到4#房东单元4～5层开凿电线管墙槽工作。13时上班后，朱、郭二人分别随身携带手提切割机、榔头、凿头、开关箱等作业工具继续作业。朱某去了4层，郭某去了5层。当郭某在东单元西套卫生间墙槽时，由于操作不慎，切割机切破电线，使郭某触电。14时20分左右，木工陈某路过东单元西套卫生间，发现郭某躺倒在地坪上，不省人事。事故发生后，项目部立即叫来工人宣某、曲某将郭某送往医院，郭某经抢救无效死亡。

4.2.4.2 事故原因分析

1. 直接原因

郭某在工作时，使用手提切割机操作不当，以致割破电线造成触电，是造成本次事故的直接原因。

2. 间接原因

(1)项目部对职工安全教育不够严格，缺乏强有力的监督。

(2)工地安全对施工班组安全操作交底不细，现场安全生产检查监督不力。

(3)职工缺乏相互保护和自我保护意识。

3. 主要原因

施工现场用电设备、设施缺乏定期维护、保养，开关箱漏电保护器失灵，是造成本次事故的主要原因。

4.2.4.3 事故预防及控制措施

(1)企业召开安全现场会，对事故情况在全企业范围内进行通报，并传达到每个职工，认真吸取教训，举一反三，深刻检查，提高员工自我保护和相互保护的安全防范意识，杜绝重大伤亡事故的发生。

(2)立即组织安全部门、施工部门、技术部门以及现场维修电工等对施工现场进行全面的安全检查，不留死角。对查出的机械设备、电气装置等各种事故隐患需立即定人、定时、定措施落实整改、不留隐患。

(3)进一步坚决落实各级人员的安全生产岗位责任制，进一步加强对职工进行有针对性的安全教育、安全技术交底，并加强安全动态管理，加强危险作业和过程的监控，进一步规范、完善施工现场安全设施。

4.2.4.4 事故处理结果

(1)本起事故直接经济损失约为16万元。

(2)事故发生后，施工单位根据事故调查小组的意见，对本次事故责任者进行了相应处理：

①公司总经理范某，对项目部安全管理不够，对本次事故负有领导责任，给予作出书面检查的处分。

②公司副总经理曹某，对项目部安全管理、检查监督不严，对本次事故负有领导责任，

给予作出书面检查的处分。

③项目经理石某,对职工安全教育、交底不到位,对本次事故负有领导责任,作批评教育,并给予罚款的处分。

④工地安全员周某,对施工现场安全检查、监督不严,对本次事故负有一定责任,给予通报批评,并处以罚款。

⑤水电工班长朱某、副班长蔡某,对班组安全生产、安全教育不够,对本次事故负有一定责任,分别给予进行口头警告和罚款的处分。

⑥普工郭某,使用手提切割机操作不当,对本次事故负有直接责任,鉴已在事故中死亡,故免于追究。

4.2.5 机械伤害事故

4.2.5.1 事故简介

2001 年 6 月 14 日,山西省太原某焦化厂发生了一起皮带机伤害事故,导致 1 名操作工死亡。

4.2.5.2 事故经过

6 月 14 日 15 时,该厂备煤车间 3 号皮带输送机岗位操作工郝某从操作室进入 3 号皮带输送机进行交接班前检查清理,约 15 时 10 分,捅煤工刘某发现 3 号皮带断煤,于是到受煤斗处检查,捅煤后发现皮带机皮带跑偏,就地调整无效,随即向 3 号皮带机尾轮部位走去,离机尾 5 ~ 6 m 处,看到有折断的铁锹把在尾轮北侧,未见郝某本人,意识到情况严重,立即将皮带机停下,并报告有关人员。有关人员到现场后,发现郝某面朝下趴在 3 号皮带机尾轮下,头部伤势严重,立即将其送医院,经抢救无效死亡。

经现场勘察,皮带向南跑偏 150 mm,尾轮北部无沾煤,南部有大约 10 mm 厚的沾煤,铁锹在机尾北侧断为 3 截,人头朝东略偏南,脚朝西略偏北,趴在皮带机尾轮下方,距头部约 200 mm 处有血迹,手套、帽子掉落在皮带下。

从现场勘察情况推断,郝某是在清理皮带机尾上沾煤时,铁锹被运行中的皮带卷住,又被皮带甩出,碰到机尾附近硬物折断,郝某本人未迅速将铁锹脱手,被惯性推向前,头部撞击硬物后致死。

4.2.5.3 事故原因

事故发生后,当地有关部门组成调查组对事故进行了分析,认为:

(1)操作工郝某在未停车的情况下处理机尾轮沾煤,违反了该厂“运行中的机器设备不许擦试、检修或进行故障处理”的规定,是导致本起事故的直接原因。

(2)皮带机没有紧急停车装置,在机尾没有防护栏杆,是造成这起事故的重要原因。

(3)该厂安全管理不到位,对职工安全教育不够,安全防护设施不完善,是造成这起事故的原因之一。

4.2.5.4 事故教训

(1)该厂针对这起事故,责成安全环保部门下基层蹲点该车间,协助该车间建立健全相配套的安全管理制度,并要求严格执行。加大对违章作业行为的纠查和考核力度,从严格到严厉进而到严酷,加强安全责任制的层层落实。

(2)在全厂范围内开展反违章作业、反违章操作、反违章行为大讨论,进行安全管理制度教育。首先从思想上进行落实,极力消除麻痹思想,杜绝胆大、冒险、侥幸、蛮干等违章行为。

(3)在生产操作班开展岗位练兵活动,重温操作法。要求人人做到操作工“六严格”,即:严格执行交接班制度;严格执行操作法;严格进行巡回检查;严格控制工艺指标;严格遵守劳动纪律;严格执行安全规定。以此提高全体员工的安全意识和增强全体员工的安全生产责任感。

(4)严肃认真落实责任追究。根据事故“四不放过”原则,除查明事故原因,开展事故现场教育,制订严密的预防事故措施外,还对此起事故的相关责任人进行了严厉的追究。以此起到对全公司员工的安全警示教育作用。

4.2.6 起重事故

4.2.6.1 重大塔吊事故

(1)2009 年 12 月 28 日下午 4 时左右,深圳“凤凰花苑”建筑工地在建楼盘塔吊折断,当场致 6 人死亡 1 人重伤。

(2)中国建筑东莞工地塔吊坠落酿惨剧。

(3)丹东欣鑫丽园工地塔吊倒塌 6 人死亡 1 人受伤。

(4)2011 年 4 月 15 日上午 10 点 40 分左右,六安市城东皖西大道一小高层建设工地发生塔吊吊臂倒塌事故,造成 1 人死亡,2 人受伤。伤者随后被送医抢救。据悉,当时 3 名当事工人正在这栋 18 层大楼上拆解塔吊,突然发生事故。

(5)2011 年 4 月 16 日浙江临安一建筑工地发生塔吊倾覆事故,造成 5 人死亡。4 月 16 日上午 9 点左右,江苏泗阳宇通建设机械有限公司位于临安市万马路北延衣锦人家工地在塔吊升降过程中,发生塔吊倒塌事故,现场 3 名人员当场死亡,2 名重伤者经医院全力抢救无效后死亡。

(6)2011 年 4 月 19 日下午 2 点 20 分左右,台州市温岭某建筑工地发生起重事故,该施工现场在塔吊升降过程中发生事故,2 名作业人员从 12 m 高的塔吊上坠落,1 人当场死亡,另外 1 人在抢救过程中经医院全力抢救后无效死亡。

(7)2011 年 4 月 27 日湖南娄底一施工塔吊拦腰折断,造成驾驶员死亡。

(8)2011 年 5 月 23 日 21 时 30 分左右,由河北丰华建筑工程有限公司承建的怀来县沙城镇和祥家园南区住宅小区 2 号楼发生塔吊坍塌事故,经事故调查组查证核实,建设单位、施工单位资质合法,开发及建设程序合法,塔吊初装单位具备资质,塔吊经有资质检测单位检测合格后使用。

(9)呼和浩特国际金融大厦施工现场发生塔吊倾覆事故。2011 年 6 月 12 日 15 时 23 分,呼和浩特市赛罕区国际金融大厦工程在塔吊安装过程中产生塔机平衡臂倾覆事故,造成 5 人死亡。该事故给人民群众生命财产造成重大损失,在社会引起负面影响。

(10)2011 年 6 月 14 日,位于重庆市黔江区山台山的一建筑工地在拆除塔吊时,突然发生倒塌事故,20 多 m 高的塔吊轰然倒塌,造成 1 人当场死亡、3 人不同程度受伤,其中 1 人伤势较重在医院抢救。

(11)2011年7月10日上午10时30分,巴彦淖尔市临河区健康新家园工地住宅楼施工现场,工人拆卸塔吊过程中发生塔吊倒塌事故,3人在事故中死亡。7日中午,临桂世纪大道附近的“奥林匹克花园”小区一栋正在建设的楼房,一座高几十米的塔吊突然倾倒,砸破了工地上的一个厨房。

4.2.6.2 塔吊安全事故原因分析

通过对以上塔机重大事故原因分析,建筑施工企业存在着安全生产责任制不够落实、安全生产资金投入不够、施工现场安全生产防护防范不到位、施工人员自身素质差、从业人员安全生产意识淡薄、习惯性违章违规操作时常发生、施工现场安全检查不彻底、存在盲区和盲点、施工现场安全生产管理得不到有效落实等因素,都是导致事故发生的重大原因。

实际运行中导致事故发生的具体因素如下:

(1)塔吊生产厂家质量及技术设计存在缺陷,导致事故发生。

(2)塔吊基础制作时,混凝土强度、地基承载力、预埋件、平整度等达不到国家相关技术规范标准要求,易造成塔身倾斜、塔吊倾翻。

(3)塔吊顶升、附着、安拆过程中发生安全事故:

①无针对性的安全技术交底及相应的组织机构,盲目作业,缺乏相互配合,违反安拆规程及作业程序,违章指挥,冒险蛮干。

②塔吊存在的事故隐患未及时发现及排除,在顶升、安拆过程中导致事故的发生。

③附着设施安装存在焊缝,结构件、预埋件等不合格,存在安全隐患。

(4)塔吊使用过程中限位失灵,未及时排除,造成安全事故。

(5)施工现场多塔作业,相邻两塔之间的塔机作业半径有重叠现象,导致碰撞造成事故。

(6)坠物事故。在吊物过程中,由于绑扎方法不当、吊钩内钢丝绳滑脱或钢丝绳断裂等原因,吊物坠落,造成物体打击事故。

(7)特种作业人员无证上岗,塔吊司机、信号工、司索工无特种作业人员操作证书就上岗操作。由于安全意识淡薄,操作技能低下,操作时出现违章、违规行为,加之项目监管不到位,最终导致事故的发生。

4.2.6.3 安全防范措施

机械设备的安全使用与管理是一个复杂的综合性课题,要充分认识到安全生产的重要性、长期性、艰巨性和复杂性,始终高度重视安全生产工作。除把好管、用、养、修关外,还必须做好各级机械管理人员、项目部现场管理人员、机械操作人员、维修人员之间的配合,做到有章可循,有据可查,并注重强化各级人员的安全意识,提高业务素质和技术水平,使用、维护、保养严格执行规程、规范、标准。具体措施如下:

(1)强化操作人员、指挥人员及现场施工人员的安全意识,牢固树立“安全第一、预防为主”的思想。坚持每年两次全体员工的集中培训学习和新员工进场前的安全教育,日常工作中加强对操作人员的安全思想教育。

(2)塔吊基础制作阶段严格把关,各方面技术要求不得低于国家及厂家规定的标准。项目部在塔吊进场前必须提供合格的基础检验技术资料(混凝土试块、地耐力、钢筋隐蔽报告等),方可组织设备进场安装。

(3)成立专门的安拆队伍,安拆人员全部持证上岗,塔吊的安装、拆除、顶升、附墙等作业,全部由资质专业队伍完成。

(4)严格执行安全技术交底制度,针对特殊作业项目制订专项作业方案,作业过程中严格按规定程序进行,并有专人负责监督实施。多塔作业必须编制相对应的防范技术措施。

(5)加大设备的维修保养制度,确保机械设备处于良好的技术状态运行,严禁设备带病作业。

(6)坚持持证上岗制度。各操作人员、指挥人员需取得特种人员上岗证,加强对项目部安全员、信号工等配合塔吊使用的相关人员进行针对性的专业技术培训,懂得相关的安全操作规程,熟悉捆绑、拴挂要求和正确的指挥信号。

4.2.6.4 常见事故原因

1.脱钩

起重工在吊运物体时,因现场无人指挥,吊物下降过快造成脱钩;有时在吊运中因起吊物体不稳,使吊钩在空中悠荡,在悠荡过程中钩头由于离心惯性力甩出而引起脱钩事故。行车因操作不稳,紧急启动、制动都有可能引起钩头惯性飞出。具有主、副钩头的行车吊运重物,当另一不用钩头挂在吊索的小圈上时,因钩头粗不容易插牢在圈环内,在操作和振动、摆动时,由于离心惯性力的作用,引起钩头脱出坠落伤人。

2.钢丝绳折断

钢丝绳发生折断的原因很多,其主要和常见的原因是:操作前没有对钢丝绳进行安全技术检验或认真检查,对已断丝的钢丝绳没有按钢丝绳报废标准处理或降低负荷使用,吊运时严重超负荷等。

3.吊物坠落

起重机吊运物体时,由于某种原因,物体突然坠落,将地面的人员砸伤或砸死,这种事故一般是惨痛的,因为坠落的重物一般都是击中人的头部(立姿)或腰部(蹲姿)。在有行车的厂房,由于生产噪声的掩盖,地面人员往往听不到指挥信号或思想麻痹,不能迅速避让,因而导致物体坠落伤人。

4.起重机倾翻

当起重机动臂幅度过大时,加重超负荷,往往造成起重机倾覆事故,引起人身伤亡和设备损坏。事故原因是起重机的倾覆力矩大于稳定力矩。操作时不按安全支承器亦是引起倾覆的原因之一。

5.碰撞致伤

物体在吊运中,因碰撞或刹车等原因,使吊件在空中悠荡,吊件撞倒设备或积物而引起事故,撞击力大,故后果比较严重。

6.触电

在输电线路下进行起重作业时,具有较大的危险性。起重机起重臂因活动范围大,易于与高压线路碰击发生触电事故;靠近输电线路附近的扒杆也有较多的触电机会。施工现场中临时导线对起重作业也是一种威胁。

工作任务5　安全管理资料整编

【教学目标】

能力目标	1. 能够掌握安全管理资料内容； 2. 能够进行安全管理资料的归类、整理； 3. 能够进行安全管理
知识要点	1. 安全管理资料； 2. 文明施工管理资料； 3. 脚手架工程安全管理资料； 4. 基坑支护与模板工程安全管理资料； 5. "三宝、四口、五临边"防护资料； 6. 施工用电安全管理资料； 7. 物料提升机与施工升降机安全管理、塔吊安全管理资料； 8. 施工机具安全管理资料

【任务介绍】　本工作任务分为9个子任务，分别为安全管理资料整编、文明施工管理资料整编、脚手架工程安全管理资料整编、基坑支护与模板工程安全管理资料整编、"三宝、四口、临边"防护资料整编、施工用电安全管理资料整编、物料提升机与施工升降机安全管理资料整编、塔吊安全管理资料整编、施工机具安全管理资料整编。

【任务分析】　本工作任务以形成的安全管理资料的目录为载体，让学生依据国家和行业标准，学习整理安全资料及对其进行管理。

【任务实施】　在本学习任务中，是以形成的安全管理资料的目录为要点，让学生进行安全资料的整理与管理，把理论和实际结合起来，让学生进行实践学习。

建筑工程公司安全管理资料主要由安全管理、文明施工管理、脚手架工程安全管理、基坑支护与模板工程安全管理、"三宝、四口、五临边"防护、施工用电安全管理、物料提升机与施工升降机安全管理、塔吊安全管理、施工机具安全管理等9个方面、26个二级子目、186条目构成。

子任务5.1　安全管理资料整编

5.1.1　安全生产责任制度资料目录

1. 项目部经理任命书

2. 项目部组织机构及安全生产保证体系图

3. 项目部管理人员名册

4. 项目部人员安全生产责任制

5. 项目安全生产目标责任书

6. 安全生产目标责任制考核办法

7. 安全生产目标责任制考核记录

8. 安全生产管理协议书(包括专业工程分包、劳务分包、设备分包等)

9. 工程项目安全生产备案登记表

10. 团体意外伤害保险单

11. 公司安全生产许可证和项目负责人、专职安全员安全生产考核合格证书复印件

12. 分包企业的营业执照、资质证书、安全生产许可证和项目负责人、专职安全员安全生产考核合格证书复印件

13. 公司、当地政府关于安全生产工作的规范性文件

14. 项目适用的安全生产法律法规、标准规范目录及有效版本

15. 安全防护、文明施工措施费使用情况统计记录

5.1.2 施工组织设计及方案资料目录

1. 施工组织设计、专项方案的审批汇总表

2. 危险性较大分部分项工程识别清单

3. 项目危险源辨识评价表

4. 重大危险源清单

5. 项目职业健康安全管理方案

6. 专项方案交底记录、实施监督检查记录

5.1.3 安全技术交底资料目录

1. 项目技术负责人对项目管理人员的安全技术总交底记录

2. 总包对分包的安全技术总交底记录(包括专业分包、劳务分包、设备分包等)

3. 管理人员对作业班组的分部分项工程安全技术交底记录

4. 项目技术负责人针对危险性较大工程对管理人员的安全技术交底记录

5. 季节性安全技术交底记录

5.1.4 安全检查资料目录

1. 项目安全检查制度

2. 项目检测工具清单、检测工具校准记录

3. 施工企业、监理单位、地方政府对项目安全检查的记录(包括整改记录、纠正与预防措施)

4. 项目安全自查记录(包括事故隐患整改通知书、安全检查评分表、监督检查记录等)

5.1.5 职业健康安全教育培训资料目录

1. 职业健康安全教育培训制度
2. 职业健康安全教育培训提纲或资料
3. 新工入场三级(公司、项目、班组)安全教育记录
4. 安全知识考试试卷
5. 项目定期、季节性安全教育记录
6. 管理人员年度安全教育记录

5.1.6 班前安全活动资料目录

1. 班前安全活动制度
2. 班前安全活动记录

5.1.7 特种作业管理资料目录

1. 特种作业管理制度
2. 特种作业人员登记表及证书复印件
3. 特种作业人员体检表
4. 特种作业人员安全教育培训记录

5.1.8 工伤事故处理及遵章守纪资料目录

1. 工伤事故报告统计制度
2. 项目安全生产奖罚制度
3. 生产安全事故应急救援预案
4. 预案培训、演练记录
5. 职工伤亡事故月报表
6. 伤亡事故快报表、报告书(当发生事故时填写)
7. 未遂事故登记表(当发生时填写)
8. 安全生产奖、罚台账及奖罚通知单

5.1.9 安全标志、标牌资料目录

1. 现场安全标志、标牌购置情况登记表
2. 现场安全标志、标牌布置平面图

子任务5.2 文明施工管理资料整编

5.2.1 施工组织与管理

1. 中标通知书

2. 施工许可证
3. 文明工地备案表及创建文明工地计划书
4. 项目管理人员的上岗证及法定从业资格证书
5. 文明施工自检记录

5.2.2　现场围挡与封闭管理资料目录

1. 围挡、大门的设计图纸(包括基础做法、材质、高度等)
2. 围挡的施工验收记录
3. 门卫制度(应注明岗位责任人)
4. 进出人员登记记录
5. 管理人员、作业人员工作卡示意图

5.2.3　场容场貌(施工场地与材料堆放)管理资料目录

1. 现场平面布置图(包括道路及排水沟的位置及做法、材料堆放处、吸烟处、绿化布置等)
2. 各种材料堆放的具体安全要求
3. 材料标识牌示意及设置照片
4. 工完场清规定及检查记录

5.2.4　施工现场标牌管理资料目录

1. 六牌一图内容及标牌设置照片
2. 设备操作规程牌及设置照片
3. 管理人员胸牌示意
4. 安全宣传标语及文明礼貌用语汇编及设置照片
5. 宣传栏、报栏的内容及设置照片

5.2.5　作业条件环境保护(社区服务)管理资料目录

1. 噪声防治管理制度及控制措施
2. 粉尘防治管理制度及控制措施
3. 固体废弃物管理制度及控制措施
4. 夜间施工许可证
5. 垃圾排放许可证
6. 施工现场场界噪声测定记录
7. 现场车辆清洗台资料及照片

5.2.6　现场防火防爆与治安综合治理管理资料目录

1. 消防管理规定
2. 治安保卫制度

3. 易燃易爆物品和有毒物品安全管理规定
4. 治安、消防责任分解图
5. 消防器材配置一览表和平面分布图
6. 现场吸烟室(点)设置照片
7. 动火审批记录
8. 项目劳务人员登记表
9. 治安、防火、环保协议书
10. 防火、防盗、防中毒教育培训记录
11. 定期安全检查记录
12. 火灾、爆炸事故应急救援预案
13. 预案培训、演练记录

5.2.7 生活设施管理资料目录

1. 生活区平面布置图(包括垃圾箱、垃圾堆放点设置)
2. 施工现场食堂、宿舍、厕所卫生管理制度
3. 预防食物中毒管理规定及应急预案
4. 食堂管理
(1)炊事机具合格证及验收记录
(2)炊事人员健康证复印件及公示牌照片
(3)炊事人员预防食物中毒知识教育培训记录
(4)食堂卫生、安全定期检查记录
(5)食堂原料及半成品采购验收记录
5. 厕所管理
(1)厕所卫生管理制度及设置照片
(2)楼层厕所设置照片(对八层以上建筑)
(3)厕所定期冲洗、消毒记录
6. 浴室管理
(1)浴室管理制度
(2)浴室设置照片
(3)浴室定期检查、消毒记录
7. 宿舍管理
(1)宿舍管理制度(包括治安、防火、卫生管理)
(2)宿舍建筑设计图纸
(3)宿舍建筑的施工验收记录
(4)提供给分包的办公、生活设施交接验收记录
(5)宿舍人员名单(按宿舍注明宿舍负责人、住宿人员名单)
(6)宿舍定期检查记录

5.2.8　保健急救管理资料目录

1. 医疗急救管理制度
2. 传染病预防和控制管理规定
3. 施工现场应急救援预案
4. 急救器材及保健医药箱配置一览表
5. 急救人员名册
6. 卫生防病和急救知识教育培训记录

子任务 5.3　脚手架工程安全管理资料整编

1. 脚手架工程专项施工方案
2. 附着升降脚手架、高处作业吊篮专业分包企业的营业执照、资质证书、安全生产许可证(外省企业还须提供进陕登记)等资料
3. 钢管、扣件、脚手板等材质证明或确认记录
4. 脚手架搭设(安装)、提升、拆除安全技术交底记录
5. 脚手架分段、整体检查验收记录
6. 转料平台搭设(安装)验收记录
7. 附着升降脚手架还应收集如下资料:
(1)该型号架体的鉴定证书、行业推荐证书
(2)电动葫芦、防坠装置的出厂合格证或定期检验报告
(3)穿墙螺栓、钢梁、钢丝绳的材质证明
(4)升降前和升降后的检查验收记录
(5)专业分包对现场作业人员的安全教育培训记录
8. 高处作业吊篮还应收集:
(1)产品合格证及使用说明书
(2)产权单位对吊篮的管理、维修检验和人员培训制度
(3)吊篮的定期检验报告和安全锁的定期标定记录
(4)吊篮的安全操作规程

子任务 5.4　基坑支护与模板工程安全管理资料整编

5.4.1　基坑支护资料目录

1. 深基坑支护专项施工方案
2. 基坑支护安全技术交底记录
3. 深基坑支护变形监测记录
4. 基坑安全检查记录

5.4.2 模板工程资料目录

1. 模板工程专项施工方案
2. 模板工程安全技术交底记录
3. 模板支撑系统检查验收记录
4. 模板拆除审批记录

子任务5.5 “三宝”及“四口、临边”防护资料整编

1. 安全帽、安全带、安全网的生产许可证、产品合格证、准用证、经营或销售许可证、检测报告复印件
2. 安全帽、安全带的发放记录
3. 提供给分包单位的安全防护用品交接验收记录
4. 安全防护设施的图示说明
5. 安全防护设施搭设验收记录
6. 防护设施拆除申请表

子任务5.6 施工用电安全管理资料整编

1. 临时用电管理责任制度
2. 临时用电工程施工方案及修改记录
3. 临时用电工程分项安全技术交底记录
4. 临时用电工程检查验收记录
5. 用电设备的试验、检验凭单和调试记录(由设备生产者或专业维修者提供)
6. 接地电阻、绝缘电阻和漏电保护器动作参数测定记录
7. 定期检(复)查记录
8. 电工安装、巡查、维修、拆除工作记录
9. 用电设施交接验收记录

子任务5.7 物料提升机与施工升降机安全管理资料整编

5.7.1 物料提升机安全管理资料目录

1. 物料提升机安全管理制度、操作规程
2. 物料提升机生产厂家提供的资料复印件有：

(1)特种设备制造安全认可证

(2)产品合格证和检测报告

(3)使用说明书
(4)行业推荐证书
3. 租赁的物料提升机还应收集有：
(1)出租方的营业执照和行业确认书复印件
(2)与出租方签订的租赁合同、安全生产管理协议书
(3)设备备案证明复印件
(4)设备最近一次的检测报告复印件
4. 物料提升机基础验收记录
(1)钢筋隐蔽验收记录(包括预埋件尺寸、锚固长度)
(2)混凝土试块强度报告
(3)基础验收记录
5. 物料提升机安装前自检记录
6. 安全技术交底记录
7. 本次检测报告及验收记录
8. 物料提升机使用登记记录
9. 附墙装置(缆风绳)预埋件隐蔽验收记录
10. 定期检查、维修、保养记录

5.7.2 施工升降机安全管理资料目录

1. 施工升降机安全管理制度、操作规程
2. 施工升降机生产厂家相关资料的复印件有：
(1)特种设备制造许可证、制造监督检验证明复印件
(2)产品合格证复印件
(3)行业推荐证书复印件
(4)防坠器检(标)定记录
(5)使用说明书复印件
3. 租赁施工升降机还应收集：
(1)出租方的营业执照和行业确认书复印件
(2)与出租方签订的租赁合同、安全生产管理协议书
(3)设备备案证明复印件
(4)最近一次检测报告复印件
4. 拆装方案
5. 施工升降机基础验收记录
(1)钢筋隐蔽验收记录(包括预埋件尺寸、锚固长度)
(2)混凝土试块强度报告
(3)基础验收记录
6. 施工升降机安装前验收记录
7. 拆装队伍的营业执照、资质证书、安全生产许可证及现场负责人、安全管理人员、作

业人员的安全资格证书复印件

8. 本次检测报告及验收记录

9. 施工升降机使用登记记录

10. 本机操作岗位责任人的资格证书复印件

11. 附墙装置预埋件隐蔽验收记录和顶升加节后的自检记录

12. 定期检查、维修、保养记录

子任务5.8 塔吊安全管理资料整编

1. 塔吊安全管理制度、操作规程

2. 塔吊生产厂家相关资料的复印件有：

(1)特种设备制造许可证、制造监督检验证明复印件

(2)产品合格证

(3)行业推荐证书复印件

(4)安装、调试、使用、维修说明书复印件

3. 租赁塔吊还应收集：

(1)出租方的营业执照和行业确认书复印件

(2)与出租方签订的租赁合同、安全生产管理协议书

(3)设备备案证明复印件

(4)最近一次检测报告复印件

4. 拆装方案

5. 塔吊基础验收记录：

(1)钢筋隐蔽验收记录(包括预埋件尺寸、锚固长度)

(2)混凝土试块强度报告

(3)基础验收记录

6. 塔吊安装前自检记录

7. 拆装队伍的营业执照、资质证书、安全生产许可证及现场负责人、安全管理人员、作业人员的安全资格证书复印件

8. 本次安装完毕检测报告及验收记录

9. 塔吊使用登记记录

10. 本机操作、指挥岗位责任人的资格证书复印件

11. 附墙装置预埋件隐蔽验收记录和顶升加节后的自检记录

12. 定期检查、维修、保养记录

子任务5.9 施工机具安全管理资料整编

1. 各类中小型机具配置一览表

2. 机具进场检测、验收记录

3. 提供给分包的机具交接验收记录

4. 现场机械设备管理制度

5. 机具使用安全技术交底

6. 各类机具使用安全规程

7. 机具的检查、维修、保养记录

附　录　建筑工程安全生产法律法规及标准规范

第一部分　国家法律、法规

1. 中华人民共和国建筑法
2. 中华人民共和国安全生产法
3. 中华人民共和国刑法(摘录)
4. 中华人民共和国消防法
5. 中华人民共和国劳动法
6. 中华人民共和国行政许可法
7. 中华人民共和国行政处罚法
8. 中华人民共和国行政诉讼法
9. 中华人民共和国刑事诉讼法
10. 中华人民共和国标准化法
11. 中华人民共和国产品质量法
12. 中华人民共和国行政复议法
13. 中华人民共和国职业病防治法
14. 建设工程安全生产管理条例
15. 特种设备安全监察条例
16. 安全生产许可证条例
17. 工伤保险条例
18. 女职工劳动保护规定
19. 特别重大事故调查程序暂行规定
20. 中华人民共和国标准化法实施条例
21. 企业职工伤亡事故报告和处理规定
22. 国务院关于特大安全事故行政责任追究的规定
23. 国务院关于进一步加强安全生产工作的决定
24. 工程建设重大事故报告和调查程序规定
25. 建筑安全生产监督管理规定
26. 建设工程施工现场管理规定
27. 实施工程建设强制性标准监督规定
28. 建筑业企业资质管理规定
29. 建筑工程施工许可管理办法
30. 建筑施工企业安全生产许可证管理规定
31. 国际劳工组织公约

32. 建筑业安全卫生公约

第二部分　地方法规、规章和规范性文件

33. 关于颁布《建筑施工附着升降脚手架管理暂行规定》的通知　建建〔2000〕230 号

34. 关于印发《建设领域安全生产行政责任规定》的通知　建法〔2002〕223 号

35. 关于印发《建筑工程预防高处坠落事故若干规定》和《建筑工程预防坍塌事故若干规定》的通知　建质〔2003〕82 号

36. 建设部关于加强建筑意外伤害保险工作的指导意见　建质〔2003〕107 号

37. 建设部关于贯彻落实国务院《关于进一步加强安全生产工作的决定》的意见　建质〔2004〕47 号

38. 关于印发《建筑施工企业主要负责人、项目负责人和专职安全生产管理人员安全生产考核管理暂行规定》的通知　建质〔2004〕59 号

39. 关于印发《建筑施工企业安全生产许可证管理规定实施意见》的通知　建质〔2004〕148 号

40. 关于印发《建筑施工企业安全生产管理机构设置及专职安全生产管理人员配备办法》和《危险性较大工程安全专项施工方案编制及专家论证审查办法》的通知　建质〔2004〕213 号

41. 关于印发《中央管理的建筑施工企业(集团公司、总公司)主要负责人、项目负责人和专职安全生产管理人员安全生产考核管理实施细则》的通知　建质〔2004〕189 号

42. 关于建立全国建筑安全生产联络员制度和印发《全国建筑安全生产联络员工作办法》的通知　建办质〔2004〕32 号

43. 关于进一步加强建筑工地食堂卫生管理工作的通知　卫监督发〔2005〕94 号

44. 关于印发《建筑工程安全生产监督管理工作导则》的通知　建质〔2005〕184 号

45. 建设部、国家安全监管总局关于加强建设工程安全生产工作的紧急通知　建质〔2005〕135 号

46. 关于印发《建筑工程安全防护、文明施工措施费用及使用管理规定》的通知　建办〔2005〕89 号

47. 关于开展建筑施工安全质量标准化工作的指导意见　建质〔2005〕232 号

第三部分　规范、标准

一、综合类

48. 建筑安装工程安全技术规程

49. 建筑安装工人安全技术操作规程

50. 特种作业人员安全技术考核管理规则 GB 5306—85

附:关于《特种作业人员安全技术考核管理规则》的说明

51. 液压滑动模板施工安全技术规程 JGJ 65—89

52. 爆破安全规程 GB 6722—2003

53. 建筑基坑支护技术规程 JGJ 120—99

54. 建筑施工安全检查标准 JGJ 59—99

55. 施工企业安全生产评价标准 JGJ/T 77—2003

56. 建筑施工现场环境与卫生标准 JGJ 146—2004

57. 建筑拆除工程安全技术规范 JGJ 147—2004

二、施工用电

58. 安全电压 GB 3805—83

59. 剩余电流动作保护器的一般要求 GB 6829—1995
60. 施工现场临时用电安全技术规范 JGJ 46—2005
61. 漏电保护器安装和运行 GB 13955—92
62. 手持式电动工具的管理、使用、检查和维修安全技术规程 GB 3787—93

三、高处作业

63. 高处作业分级 GB/T 3608—93
64. 建筑施工高处作业安全技术规范 JGJ 80—1991
65. 高处作业吊篮安全规则 JGJ 5027—1992
66. 高处作业吊篮 JG/T 5032—1993

四、脚手架

67. 建筑施工门式钢管脚手架安全技术规范 JGJ 128—2000
68. 建筑施工扣件式钢管脚手架安全技术规范 JGJ 130—2001

五、垂直运输机械

69. 建筑机械技术试验规程 JGJ 34—86
70. 建筑机械使用安全技术规程 JGJ 33—2001
71. 塔式起重机安全规程 GB 5144—1994
72. 起重机械安全规程 GB 6067—85
73. 起重吊运指挥信号 GB 5082—1985
74. 起重机械超载保护装置安全技术规范 GB 12602—90
75. 塔式起重机操作使用规程 JG/T 100—1999
76. 建筑卷扬机安全规程 GB 13329—91
77. 龙门架及井架物料提升机安全技术规范 JGJ 88—92
78. 施工升降机分类 GB/T 10052—96
79. 施工升降机检验规则 GB 10053—96
80. 施工升降机技术条件 GB/T 10054—96
81. 施工升降机安全规则 GB 10055—96

六、安全防护

82. 安全帽 GB 2811—89
83. 安全帽试验方法 GB 2812—89
84. 安全带 GB 6095—85
85. 安全带检验方法 GB/T 6096—85
86. 安全网 GB 5725—97
87. 安全网力学性能试验方法 GB 5726—85
88. 密目式安全立网 GB 16909—97
89. 安全色 GB 2893—82
90. 安全标志 GB 2894—96
91. 建筑施工场界噪声限值 GB 12523—90
92. 建筑工程施工安全专业标准体系情况

参考文献

[1] 刘军主.安全员必读[M].2版.北京:中国建筑工业出版社,2005.

[2] 全国注册安全工程师执业资格考试辅导教材编审委员会组织.安全生产管理知识[M].北京:煤炭工业出版社,2004.

[3] 杨文柱,等.建筑安全工程[M].北京:机械工业出版社,2004.

[4] 金德钧,吴松勤.最新建设工程安全生产与质量监管指导全书[M].北京:中国城市出版社,2009.

[5] 朱晓斌,陆建玲,丁小燕.建筑工程项目施工六大员实用手册:安全员[M].北京:机械工业出版社,2005.

[6] 刘勇,建筑法规概论[M].北京:中国水利水电出版社,2008.

[7] 全国二级建造师执业资格考试用书编写委员会.建设工程法规及相关知识[M].北京:中国建筑工业出版社,2014.

[8] 全国二级建造师执业资格考试用书编写委员会.建设工程施工管理[M].北京:中国建筑工业出版社,2014.

[9] 住房和城乡建设部工程质量安全监管司.建设工程安全生产技术[M].北京:中国建筑工业出版社,2014.

[10] 住房和城乡建设部工程质量安全监管司.建设工程安全生产管理[M].北京:中国建筑工业出版社,2014.

[11] 住房和城乡建设部工程质量安全监管司.建设工程安全生产法律法规[M].北京:中国建筑工业出版社,2008.